"十二五"江苏省高等学校重点教材项目(编号:2014-1-026)

混合神经网络技术

(第二版)

田雨波 陈 风 张贞凯 著

科学出版社

北 京

内 容 简 介

本书在论述神经网络基本概念和基本原理的基础上,重点介绍混合神经网络技术,同时,介绍各种混合神经网络技术在电磁建模和优化问题中的应用。全书共 11 章,内容主要包括神经网络的基本概念、基础知识、BP 神经网络、RBF 神经网络、Hopfield 神经网络、粒子群神经网络、模糊神经网络、混沌神经网络、小波神经网络、知识神经网络和神经网络集成。

本书可供从事神经网络理论与技术、计算电磁学、电磁场工程等领域研究和开发工作的科技人员和高校教师参考阅读,也可作为高等院校相关专业的高年级本科生和研究生的教学用书。

图书在版编目(CIP)数据

混合神经网络技术/田雨波,陈风,张贞凯著.—2 版.—北京:科学出版社,2015.10

　ISBN 978-7-03-045932-9

　Ⅰ.①混… Ⅱ.①田…②陈…③张… Ⅲ.①人工神经—神经网络 Ⅳ.①TP18

中国版本图书馆 CIP 数据核字(2015)第 240203 号

责任编辑:孙　芳　张艳芬 / 责任校对:桂伟利
责任印制:吴兆东 / 封面设计:蓝　正

科 学 出 版 社 出版
北京东黄城根北街 16 号
邮政编码:100717
http://www.sciencep.com

北京建宏印刷有限公司 印刷
科学出版社发行　各地新华书店经销

*

2009 年 6 月第 一 版　　开本:720×1000　1/16
2015 年 10 月第 二 版　　印张:18 1/2
2023 年 8 月第三次印刷　　字数:360 000
定价:98.00 元
(如有印装质量问题,我社负责调换)

第二版前言

本书第一版于 2009 年出版,2014 年被评为"十二五"江苏省高等学校重点教材。

本次修订吸收了混合神经网络技术发展的最新成果,同时融入了作者近年的科研成果。本次修订在保持第一版基本框架的基础上做了以下调整:

(1)增加了广义回归神经网络一节,并给出了广义回归神经网络在宽带信号到达角方向估计上的应用。作为 RBF 神经网络的一个重要分支,广义回归神经网络具有训练效果好、非线性映射能力强、收敛速度快、计算量小等优点。

(2)增加了基于图形处理单元的粒子群神经网络并行实现一节,主要考虑混合神经网络训练时间较长,通过并行计算可以大幅减少网络的训练时间,提高计算效率;同时,基于图形处理单元的并行计算也是目前并行计算的发展方向之一。

(3)增加了知识神经网络一章。知识神经网络是专家知识和神经网络相互相合的一种神经网络模型,该模型在保留传统神经网络模型优点的同时,大大简化了传统神经网络的结构,并且不受训练数据采样范围的限制,因而其推广性大大优于传统神经网络,已经得到了广泛应用。

(4)对神经网络集成一章进行了完善。

本书共 11 章,分为两部分:第 1 章~第 5 章为基本神经网络部分,主要包括神经网络的基本概念、基础知识、BP 神经网络、RBF 神经网络、Hopfield 神经网络;第 6 章~第 11 章为混合神经网络部分,主要包括粒子群神经网络、模糊神经网络、混沌神经网络、小波神经网络、知识神经网络和神经网络集成。

本书在修订过程中参阅了大量的国内外文献,在此对相关作者深表感谢。

本次修订工作是在"十二五"江苏省高等学校重点教材项目(2014-1-026)、江苏省"青蓝工程"中青年学术带头人项目、国家自然科学基金项目(61401179)、江苏科技大学研究生院出版基金的资助下完成的,在此对上述资助单位表示诚挚谢意。同时,对在本书修订过程中给予作者大力支持的南京理工大学陈如山教授、南京大学伍瑞新教授、东北大学李鸿儒教授、南京邮电大学徐荣青教授和江苏科技大学朱志宇教授等表示衷心的感谢。

第一版前言

人工神经网络是在对人脑认识的基础上,以数学和物理方法及从信息处理的角度对人脑生物神经网络进行抽象并建立起来的某种简化模型,它是计算智能和机器学习研究的最活跃的分支之一。近年来,神经网络在理论研究、实现技术和应用研究等方面取得了引人注目的成果,为此,国内外已经出版了有关神经网络方面的著作、教材、论文集等。信息科学与包括生命科学在内的其他智能技术的相互交叉、相互渗透和相互促进是现代科学技术发展的一个显著特点。神经网络与各种智能信息处理方法有机结合具有很大发展前景,如与模拟退火算法、遗传算法、粒子群算法、模糊理论、混沌理论和小波分析等相结合,即形成所谓的"混合神经网络技术",目前已经成为一大研究热点。人们希望通过这些理论和算法与神经网络相互混合,获得具有柔性信息处理功能的系统,但关于这方面的书籍并不是很多,这正是本书的主要特点之一。

计算电磁学是在 20 世纪 60 年代随着电子计算机技术的发展而诞生的,它是在电磁学、计算数学和计算机科学的基础上产生的边缘交叉学科。计算电磁学实质上是以电磁场理论为基础,以高性能计算技术为手段,运用计算数学提供的各种方法解决复杂电磁场理论和工程问题的应用科学。经过几十年的发展,计算电磁学内容已经非常丰富,影响非常深广,以致所有与电磁场相关的领域都因其发展而受益,其中,不少领域由于运用了计算电磁学的方法而使其面貌完全改观。然而,对于复杂的电磁系统,对其进行严格的电磁仿真耗时而费力,在保证计算精度的情况下对其进行快速而精确的建模和优化必将成为计算电磁学的发展趋势,而这在一定程度上又是建立在神经网络技术基础之上的。本书在讲述混合神经网络技术的同时,重点给出各种混合神经网络在电磁学方面的应用,这也是本书的另外一个特点。

本书是作者从事神经网络理论与技术和计算电磁学建模及优化的教学和科研工作的系统总结,并从国内外相关文献资料中提取最主要的理论及成果,力图反映最新的研究动态,清楚阐述混合神经网络技术及这些技术在电磁问题的数值仿真、高效建模和优化设计中的具体应用。全书共 12 章。第 1 章介绍神经网络的基本概念、基本功能、基本性质及性能指标、研究内容、发展趋势等,同时,综述神经网络在电磁方面的应用。第 2 章介绍神经网络的基础知识,包括神经网络的基本模型、训练与学习、泛化能力等。第 3 章介绍 BP 神经网络,它是最具代表性的前馈神经网络模型之一,其中,包括 BP 神经网络的网络结构、学习算法、应用要点、不足及改进等,同时,应用 BP 神经网络对微带天线进行结构设计。第 4 章介绍 RBF 神经网络,它是另外一种具有代表性的前馈神经网络模型,包括 RBF 神经网络的网络结构、学习算法、网络特点等,并与 BP 神经网络作了对比说明。第 5 章介绍 Hopfield 神经网络,它是最常见的反馈神经网络,包括神经动力学和 Lyapunov 定理、连续 Hopfield 神经网络、离散 Hopfield 神经网络等。第 6 章介绍随机神经网络,包括 Boltzmann 机、神经网络的随机训练、模拟退火算法等。第 7 章介绍遗传神经网络,包括遗传算法基本原理及遗传神经网络的实现等,同时,应用遗传 RBF 神经网络解决了自适应波束形成问题。第 8 章介绍粒子群神经网络,包括粒子群优化算法基本原理及粒子群神经网络的实现等。第 9 章介绍模糊神经网络,包括模糊理论基本知识及模糊神经网络的实现等,同时,应用模糊神经网络进行了波导匹配负载设计和微带天线谐振频率计算。第 10 章介绍混沌神经网络,包括混沌理论基本知识及混沌神经网络的实现等,同时,应用混沌神经网络进行了移动通信系统信道分配和自适应雷达目标信号处理。第 11 章介绍小波神经网络,包括小波分析基本知识及小波神经网络的实现等,同时,应用小波神经网络解决了飞机图像识别和微带不连续问题。第 12 章介绍神经网络集成,包括神经网络集成的基本概念、实现方法、理论分析等,同时,应用神经网络集成进行了股市预测、肺癌诊断和谐振频率计算。书末附录给出本书中应用的大部分程序,方便读者理解及使用。另外,本书在编著过程中参阅了大量的国内外文献,在此对作者深表感谢。

　　本书是在江苏省"青蓝工程"优秀青年骨干教师项目、江苏省高校自然科学基础研究项目(07KJB510032)、江苏科技大学研究生部出版基金的资助下完成的,在此对上述资助单位表示诚挚谢意。同时,对在本书创作过程中给予作者大力支持的江苏科技大学电子信息学院的领导及各位同仁由衷地表示感谢。

　　由于作者水平有限,不妥之处在所难免,敬请读者批评指正。

作　者

2009 年 3 月

目 录

第1章 绪 论

人类具有高度发达的大脑,大脑是思维活动的物质基础,而思维是人类智能的集中体现。长期以来,人们想方设法了解人脑的工作机理和思维本质,向往构造出人工智能系统来模仿人脑的功能,其中的一个重要成果就是人工神经网络(artificial neural networks,ANN)。本章主要讲述人工神经网络的概念、基本性质、基本功能和应用,以及人工神经网络的性能指标、研究内容和发展趋势,最后介绍人工神经网络的电磁应用。

1.1 神经网络的概念与分类

1.1.1 神经网络的概念

人工神经网络又称神经网络(neural network)、人工神经系统(artificial neural systems)、自适应系统(adaptive systems)、自适应网(adaptive networks)、连接模型(connectionism)、神经计算机(neurocomputer)等,它是在对人脑认识的基础上,以数学和物理方法及从信息处理的角度对人脑生物神经网络(biological neural network,BNN)进行抽象并建立起来的某种简化模型。它是对人类大脑系统特性的一种描述,是由多个非常简单的处理单元彼此按某种方式连接而形成的计算机系统,该系统是靠其状态对外部输入信息的动态响应来处理信息的。简单地讲,人工神经网络是一个数学模型,可以用电子线路来实现,也可以用计算机程序来模拟,是人工智能研究的一种方法。

1.1.2 神经网络的分类

到目前为止,神经网络已经有几十种不同的模型,按照不同的原则,可以对神经网络进行不同的分类,通常有以下 5 类[1~4]:

(1) 按照网络的结构进行分类:前馈网络、反馈网络和自组织网络。

(2) 按照学习方式进行分类:有导师学习网络和无导师学习网络。

(3) 按照网络的性能进行分类:连续型网络和离散型网络、随机型网络和确定型网络。

(4) 按照突触性质进行分类:一阶线性并联网络和高阶非线性并联网络。

(5) 按照对生物神经系统的层次模拟分类:神经元层次模型、组合式模型、网络层次模型、神经系统层次模型和智能型模型。

在人工神经网络的设计与应用过程中,人们较多地考虑神经网络的互联结构,包括 5 种典型结构[5],如图 1.1 所示。

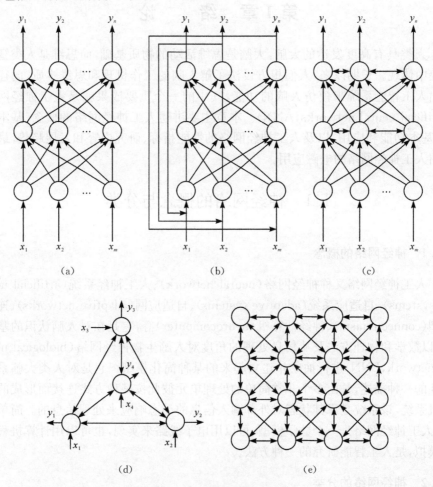

图 1.1　神经网络的拓扑结构

(1) 前馈网络。前馈网络中,神经元是分层排列的,每个神经元只与前一层的神经元相连,如图 1.1(a)所示。最上一层为输出层,最下一层为输入层,还有中间层,中间层也称为隐层,隐层的层数可以是一层或多层。

(2) 输入输出有反馈的前馈网络。如图 1.1(b)所示,在输出层上存在一个反馈回路到输入层,而网络本身还是前馈型的。该种神经网络的输入层不仅接受外界的输入信号,也接受网络自身的输出反馈信号。输出反馈信号可以是原始输出信号,也可以是经过转化的输出信号;可以是本时刻的信号,也可以是经过一定延迟的信号。此种网络经常用于系统控制、实时信号处理等需要根据系统当前状态进行调节的场合。

（3）前馈内层互联网络。如图 1.1(c)所示，在同一层内存在互相连接，它们可以形成互相制约，而从外部看还是一个前向网络，很多自组织网络大都存在内层互联的结构。

（4）反馈型全互联网络。图 1.1(d)所示的网络是一种单层全互联网络，每个神经元的输出都与其他神经元相连，如 Hopfield 神经网络和 Boltzmann 机都是属于这一类网络。

（5）反馈型局部连接网络。图 1.1(e)所示的网络是一种单层网络，它的每个神经元的输出只与其周围的神经元相连形成反馈的网络，这类网络也可发展为多层的金字塔形的结构。

目前，最具代表性的前馈神经网络模型有：①反向传播（back propagation，BP）神经网络。它是一种多层前馈网络，采用最小均方差的学习方式，是使用最广泛的网络。这个网络的缺点是为有导师训练，训练时间较长，易于陷入局部极小等。②径向基函数（radia basis function，RBF）神经网络。它是一种非常有效的多层前馈网络，其神经元基函数具有仅在微小局部范围内才产生有效的非零响应的局部特性，因而可以在学习过程中获得高速化。这个网络的缺点是由于高斯函数的特性，该网络难以学习映射的高频部分。最具代表性的反馈网络模型是 Hopfield 神经网络，该网络是由相同的神经元构成的单层网络，并且是不具学习功能的自联想网络，它需要对称连接。这个网络可以完成制约优化和联想记忆（associative memory，AM）等功能。

1.2　神经网络的基本特征和基本功能

1.2.1　神经网络的基本特征

神经网络的基本特征可归结为结构特征和能力特征。

（1）结构特征——并行处理、分布式存储与容错性。人工神经网络是由大量的简单处理单元相互连接构成的高度并行的非线性系统，具有大规模并行性处理特征。虽然每个处理单元的功能十分简单，但大量简单处理单元的并行活动使网络呈现出丰富的功能，并具有较快的速度。结构上的并行性使神经网络的信息存储必然采用分布式方式，即信息不是存储在网络的某个局部，而是分布在网络所有的连接权中。神经网络内在的并行性与分布性表现在其信息的存储与处理都是在空间上分布、时间上并行的，这两个特点必然使神经网络在两个方面表现出良好的容错性：一方面由于信息的分布式存储，当网络中部分神经元损坏时不会对系统的整体性能造成影响,这一点就像人脑中每天都有神经细胞正常死亡而不会影响大脑的功能一样;另一方面当输入模糊、残缺或变形的信息时,神经网络能够通过联想恢复出完整的记忆,从而实现对不完整输入信息的正确识别,这一点就像人可以对不规则的手写字进行正确识别一样。

(2) 能力特征——自学习、自组织与自适应性。自适应性是指一个系统能够改变自身的性能以适应环境变化的能力,它是神经网络的一个重要特征。自适应性包含自学习与自组织两层含义。神经网络的自学习是指当外界环境发生变化时,经过一段时间的训练或感知,神经网络能够通过自动调整网络结构参数,对给定输入能产生期望的输出。训练是神经网络学习的途径,因此,经常将学习与训练两个词混用,神经系统能在外部刺激下按一定规则调整神经元之间的突触连接,逐渐构建起神经网络,这一构建过程称为网络的自组织。神经网络的自组织能力与自适应性相关,自适应性是通过自组织实现的。

1.2.2　神经网络的基本功能

(1) 联想记忆。由于神经网络具有分布存储信息和并行计算的性能,因此,它具有对外界刺激信息和输入模式进行联想记忆的能力,这种能力是通过神经元之间的协同结构及信息处理的集体行为实现的。神经网络是通过其突触权值和连接结构来表达信息的记忆,这种分布式存储使神经网络能存储较多的复杂模式和恢复记忆的信息。神经网络通过预先存储信息和学习机制进行自适应训练,可以从不完整的信息和噪声干扰中恢复原始的完整信息,这一能力使其在图像复原、图像和语音处理、模式识别、分类等方面具有巨大的潜在应用价值。

(2) 非线性映射。在客观世界中,许多系统的输入与输出之间存在复杂的非线性关系,对于这类系统,往往很难用传统的数理方法建立其数学模型。设计合理的神经网络通过对系统输入输出样本对进行自动学习,能够以任意精度逼近任意复杂的非线性映射。神经网络的这一优良性能使其可以作为多维非线性函数的通用数学模型,该模型的表达是非解析的,输入输出数据之间的映射规则由神经网络在学习阶段自动抽取并分布式存储在网络的所有连接中。

(3) 分类与识别。神经网络对外界输入样本具有很强的识别和分类能力。对输入样本的分类实际上是在样本空间找出符合分类要求的分割区域,每个区域内的样本属于一类。传统分类方法只适合解决同类相聚、异类分离的识别与分类问题,但客观世界中,许多事物在样本空间上的区域分割曲面是十分复杂的,相近的样本可能属于不同的类,而远离的样本可能同属一类。神经网络可以很好地解决对非线性曲面的逼近,因此,比传统的分类器具有更好的分类和识别能力。

(4) 优化计算。优化计算是指在已知的约束条件下寻找一组参数组合,使由该组合确定的目标函数达到最小值。某些类型的神经网络可以把待求解问题的可变参数设计为网络的状态,将目标函数设计为网络的能量函数,神经网络经过动态演变过程达到稳定状态时对应的能量函数最小,从而其稳定状态就是问题的最优解。这种优化计算不需要对目标函数求导,其结果是网络自动给出的。

(5) 知识处理。神经网络获得知识的途径与人类相似,也是从对象的输入输出信息中抽取规律而获得关于对象的知识,并将知识分布在网络的连接中予以存储。神经网络的知识抽取能力使其能够在没有任何先验知识的情况下自动地从输入数据中提取特征,发现规律,并通过自组织过程将自身构建成适合于表达所发现的规律。另外,人的先验知识可以大大提高神经网络的知识处理能力。两者相结合会进一步提升神经网络的智能。

1.3 神经网络的基本性质、优点及应用

1.3.1 神经网络的基本性质

神经网络的基本性质主要包括收敛性、容错性、鲁棒性及推广性等。

神经网络的收敛性是指神经网络的训练算法在有限次迭代之后可收敛到正确的权值或权向量。神经网络良好的容错性保证网络将不完整的、污损的、畸变的输入样本恢复成完整的原型。容错性的研究归结于神经网络动力系统记忆模式吸引域的大小,吸引域越大,网络从部分信息恢复全部信息的能力越大,表明网络的容错性越大。神经网络的高度鲁棒性使网络中的神经元或突触遭到破坏时网络仍然具有学习和记忆能力,从而使网络表现出高度的自组织性。研究表明,如果记忆模式的吸引域越"规则",那么网络抵抗干扰、噪声或自身损害的能力就越强,即鲁棒性越好。训练好的神经网络应能够对不属于训练样本集合的输入样本正确识别或分类,这种现象常称为神经网络具有良好的推广性。

人工神经网络的操作有两种过程:一是训练学习,二是正常操作或称回忆。训练时,把要教给网络的信息(外部输入)作为网络的输入和要求的输出,使网络按某种规则(训练算法)调节各处理单元间的连接权值,直到加上给定输入后网络就能产生给定输出为止。这时,各连接权已经调节好,网络的训练完成。所谓正常操作,就是对训练好的网络输入一个信号,它就可以正确回忆出相应输出。不论是训练网络还是操作网络,人工神经网络的状态总是变化的。所谓神经网络的状态,是指神经网络所有节点的输出信号值。状态变化可以指某个节点的状态变化,也可指所有节点的状态变化。神经网络的这种动态特性受两种性能的约束,即系统的整体稳定性和收敛性。所谓稳定的神经网络,定义为这样一种非线性动态系统:当在该系统上加入一初始输入时,系统的状态发生变化,但最后达到一固定点(收敛点或均衡点),这些固定点就是存储信息的点。虽然稳定的神经网络总

能保证所有输入被映射到固定点,但不能保证该固定点就是要求的固定点。不难理解,神经网络的稳定性是与反馈网络的回忆操作相联系的,这种反馈网络的稳定性可以用 Lyapunov 准则进行判定。收敛性是指在训练过程中,输出节点的实际输出值与要求的输出值之间的误差,最后能达到可接受的最小值。一般要求收敛过程迅速和精确,即输出能尽快趋于目标值。显然,收敛性是与有指导的训练操作相联系,收敛过程严格依赖于所采用的具体训练算法和训练参数。

1.3.2 神经网络的优点

(1) 很强的鲁棒性和容错性。这是因为信息是分布存储于网络内的神经元中。

(2) 并行处理方法。人工神经网络在结构上是并行的,而且网络的各个单元可以同时进行类似的处理过程,使计算快速。

(3) 自学习、自组织、自适应性。神经元之间的连接多种多样,各神经元之间连接强度具有一定可塑性,使得神经网络可以处理不确定或不知道的系统。

(4) 可以充分逼近任意复杂的非线性关系。

(5) 具有很强的信息综合能力。能同时处理定量和定性的信息,能很好地协调多种输入信息关系,适用于处理复杂非线性和不确定对象。

1.3.3 神经网络的应用

神经网络以其独特的结构和处理信息的方法,在许多实际应用领域中取得了显著的成效。主要应用于自动控制、处理组合优化问题、模式识别、图像处理、传感器信号处理、机器人控制、信号处理、卫生保健、医疗、经济、化工、焊接、地理、数据挖掘、电力、交通、军事、矿业、农业和气象等领域。

1.4 神经网络的性能指标及研究内容

1.4.1 神经网络的性能指标

与人脑的作用机理类似,一个神经网络完成任务的过程包括学习(训练)过程和使用(回忆或联想)过程。对一个神经网络学习算法来说,衡量其性能优劣的指标有以下几个方面:

(1) 泛化能力。一个训练好的神经网络到实际中使用是否有好的效果,这是神经网络最重要的性能指标。

(2) 时间复杂性。训练一个固定结构的神经网络所需要的时间。

(3) 空间复杂性。算法计算机实现时所占用的内存空间,一般与神经网络的结构复杂程度密切相关。

（4）在线学习能力。如果神经网络的学习过程和使用过程是分别进行的，即先学习后使用，则称为离线学习；如果这两个过程是同时进行的，即边学习边使用，则称为在线学习能力。

（5）其他指标。包括能否用硬件实现、算法的稳定性、神经网络模型的鲁棒性等。

1.4.2　神经网络的研究内容

当前，神经网络研究内容主要包括神经网络理论研究、神经网络实现技术研究和神经网络应用研究三个方面。

（1）神经网络理论研究。神经网络理论研究侧重于寻找合适的神经网络模型和学习算法。其中，模型研究是指构造合适的单个神经元模型及确定神经元之间的连接方式，并探讨它所适用的场合；学习算法研究是指在神经网络模型的基础上找出一种调整神经网络结构和权值的算法，并满足学习样本的要求，同时具有较快的学习速度。神经网络理论研究的另一个重要内容是从理论上分析常用的神经网络设计方法对泛化能力的影响。

（2）神经网络实现技术研究。神经网络实现技术研究主要是探讨利用电子、光学、光电、生物等技术实现神经计算机的途径，包括利用传统计算机技术实现模拟神经计算机及新型神经计算机体系结构的研究等。

（3）神经网络应用研究。神经网络应用研究是探讨如何利用神经网络解决实际工程问题。人们可以在几乎所有的领域中发现神经网络应用的影子。当前，神经网络的主要应用领域有模式识别、故障检测、智能机器人、非线性系统辨识和控制、市场分析、决策优化、物资调用、智能接口、知识处理和认知科学等。

1.5　神经网络的发展简史、存在问题及发展趋势

1.5.1　神经网络的发展简史

神经网络是一门活跃的边缘性交叉学科，研究它的发展过程和前沿问题具有重要意义。目前，神经网络的理论和应用研究得到了极大的发展，而且已经渗透到几乎所有的工程应用领域。但是，人工神经网络的发展过程并不是一帆风顺的，大致经历了以下几个阶段：

（1）初始时期。1943 年，McCulloch 和 Pitts[6] 提出了 MP 模型，从而给出了神经元的最基本模型及相应的工作方式。1949 年，神经生物学家 Hebb[7] 发现，脑细胞之间的通路在参与某种活动时将被加强，这个重要规则给出了生理学与心理学间的联系，被称为 Hebb 学习规则，该规则至今还被许多神经网络学习算法所使

用。1958 年,Rosenblatt[8]提出了感知器模型,这是一个由线性阈值神经元组成的前馈神经网络,可用于分类。1960 年,Widrow 和 Hoff[9]提出了自适应线性单元,这是一种连续取值的神经网络,可用于自适应系统。

(2) 低潮时期。1969 年,人工智能的创始人 Minsky 和 Papert[10]出版了 *Perceptrons*,在该书中,他们指出单层感知器只能作线性划分,多层感知器不能给出一种学习算法,因此无实用价值。由于 Minsky 和 Papert 在人工智能领域的地位,该书在人工神经网络研究人员间产生了极大的反响,从而使神经网络研究受到了严重影响,自此陷入低潮。但是,即便在神经网络研究的低潮时期,也仍有一些人在兢兢业业地研究神经网络,并取得了一些重要成果。其中,最著名的是 1982 年加利福尼亚理工大学教授 Hopfield[11]提出的 Hopfield 神经网络。在这个用运算放大器搭成的反馈神经网络中,Hopfield 借用 Lyapunov 能量函数的原理,给出了网络的稳定性判据,并为著名的组合优化问题——旅行商问题(TSP)提供了一个新的解决方案。Hopfield 神经网络可用于联想存储、优化计算等领域。

(3) 高潮时期。1986 年,Rumelhart 等[12]给出了多层感知器的权值训练 BP 算法,从而解决了 Minsky 认为不能解决的多层感知器的学习问题,自此引导了神经网络的复兴,神经网络的研究也进入了一个崭新的发展阶段。

1.5.2　神经网络的一些问题

随着对神经网络研究的广泛关注,其中的一些问题逐渐暴露出来,并已成为该学科进一步发展的障碍。目前,亟待从以下几个方面予以改进[13]:

(1) 加快神经网络的学习速度。目前,绝大多数神经网络算法都需要进行耗时的迭代训练,其计算开销相当大,训练速度太慢,难以满足实时性要求较高的在线学习任务的需要。此外,太慢的速度还使得神经计算技术很难用于数据挖掘等领域,因为等到网络训练完成时,数据库的内容可能已经发生了更新变动,网络学习到的知识将无法反映出当前事物的特点。

(2) 增强神经网络的可理解性。神经网络模型的一大特点是其分布式知识表示,即网络中单一的神经元或连接并没有明确的意义,这就决定了神经网络是一种典型的“黑箱”模型,其学习到的知识隐藏在大量的连接权值中,用户无法知道某一个具体的网络能做什么,也无法知道它是怎么做的。一般来说,“可解释性”是可靠系统的必备特性,由于通常的神经网络模型都是“不可解释”的,这在一定程度上影响了用户对通过神经计算技术构建智能系统的信心。虽然 Baum 和 Haussler[14]指出,“如果一个神经网络可以为大量的训练例产生正确的解答,那么,可以相信它们也能为类似于训练例的未知例产生正确解答”,但这并没有抵消用户对可理解性的偏好。此外,训练好的神经网络学习到的知识不能以容易理解的方式提交给决策者,这也是神经计算技术难以用于数据挖掘领域的主要原因之一。

（3）设计出易于使用的工程化神经计算方法。神经计算由于缺少一个统一的理论框架，经验性成分相当高。虽然 Hornik 等[15]证明，仅有一个非线性隐层的前馈网络就可以任意精度逼近任意复杂度的函数，但一些研究者指出，对网络的配置和训练是 NP 问题[16,17]。这就使得在利用神经计算解决问题时，只能采取具体问题具体分析的方式，通过大量费力耗时的实验摸索，确定出合适的神经网络模型、算法及参数设置，其应用效果完全取决于使用者的经验。即使采用同样的方法解决同样的问题，由于操作者不同，其结果很可能大相径庭。在实际应用中，操作者往往是缺乏神经计算经验的普通工程技术人员，如果没有易于使用的工程化神经计算方法，神经计算技术的应用效果将很难得到保证。

（4）更好地模拟生物神经系统。由于神经网络产生于对生物神经系统的模拟，因此，人们希望它能具有生物神经系统的各种优良特性。然而，目前的神经计算模型却没能做到这一点。例如，从容错性的角度来说，生物神经系统的容错性相当好，尽管每天约有 10^4 个脑细胞死亡，人脑仍然能正常工作。虽然神经网络一般采用分布式知识表示，网络由多个功能相同或相似的神经元组成，但是，正如一些研究者所指出的[18,19]，现有的神经网络学习算法，尤其是前馈神经网络学习算法，并没有充分利用分布式知识表示中的冗余信息，由它们训练出的网络在本质上并不具有容错性，网络的容错能力需要通过额外的机制加以改善。

（5）将神经计算与传统人工智能技术相结合。传统人工智能技术在逻辑推理等许多方面都是很有效的，神经计算绝不可能完全替代它们，而只能在某些方面与之互补。Minsky[20]指出了利用不同的组件构建智能系统的必要性："人工智能研究必须从其传统关注的特殊模式走出来。世界上并不存在一种最佳的知识表示或问题求解方法。当前机器智能的局限性在很大程度上是由以下两方面造成的，即力图寻找统一的理论，或者试图弥补那些在理论上很漂亮但在概念上却很虚弱的方法之不足……我们所需的多功能性智能在更大规模的结构中找到，这些结构应能够同时利用和管理若干种知识表示的优势，使得各种类型的表示可以相得益彰。"目前，很多研究者对将符号学习与神经学习相结合非常关注，因为如果这两者能够很好地结合起来，就可以在一定程度上模拟人类逻辑思维和直觉思维的统一，这将是人工智能领域的重大突破。

1.5.3 神经网络的发展趋势

近年来，神经网络理论与实践有了引人注目的进展，它再一次拓展了计算概念的内涵，使神经计算、进化计算成为新的学科，神经网络的软件模拟得到了广泛应用。近几年来，科技发达国家的主要公司对神经网络芯片、生物芯片情有独钟。展望未来，神经网络的研究趋势将主要侧重于以下几个方面[21~23]：

（1）促进神经生理学、神经解剖学的研究。通过神经网络研究的发展，人们对人脑一些局部功能的认识已经有所提高，如对感知器的研究、对视觉处理网络的研究、对存储与记忆问题的研究等都取得一定的成功。遗憾的是，这些成功一方面还远不够完善，另一方面在对人脑作为一个整体的功能的解释上几乎起不到任何作用。科学家已经积累了大量关于大脑组成、大脑外形、大脑运转基本要素等知识，但仍无法解答有关大脑信息处理的一些实质问题。整体功能绝不是局部功能的简单组合，而是一个巨大的质的飞跃，人脑的知觉和认知等过程是包含着一个复杂的动态系统中对大量神经元活动进行整合的统一性行动。由于人们对人脑完整工作过程几乎没有什么认识，连一个稍微完善的可令人接受的假设也没有，造成了神经网络研究始终缺乏一个明确的大方向。这方面如果不能有所突破，神经网络研究将始终限于模仿人脑局部功能的缓慢摸索过程当中，而难以达到研究水平的质的飞跃。

（2）发展与之相关的数学领域。神经元以电为主的生物过程在认识上一般采用非线性动力学模型，其动力学演变过程往往是非常复杂的，神经网络这种强的生物学特征和数学性质要求有更好的数学手段。而对解决非线性微分方程这样的问题，稍微复杂一些的便没有办法利用数学方法求得完整的解。这使得在分析诸如一般神经网络的自激振荡、稳定性、混沌等问题时常常显得力不从心，更不用说当我们面对人脑这样的由成千上万个神经元网络子系统组成的巨系统，而每个子系统（具有某种特定功能）又可能由成千上万个神经元组成，每个神经元本身是一个基本的非线性环节。因此，当今神经网络理论的发展，已经客观要求有关数学领域必须有所发展，并预期一种更简洁、更完善和更有效的非线性系统表达与分析的数学方法是这一领域数学发展的主要目标之一。

（3）扩大神经网络结构和神经元芯片的作用。神经网络结构体现了算法和结构的统一，是硬件和软件的混合体。未来的研究主要是针对信息处理功能体，将系统、结构、电路、器件和材料等方面的知识有机结合起来，建构有关的新概念和新技术，如结晶功能体、高分子功能体等。生物芯片由于元件是分子大小的，其包装密度可成数量级增加，它的信号传播方式是孤电子，将不会有损耗，并且几乎不产生热量。因此，随着大量神经计算机和神经元芯片应用于高科技领域，它有着更诱人的前景。

（4）增强对智能和机器关系问题的认识。神经网络是由大量处理单元组成的非线性、自适应、自组织系统，它是在现代神经科学研究成果的基础上提出的，试图模拟神经网络加工、记忆信息的方式，设计一种新的机器，使之具有人脑风格的信息处理能力。对于智能和机器的关系，应该从进化的角度，把智能活动看成动态发展的过程，并合理地发挥经验的作用。同时，还应该从环境与社会约束及历史文化约束的角度加深对它的理解与分析。鉴于此，智能理论的发展方向是把基于连接主义的神经网络理论、基于符号主义的人工智能专家系统理论和基于进化论的人工生命理论这三大研究领域,在共同追求的总目标下,自发而有机地结合起来。

(5) 发展神经计算和进化计算的理论与应用。20 世纪 80 年代以后,神经网络理论在计算理论方面取得了引人注目的成果,形成了神经计算和进化计算新概念,激起了许多理论家的强烈兴趣。离散符号计算、神经计算和进化计算相互促进,也许最终导致这三种计算统一起来,这应是我们无法回避的一个重大难题。在 21 世纪,关于这个领域的研究会产生新的概念和方法。

(6) 促进信息科学与生命科学的相互融合。信息科学与生命科学的相互交叉、相互渗透和相互促进是现代科学技术发展的一个显著特点。神经网络与各种智能信息处理方法有机结合具有很广阔的发展前景,如与模糊逻辑、混沌理论、遗传进化算法、粒子群算法、免疫算法等相结合,即所谓"混合神经网络"方法。由于这些理论和算法都是属于仿效生物体信息处理的方法,人们希望通过它们之间的相互结合,能够获得具有柔性信息处理功能的系统,这也是本书的主要特点。

1.6 神经网络的电磁应用

在微波集成电路设计中,现代计算机辅助设计(computer aided design,CAD)方法的效果取决于有源及无源电路元件模型的准确性。随着电路密度及工作频率的增高,传统建模技术的准确性变得不可靠。例如,微波电路中存在大量的不连续性,为这些结构建立电磁场边界值方程和求解这样的方程均十分困难。若采用数值计算方法,则计算量、存储量与准确性成正比。在优化设计过程中,往往要反复计算电路的特性,若都用数值计算,耗时太多。建立近似等效电路模型,则不可能在所有条件下均合适。再如,典型的电路模拟软件所提供的无源元件模型不能准确地考虑寄生和耦合效应。为补救这一缺陷,人们采用建立无源元件库的办法制作、测量、存储成百上千组元件数据在一个表中,但建表成本高,占用内存资源大。另外,在任何一个高速 VLSI 系统中,为保证系统正常工作,必须进行互联结构的仿真与优化设计。信号时延、串扰、接地板反弹噪声等重要的信号整体特性的优劣取决于系统中的互联网络及互联电路。目前,高速互联系统的分析是一项高强度的计算工作,耗费很长计算时间,占用大量的内存资源。目前在工程设计时,一般采用由测量值拟合的经验公式或经验图表,准确性受到限制。其他的还有插值(quadratic interpolation)、GMDH(group method of data handling)、统计方法等,由于问题的模型要考虑的变量很多,且所需特性与诸多变量之间的关系往往是高度非线性的,上述方法的效果大多不甚理想。

从数学上看,一个电磁场问题的 CAD 模型就是一种映射关系 F,即

$$Y = F(\boldsymbol{X}) \tag{1.1}$$

式中,$\boldsymbol{Y}$ 为目标函数矢量;$\boldsymbol{X}$ 为输入矢量。通常,$\boldsymbol{X}$ 和 $\boldsymbol{Y}$ 之间的函数关系是多参量的、高度非线性的,难以用简单函数直接给出。而神经网络模型却能有效、准确地描述这种映射关系,并且计算方便、快速,非常适合于面向 CAD 优化过程的复杂系统电磁场建模。

神经网络具有学习功能,可模拟复杂的非线性函数映射关系,许多类型的神经网络是通用逼近器,能以适合的精度逼近任意输入输出映射,已成为许多工程领域的有力工具。建立神经网络模型来逼近电路的输入输出响应,在此基础上进行优化,可克服传统设计优化中的困难。

神经网络近年来在电磁场领域也得到了广泛的应用[24,25],相关的著作已经出版[26~29]。美国 Colorado 大学教授 Gupta[30] 指出神经网络技术是电磁场复杂系统 CAD 的发展趋势之一,加拿大 Carleton 大学的 Zhang 等[31] 对神经网络在射频和微波方面的设计从理论到实践进行了阐述,文献[32]、[33]也对神经网络在电磁场中应用的具体问题进行了说明。可以说,神经网络已经被应用到电磁场领域的各个方面。文献[34]将 RBF 神经网络与全波三维电磁模拟软件 Quick-Wave 3D 相结合,分析了波导弯头、T 形波导及开槽波导的 S 参数。文献[35]建立了微波神经网络数据库和微波神经网络工具箱,使用它可以对微波电路进行仿真。文献[36]详细地讨论了知识人工神经网络,并得到基于新型传输线方程的知识人工神经网络模型。文献[37]应用神经网络求解微波电磁场正向数值计算和微波电磁场激励源反演问题。神经网络可以应用于电磁成像问题[38~40]、微波电路设计[41~46]、微波器件设计[47~49]、放大器设计[50~54]、滤波器设计[55~57]、波导匹配负载设计[58]、频率选择表面设计[59,60]、天线设计[61~67]、天线阵列[68~70]、微带天线谐振频率设计[71~73]、天线阵来波方向估计[74~78]、微波近场技术[79]、微波测量[80]、磁共振成像[81]、电磁干扰[82]等。

参 考 文 献

[1] 胡守仁. 神经网络导论. 长沙:国防科技大学出版社,1993.

[2] 焦李成. 神经网络系统理论. 西安:西安电子科技大学出版社,1996.

[3] 魏海坤. 神经网络结构设计的理论与方法. 北京:国防工业出版社,2005.

[4] 钟珞,饶文碧,邹承明. 人工神经网络及其融合应用技术. 北京:科学出版社,2007.

[5] 张立明. 人工神经网络的模型及其应用. 上海:复旦大学出版社,1993.

[6] McCulloch W S, Pitts W H. A logical calculus of the ideas immanent in nervous activity. Bulletin of Mathematical Biophysics, 1943, (5): 115-133.

[7] Hebb D O. The Organization of Behavior. New York: Wiley, 1949.

[8] Rosenblatt F. The perceptron: A probabilistic model for information storage and organization in the brain. Psychological Review, 1958, (65): 386-458.

[9] Widrow B, Hoff M E. Adaptive Switching Circuits. New York: IRE, 1960:94-104.

[10] Minsky M, Papert S. Perceptrons. Cambridge: MIT Press, 1969.

[11] Hopfield J J. Neural networks and physical systems with emergent collective computational abilities. Proceedings of the National Academy of Science, 1982, (79): 2554-2558.

[12] Rumelhart D E, Hinton G E, Williams R J. Learning representations by back-propagation error. Nature, 1986, (323): 533-536.

[13] 周志华. 神经计算中若干问题的研究[博士学位论文]. 南京:南京大学, 2000.

[14] Baum E B, Haussler D. What size net gives valid generalization? Neural Computation, 1989, 1(1): 151-160.

[15] Hornik K M, Stinchcombe M, White H. Multilayer feedforward networks are universal approximators. Neural Networks, 1989, 2(2): 359-366.

[16] Judd J S. Learning in networks is hard//Proceedings of the 1st IEEE International Conference on Neural Networks, San Diego, 1987, 2: 685-692.

[17] Blum A, Rivest R L. Training a 3-node neural networks is NP-complete. Neural Networks, 1992, 5(1): 117-127.

[18] Nijhuis J, Hofflinger B, Schaik A, et al. Limits to fault-tolerance of a feedforward neural network with learning//Digest of Papers of the International Symposium on Fault-Tolerant Computing, Los Alamitos, 1990: 228-235.

[19] Segee B E, Carter M J. Fault tolerance of pruned multilayer networks//Proceedings of the International Joint Conference on Neural Networks, Los Alamitos, 1991, 2: 447-452.

[20] Minsky M. Logical versus analogical or symbolic versus connectionist or neat versus scruffy. AI Magazine, 1991, 12(2): 35-51.

[21] 刘永红. 神经网络理论的发展与前沿问题. 信息与控制, 1999, 28(1): 31-46.

[22] 周志华, 陈世福. 神经网络国际研究动向. 模式识别与人工智能, 2000, 13(4): 415-418.

[23] 朱大奇. 人工神经网络研究现状及其展望. 江南大学学报(自然科学版), 2004, 3(1): 103-110.

[24] Burrascano P, Fiori S, Mongiardo M. A review of artificial neural networks applications in microwave computer-aided design. International Journal of RF and Microwave Computer-Aided Engineering, 1999, 9(3): 158-174.

[25] Mishra R K. An overview of neural network methods in computational electromagnetics. International Journal of RF and Microwave Computer-Aided Engineering, 2002, 12(1): 98-108.

[26] Zhang Q J, Gupta K C. Neural Networks for RF and Microwave Design. Norwood: Artech House, 2000.

[27] Christodoulou C, Georgiopoulos M. Applications of Neural Networks in Electromagnetics. Norwood: Artech House, 2001.

[28] 王秉中. 计算电磁学. 北京:科学出版社, 2002.

[29] 田雨波, 钱鉴. 计算智能与计算电磁学. 北京:科学出版社, 2008.

[30] Gupta K C. Emerging trends in millimeter-wave CAD. IEEE Trans. on Microwave Theory and Technology, 1998, 46(6): 747-755.

[31] Zhang Q J, Gupta K C, Devabhaktuni V K. Artificial neural networks for RF and microwave design from theory to practice. IEEE Trans. on Microwave Theory and Technology, 2003, 51(4): 1339-1349.

[32] Devabhaktuni V K, Yagoub M, Zhang Q J. A robust algorithm for automatic development of neural

network models for microwave applications. IEEE Trans. on Microwave Theory and Technology, 2001, 49(12): 2282-2291.

[33] Wang F, Devabhaktuni V K, Zhang Q J, et al. Neural network structures and training algorithms for microwave applications. International Journal of RF and Microwave Computer-Aided Engineering, 1999, 9(3): 216-240.

[34] Murphy E K. Radial-basis-function neural network optimization of microwave systems[Master Thesis]. Worcester: Worcester Polytechnic Institute, 2002.

[35] 刘钊. 微波神经网络技术研究[博士学位论文]. 天津: 天津大学, 2004.

[36] 洪劲松. 新型传输线方程及知识人工神经网络模型的研究[博士学位论文]. 成都: 电子科技大学, 2005.

[37] 刘洋. 基于神经网络的微波电磁场计算问题的研究[硕士学位论文]. 大连: 大连理工大学, 2006.

[38] Mydur R, Michalski K A. A neural-network approach to the electromagnetic imaging of elliptic conducting cylinders. Microwave and Optical Technology Letters, 2001, 28 (5): 303-306.

[39] Rekanos I T. Neural-network-based inverse-scattering technique for online microwave medical imaging. IEEE Trans. on Magnetics, 2002, 38 (2): 1061-1064.

[40] Wang Y M, Gong X. A neural network approach to microwave imaging. International Journal of Imaging Systems and Technology, 2000, 11 (3): 159-163.

[41] Xu J, Yagoub M, Ding R, et al. Neural-based dynamic modeling of nonlinear microwave circuits. IEEE Trans. on Microwave Theory and Technology, 2002, 50(12): 2769-2780.

[42] Horng T, Wang C, Alexopoulos N G. Microstrip circuit design using neural networks. IEEE Trans. on Microwave Theory and Technology, 1997, 45(5): 794-802.

[43] Creech G L, Paul B J, Lesniak C D, et al. Artificial neural networks for fast and accurate EM-CAD of microwave circuits. IEEE Trans. on Microwave Theory and Technology, 1997, 45(5): 794-802.

[44] Fang Y, Yagoub M, Zhang Q J. A new macromodeling approach for nonlinear microwave circuits based on recurrent neural networks. IEEE Trans. on Microwave Theory and Technology, 2000, 48(12): 2335-2344.

[45] Vai M, Prasad S. Microwave circuit analysis and design by a massively distributed computing network. IEEE Trans. on Microwave Theory and Technology, 1995, 43(5): 1087-1094.

[46] Bila S, Harkouss Y, Ibrahim M, et al. An accurate wavelet neural-network-based model for electromagnetic optimization of microwave circuits. International Journal of RF and Microwave Computer-Aided Engineering, 1999, 9(3): 297-306.

[47] Watson P M, Gupta K C, Mahajan R L. Development of knowledge based artificial neural network models for microwave components. IEEE MTT-S International Microwave Symposium Digest, 1998: 9-12.

[48] Watson P M, Gupta K C. Design and optimization of CPW circuits using EM-ANN models for CPW components. IEEE Trans. on Microwave Theory and Technology, 1997, 45(12): 2515-2523.

[49] Sadrossadat S A, Cao Y Z, Zhang Q J. Parametric modeling of microwave passive components using sensitivity-analysis-based adjoint neural-network technique. IEEE Trans. on Microwave Theory and Technology, 2013, 61(5): 1733-1747.

[50] Hui M, Liu T J, Zhang M, et al. Augmented radial basis function neural network predistorter for linearisation of wideband power amplifiers. Electronics Letters, 2014, 50(12): 877-879.

[51] Li M Y, Liu J T, Jiang Y, et al. Complex-Chebyshev functional link neural network behavioral model for broadband wireless power amplifiers. IEEE Trans. on Microwave Theory and Technology, 2012, 60(6): 1979-1989.

[52] Rawat M, Rawat K, Ghannouchi F M. Adaptive digital predistortion of wireless power amplifiers/transmitters using dynamic real-valued focused time-delay line neural networks. IEEE Trans. on Microwave Theory and Technology, 2010, 58(1): 95-104.

[53] Mkadem F, Boumaiza S. Physically inspired neural network model for RF power amplifier behavioral modeling and digital predistortion. IEEE Trans. on Microwave Theory and Technology, 2011, 59(4): 913-923.

[54] Rodriguez N, Cubillos C. Wavelet network with hybrid algorithm to linearize high power amplifiers. Lecture Notes in Computer Science, 2007:1016-1023.

[55] Miraftab V, Mansour R R. Computer-aided tuning of microwave filters using fuzzy logic. IEEE Trans. on Microwave Theory and Technology, 2002, 50(12): 2781-2788.

[56] Kabir H, Wang Y, Yu M, et al. Neural network inverse modeling and applications to microwave filter design. IEEE Trans. on Microwave Theory and Technology, 2008, 56(4): 867-879.

[57] Kabir H, Wang Y, Yu M, et al. High-dimensional neural-network technique and applications to microwave filter modeling. IEEE Trans. on Microwave Theory and Technology, 2010, 58(1): 145-156.

[58] 田雨波, 殷毅敏, 钱鉴, 等. 基于多层感知器神经网络的波导匹配负载设计. 电波科学学报, 2004, 19(2): 143-147.

[59] Christodoulou C, Huang J, Georgiopoulos M, et al. Design of grating and frequency selective surfaces using fuzzy ARTMAP neural networks. Journal of Electromagnetic Waves and Applications, 1995, 9(1-2): 17-36.

[60] Huang J. Theoretical analysis of ART neural networks and their applications in frequency selective surfaces[PhD Dissertation]. Orlando : University of Central Florida, 1994.

[61] 张小秋. 神经网络泛化能力研究及其电磁应用[硕士学位论文]. 镇江: 江苏科技大学, 2008.

[62] Lee K C, Jhang J Y, Lin T N. An automatically converging scheme based on the neural network and its application in antennas. IEEE Trans. on Antennas and Propagation, 2009, 57(4): 1270-1274.

[63] Robustillo P, Zapata J, Encinar J A, et al. ANN characterization of multi-layer reflectarray elements for contoured-beam space antennas in the Ku-band. IEEE Trans. on Antennas and Propagation, 2012, 60(7): 3205-3214.

[64] Delgado H J, Thursby M H. A novel neural network combined with FDTD for the synthesis of a printed dipole antenna. IEEE Trans. on Antennas and Propagation, 2005, 53(7): 2231-2236.

[65] Youngwook K, Keely S, Ghosh J, et al. Application of artificial neural networks to broadband antenna design based on a parametric frequency model. IEEE Trans. on Antennas and Propagation, 2007, 55(3): 669-674.

[66] Patnaik A, Anagnostou D, Christodoulou C G, et al. Neurocomputational analysis of a multiband reconfigurable planar antenna. IEEE Trans. on Antennas and Propagation, 2005, 53(11): 3453-3458.

[67] Wang Z B, Fang S J, Wang Q, et al. An ANN-based synthesis model for the single-feed circularly-polarized square microstrip antenna with truncated corners. IEEE Trans. on Antennas and Propagation, 2012, 60(12): 5989-5992.

[68] Ayestaran R G, Las-Heras F, Herran L F. Neural modeling of mutual coupling for antenna array syn-

thesis. IEEE Trans. on Antennas and Propagation, 2007, 55(3): 832-840.

[69] Lee K C, Lin T N. Application of neural networks to analyses of nonlinearly loaded antenna arrays including mutual coupling effects. IEEE Trans. on Antennas and Propagation, 2005, 53(3): 1126-1132.

[70] Patnaik A, Choudhury B, Pradhan P, et al. An ANN application for fault finding in antenna arrays. IEEE Trans. on Antennas and Propagation, 2007, 55(3): 775-777.

[71] Guney K, Sarikaya N. A hybrid method based on combining artificial neural network and fuzzy inference system for simultaneous computation of resonant frequencies of rectangular, circular, and triangular microstrip antennas. IEEE Trans. on Antennas and Propagation, 2007, 55(3): 659-668.

[72] Chen F, Tian Y B. Modeling resonant frequency of rectangular microstrip antenna using CUDA-based artificial neural network trained by particle swarm optimization algorithm. Applied Computational Electromagnetics Society Journal, 2014, 29(12): 1025-1034.

[73] Tian Y B, Zhang S L, Li J Y. Modeling resonant frequency of microstrip antenna based on neural network ensemble. International Journal of Numerical Modelling: Electronic Networks, Devices and Fields, 2011, 24(1): 78-88.

[74] Shieh C S, Lin C T. Direction of arrival estimation based on phase differences using neural fuzzy network. IEEE Trans. on Antennas and Propagation, 2000, 48(7): 1115-1124.

[75] 张贞凯, 田雨波, 周建江. 基于改进广义回归神经网络和主成分分析的宽带 DOA 估计. 光电子·激光, 2012, 23(4): 692-696.

[76] Vigneshwaran S, Sundararajan N, Saratchandran P. Direction of arrival (DoA) estimation under array sensor failures using a minimal resource allocation neural network. IEEE Trans. on Antennas and Propagation, 2007, 55(2): 334-343.

[77] Fonseca N J G, Coudyser M, Laurin J, et al. On the design of a compact neural network-based DOA estimation system. IEEE Trans. on Antennas and Propagation, 2010, 58(2): 357-366.

[78] Gotsis K A, Siakavara K, Sahalos J N. On the direction of arrival (DoA) estimation for a switched-beam antenna system using neural networks. IEEE Trans. on Antennas and Propagation, 2009, 57(5): 1399-1411.

[79] Qaddoumi N N, El-Hag A H, Saker Y. Outdoor insulators testing using artificial neural network-based near-field microwave technique. IEEE Trans. on Instrumentation and Measurement, 2014, 63(2): 260-266.

[80] Jargon J A, Gupta K C, DeGroot D C. Application of artificial neural networks to RF and microwave measurements. International Journal of RF and Microwave Computer-Aided Engineering, 2002, 12: 3-24.

[81] Chuang K H, Chiu M J, Lin C C, et al. Model-free functional MRI analysis using Kohonen clustering neural network and fuzzy C-means. IEEE Trans. on Medical Imaging, 1999, 18(12): 1117-1128.

[82] Micu D D, Czumbil L, Christoforidis G, et al. Layer recurrent neural network solution for an electromagnetic interference problem. IEEE Trans. on Magnetics, 2011, 47(5): 1410-1413.

第 2 章　基 础 知 识

神经网络是指用计算机仿真人脑的结构,用许多小的处理单元仿真生物的神经元,用算法实现人脑的识别、记忆、思考过程。本章主要讲述神经网络的基本知识,包括神经网络模型、神经网络的训练和学习、神经网络的泛化能力及神经网络训练用样本等。

2.1　神经网络模型

研究者从神经生理学和心理学角度出发研究脑的某一部分结构,构造并研究神经网络,称之为生物神经网络;当研究者从工程的角度,应用适当的算法把任务作为一种数学问题来构造合适的神经网络,称之为人工神经网络。这里主要讨论人工神经网络。为更好地理解和讨论人工神经网络,本书首先简单介绍生物神经网络中的生物神经元。

2.1.1　生物神经元模型

人的大脑由多达 10^{11} 个不同种类的神经元(神经细胞)组成,神经元的主要功能是传输信息。信息在一个神经元上是以电脉冲的形式传输的,这种电脉冲称为动作电位。一个神经元产生动作电位的最大次数约等于 500 次/s。

生物神经元由细胞体、树突和轴突三部分组成,其结构如图 2.1 所示。树突是细胞的输入端,轴突是细胞的输出端。树突通过连接其他细胞体的"突触"接受周围细胞由轴突的神经末梢传出的神经冲动;轴突的端部有众多神经末梢作为神经信号的输出端子,用于传出神经冲动。生物神经元具有兴奋与抑制两种状态,当传入的神经冲动使细胞膜电位升高到阈值(约为 40mV)时,细胞进入兴奋状态,产生神经冲动,由轴突输出;若传入的神经冲动使细胞膜电位低于阈值时,则细胞进入抑制状态,没有神经冲动输出。

神经元作为信息处理的基本单元,具有如下重要功能:

(1) 可塑性。可塑性反映在新突触的产生和现有神经突触的调整上,可塑性使神经网络能够适应新的环境。

(2) 时空整合功能。时间整合功能表现在不同时间、同一突触上,空间整合功能表现在同一时间、不同突触上。

(3) 兴奋与抑制状态。传入神经冲动时,使细胞膜电位升高,超过被称为动

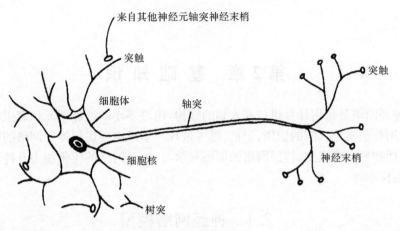

图 2.1　生物神经元

作电位的阈值,细胞进入兴奋状态,产生神经冲动,由轴突输出。当细胞膜电位低于阈值时,无神经冲动输出,细胞进入抑制状态。

（4）脉冲与电位转换。沿神经纤维传递的电脉冲为等幅的离散脉冲信号,而细胞电位变化为连续信号,在突触接口处进行"D/A"转换。神经元中的轴突非常长和窄,具有电阻高、电压大的特性,因此,轴突可以建模成阻容传播电路。

（5）突触的延时和不应期。突触对神经冲动的传递具有延时和不应期,在相邻的两次冲动之间需要一个时间间隔,在此期间对激励不响应,不能传递神经冲动。

（6）学习、遗忘和疲劳。突触的传递有学习、遗忘和疲劳过程。

2.1.2　人工神经元模型

2.1.2.1　MP 模型

人工神经网络的第一个数学模型是由 McCulloch 和 Pitts[1]建立的 MP 模型,该模型是基于这样一种思想:神经细胞的工作方式或者是兴奋或者是抑制。基于这个思想,McCulloch 和 Pitts 在神经元模型中引入了硬极限函数,该函数形式后来被其他神经网络(多层感知器、离散 Hopfield 神经网络)采用。

神经元之间的信号连接强度取决于突触状态,因此,在 MP 模型中,神经元的每个突触的活动强度用一个固定的实数即权值模拟。于是,每个神经元模型都可以从数十个甚至数百个其他神经元接收信息,产生神经兴奋和冲动;同时,在其他条件不变的情况下,不论何种刺激,只要达到阈值以上,就能产生一个动作电位。但如果输入总和低于阈值,则不能引起任何可见的反应。

图 2.2 所示为 MP 模型示意图。图中，$x_1, x_2, \cdots, x_n$ 为神经元的输入；ω_1, $\omega_2, \cdots, \omega_n$ 为相应的连接权值；T 为神经元的兴奋阈值；y 为神经元的输出。神经元的输出取二值函数，即

$$y = \begin{cases} 1, & \sum_{i=1}^{n} \omega_i x_i \geqslant T \\ 0, & \sum_{i=1}^{n} \omega_i x_i < T \end{cases} \tag{2.1}$$

式中，x_i 表示神经元的第 i 个输入；ω_i 则表示神经元的第 i 个输入权值；y 表示神经元的输出；T 表示神经元的阈值；n 为输入个数。

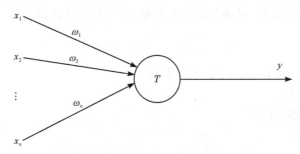

图 2.2 MP 模型

单个 MP 神经元模型可以实现与、或、与非、或非等二值逻辑运算(但不能实现异或运算)。另外，该模型曾因说明了人工神经网络可通过简单的计算产生相当复杂的行为而引起极大的轰动，但它是一种静态神经元，即结构固定、权值无法调节，因此，缺乏一个关键性的要素，即学习能力。

2.1.2.2 一般神经元模型

由于 MP 模型过于简单，而且权值不能学习，因此，需要更复杂的、灵活性更高的神经元模型。图 2.3 所示为一个具有 n 个输入的通用的神经元模型。与 MP 模型一样，$\boldsymbol{x} = (x_1, x_2, \cdots, x_n)^{\mathrm{T}}$ 为神经元输入，$\boldsymbol{\omega} = (\omega_1, \omega_2, \cdots, \omega_n)^{\mathrm{T}}$ 为可调的输入权值，θ 为偏移信号，用于建模神经元的兴奋阈值，$u(\cdot)$ 和 $f(\cdot)$ 分别表示神经元的基函数和激活函数。基函数 $u(\cdot)$ 是一个多输入单输出函数 $u = u(\boldsymbol{x}, \boldsymbol{\omega}, \theta)$，激活函数 $f(\cdot)$ 的一般作用是对基函数输出 u 进行"挤压"：$y = f(\cdot)$，即通过非线性激活函数 $f(\cdot)$ 将 u 变换到指定范围内。

下面介绍常用的基函数及激活函数的类型。

1) 基函数类型

(1) 线性函数。

绝大多数神经网络都采用这种基函数形式，如多层感知器、Hopfield 神经网

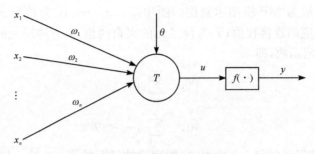

图 2.3　　通用神经元模型

络等。采用线性函数时,基函数输出 u 为输入和阈值的加权和,即

$$u = \sum_{i=1}^{n} \omega_i x_i - \theta = \boldsymbol{x}^{\mathrm{T}} \boldsymbol{\omega} - \theta \qquad (2.2)$$

在多维空间中,该基函数形状是一个超平面。

（2）距离函数。

此基函数的输出为

$$u = \sqrt{\sum_{i=1}^{n} (x_i - \omega_i)^2} = \| \boldsymbol{x} - \boldsymbol{\omega} \| \qquad (2.3)$$

式中,$\boldsymbol{\omega}$ 常被称为基函数的中心。显然,u 表述输入矢量 $\boldsymbol{x}$ 和权矢量 $\boldsymbol{\omega}$ 之间的欧氏距离。在多维空间中,该基函数形状是一个以 $\boldsymbol{\omega}$ 为球心的超球。RBF 主要用于 RBF 神经网络。

（3）椭圆基函数。

此基函数的输出为

$$u = \sqrt{\sum_{i=1}^{n} c_i (x_i - \omega_i)^2} \qquad (2.4)$$

在多维空间中,该基函数形状是一个椭球。

2）激活函数类型

激活函数也称为神经元函数、挤压函数或活化函数,它是人工神经元中的一个重要概念,类似于生物神经元具有的非线性转移特性,其基本作用如下:控制输入对输出的激活作用;对输入、输出进行函数转换;将可能无限域的输入变换成指定的有限范围内的输出。

激活函数可以是线性的,也可以是非线性的。常用的激活函数有以下一些类型:

（1）硬极限函数。

硬极限函数的表达式如下:

$$y = f(u) = \begin{cases} 1, & u \geqslant 0 \\ 0, & u < 0 \end{cases} \tag{2.5}$$

或

$$y = f(u) = \text{sgn}(u) = \begin{cases} 1, & u \geqslant 0 \\ -1, & u < 0 \end{cases} \tag{2.6}$$

式中，sgn(•)为符号函数。式(2.5)的硬极限函数也叫单极限函数，式(2.6)的硬极限函数也叫双极限函数。硬极限函数的曲线如图 2.4 所示。

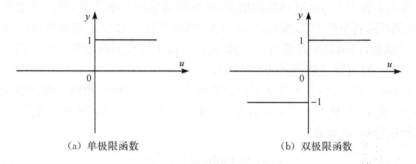

(a) 单极限函数　　　　　　　(b) 双极限函数

图 2.4　硬极限函数

(2) 线性函数。

线性函数的表达式如下：

$$y = f(u) = u \tag{2.7}$$

线性函数的曲线如图 2.5 所示，该激活函数常用于实现函数逼近的神经网络的输出层神经元。

(3) 饱和线性函数。

饱和线性函数的表达式如下：

$$y = f(u) = \frac{1}{2}(\mid u+1 \mid - \mid u-1 \mid) \tag{2.8}$$

饱和线性函数的曲线如图 2.6 所示，该激活函数也常用于分类问题。

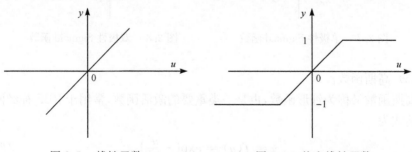

图 2.5　线性函数　　　　　　图 2.6　饱和线性函数

(4) Sigmoid 函数。

Sigmoid 函数也叫 S 形函数,是目前构造人工神经网络中最常用、最重要的激活函数,无论神经网络用于分类、函数逼近或优化,都可以采用该函数。S 形函数是一个严格单增的光滑函数,并具有渐进特性。对数正切函数是 S 形函数中的一种形式,其函数形式为

$$y = f(u) = \frac{1}{1 + e^{-\lambda u}} \tag{2.9}$$

式中,参数 λ 称为 Sigmoid 函数的增益,是 S 形函数的斜率参数,通过改变此参数可以得到不同斜率的 S 形函数,λ 值越大,曲线越陡。对数正切函数也叫单极性 Sigmoid 函数,该函数是可微的,它的取值在 0 到 1 的范围内连续变化。图 2.7 给出了当 $\lambda=1$ 时对数正切函数的函数图形。

方程(2.9)定义的 S 形激活函数的值域为 0 到 1。有时,激活函数的值域需要从 $-1\sim 1$ 变化,并且关于原点奇对称。为此,可以采用双曲正切 S 形激活函数(也叫双极性 Sigmoid 函数)。

$$y = f(u) = \tanh(\lambda u) = \frac{e^{\lambda u} - e^{-\lambda u}}{e^{\lambda u} + e^{-\lambda u}} \tag{2.10}$$

同样,λ 为该函数的斜率参数,通过改变此参数可以得到不同斜率的 S 形函数。图 2.8 给出了当 $\lambda=1$ 时双曲正切函数的函数图形。

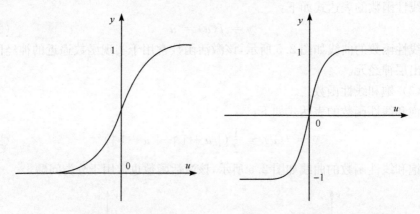

图 2.7　单极性 Sigmoid 函数　　　　图 2.8　双极性 Sigmoid 函数

(5) 高斯函数。

高斯函数又称为钟形函数,也是一类重要的激活函数,常用于 RBF 神经网络,其表达式为

$$y = f(u) = \exp\left(-\frac{u^2}{\delta^2}\right) \tag{2.11}$$

式中,参数 δ 称为高斯函数的宽度或扩展常数,其值越大,函数曲线就越平坦,其值

越小,函数曲线就越陡峭。图 2.9 给出了当 $\delta=1$ 时高斯函数的函数图形。

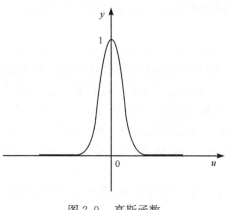

图 2.9 高斯函数

2.2 神经网络的训练和学习

生物之所以能适应环境,是因为生物神经系统具有从周围环境进行学习的能力。对于人工神经网络,学习能力也是其最为重要的特点。任何一个人工神经网络模型要实现某种功能的操作,就必须先对它进行训练,即让它学会它要做的事情,并把这些知识记忆(存储)在网络的权值中。所以,学习或训练的实质就是权值矩阵随外部激励作自适应变化。用数学式表示为

$$\frac{\mathrm{d}\boldsymbol{\omega}}{\mathrm{d}t} \neq 0 \tag{2.12}$$

正是因为学习或训练的实质是变动加权,所以,学习和训练可以混用。但严格地说,训练通常是指调节网络权值的操作动作和过程,这个过程对网络来讲就是学习。网络被训练后,它每加入一组输入就会产生一组要求的输出。训练就是相继加入输入向量,并按照预定规则调节网络权值。在训练过程中,网络的各权值都收敛到一确定值,以便每个输入向量都会产生一个要求的输出向量。调节权值所遵循的预定规则就是训练算法。在人工神经网络中,一般有两类训练算法,一类是有指导的训练,一类是无指导的训练。

有指导学习也称有监督学习(supervised learning)。对有指导的训练算法,不但需要训练用的输入向量,还要求与之对应的表示所需输出的目标向量。输入向量与对应的目标向量称作一个训练对,即 $(p_i, d_i), i=1, 2, \cdots, N$,其中,$p_i$ 为样本输入,d_i 为样本输出(教师信号)。通常,训练一个网络需要很多训练对,这些训练对组成训练组。当加上一个输入向量时,要计算网络的实际输出,并同相应的目标向量比较,比较结果的误差用来按规定的算法改变加权。这样,把训练组中的

每个向量对相继加入，对每个向量都要计算误差和调节加权，直到训练组中的误差都达到可以接受的最低值为止。相应的算法如 Widrow-Hoff 算法、δ 算法、感知器学习、BP 算法等。

无指导学习也称无监督学习（unsupervised learning）或自组织学习（self-organized learning）。无指导的训练不要求有目标向量，仅仅根据网络的输入调整网络的权值和偏置值，网络通过自身的"经历"来学会某种功能。大多数这种类型的算法都是要完成某种聚类操作，学会将输入模式分为有限的几种类型，这种功能特别适合于诸如向量量化等应用问题。相应的算法和网络如 Hebb 学习、联想学习、Hamming 网络、Crossberg 网络、自适应谐振理论（adaptive resonance theory，ART）等。

不管是有指导学习还是无指导学习，都要通过调整神经元的自由参数（权值或阈值）实现。下面给出神经元的一般学习算法。

对单个神经元，若令权矢量 $\boldsymbol{\omega}=(\omega_1,\omega_2,\cdots,\omega_n,\theta)^{\mathrm{T}}$，输入样本 $\boldsymbol{x}=(x_1,x_2,\cdots,x_n,-1)^{\mathrm{T}}$，阈值就可以并到权矢量中，于是，当前权值为 $\boldsymbol{\omega}(t)=(\omega_1,\omega_2,\cdots,\omega_n,\theta)^{\mathrm{T}}$。对于有指导学习，假定输入 $\boldsymbol{x}$ 对应的期望输出为 d，则神经元学习算法的内容是确定神经元的权值调整量 $\Delta\boldsymbol{\omega}(t)$，并得到权值调节公式，即

$$\boldsymbol{\omega}(t+1)=\boldsymbol{\omega}(t)+\eta\Delta\boldsymbol{\omega}(t) \tag{2.13}$$

式中，η 称为学习率，一般取较小的值；$\Delta\boldsymbol{\omega}(t)$ 的值一般与 $\boldsymbol{x}$、d 及当前权值 $\boldsymbol{\omega}(t)$ 有关。

2.2.1　Hebb 学习规则

1949 年，神经生物学家 Hebb 在其著作 *The Organization of Behavior* 中提出了关于神经网络学习机理的"突触修正"假说，即当神经元的突触前膜电位与突触后膜电位同时为正时，突触的通导性得到增强，相反，当神经元的突触前膜电位与突触后膜电位正负相反时，突触通导性减弱。也就是说，当神经元 i 与神经元 j 同时处于兴奋状态时，两者之间的连接强度应增强。根据该假设定义的权值调整方法称为 Hebb 学习规则[2]。Hebb 学习规则代表一种纯前馈、无导师学习，该规则一般用于自组织网络或特征提取网络。

根据 Hebb 规则，假定神经元当前的输入为 $\boldsymbol{x}=(x_1,x_2,\cdots,x_n)^{\mathrm{T}}$，输出为 $y=f(\boldsymbol{\omega}(t)^{\mathrm{T}}\boldsymbol{x})$，则权矢量 $\boldsymbol{\omega}(t)$ 的调节量 $\Delta\boldsymbol{\omega}(t)$ 为

$$\Delta\boldsymbol{\omega}(t)=y\boldsymbol{x} \tag{2.14}$$

神经元的初始权值一般取零附近的随机值，激活函数 f 可以取任意形式。式（2.14）中，$\Delta\boldsymbol{\omega}(t)$ 可理解为样本 $\boldsymbol{x}$ 对当前权值的影响。

2.2.2　Perceptron 学习规则

如果神经元的基函数取线性函数，激活函数取硬极限函数，则神经元就成了

单神经元感知器。单神经元感知器的学习规则称为离散感知器学习规则[3]，是一种有导师学习算法。

对样本输入 x，假定神经元的期望输出为 d，当前输出为 y，而神经元的激活函数取符号函数，则离散感知器学习规则中权值调整量为

$$\Delta \boldsymbol{\omega}(t) = e(t)\boldsymbol{x} \tag{2.15}$$

式中，$e(t)$ 为误差信号，可以表示为

$$e(t) = d - y = d - \mathrm{sgn}(\boldsymbol{\omega}^{\mathrm{T}}\boldsymbol{x}) \tag{2.16}$$

神经元的初始权值可以取任意值。离散感知器学习规则常用于单层及多层离散感知器网络。

2.2.3 δ 学习规则

δ 学习规则也称梯度法或最速下降法，是最常用的神经网络学习算法[4]。δ 学习规则是一种有导师学习算法。

2.2.3.1 基本原理

假定神经元权值修正的目标是极小化标量函数 $F(\boldsymbol{\omega})$，如果神经元的当前权值为 $\boldsymbol{\omega}(t)$，且假设下一时刻的权值调节公式为式（2.13），其中，$\Delta \boldsymbol{\omega}(t)$ 代表当前时刻的修正方向。显然，期望每次修正均有

$$F(\boldsymbol{\omega}(t+1)) < F(\boldsymbol{\omega}(t)) \tag{2.17}$$

那么，什么样的 $\Delta \boldsymbol{\omega}(t)$ 才是合适的呢？对 $F(\boldsymbol{\omega}(t+1))$ 进行一阶泰勒展开，得

$$F(\boldsymbol{\omega}(t+1)) = F(\boldsymbol{\omega}(t) + \eta \Delta \boldsymbol{\omega}(t)) \approx F(\boldsymbol{\omega}(t)) + \eta \boldsymbol{g}(t)^{\mathrm{T}} \Delta \boldsymbol{\omega}(t) \tag{2.18}$$

式中，$\boldsymbol{g}(t) = \nabla F(\boldsymbol{\omega}(t))|_{\boldsymbol{\omega} = \boldsymbol{\omega}(t)}$ 表示 $F(\boldsymbol{\omega})$ 在 $\boldsymbol{\omega} = \boldsymbol{\omega}(t)$ 时的梯度矢量。显然，如果取

$$\Delta \boldsymbol{\omega}(t) = -\boldsymbol{g}(t) \tag{2.19}$$

即权值修正量沿负梯度方向取较小值，则式（2.18）的右边第 2 项必然小于零，式（2.17）必然满足，这就是梯度法的基本原理。应该指出，局部最小点和学习率取值对梯度法的最终解影响很大。

2.2.3.2 神经元的 δ 学习规则

由于梯度法要用到目标函数的梯度值，因此，在神经元权值调节的 δ 学习规则中，神经元基函数取一般的线性函数，激活函数取 Sigmoid 函数，因为 Sigmoid 函数是连续可微的。

神经元权值调节 δ 学习规则的目的是：通过训练权值 $\boldsymbol{\omega}$，使得训练样本对（$\boldsymbol{x}$, d）神经元的输出误差

$$E = \frac{1}{2}(d-y)^2 = \frac{1}{2}[d - f(\boldsymbol{\omega}^{\mathrm{T}}\boldsymbol{x})]^2 \tag{2.20}$$

达到最小。通过计算梯度矢量

$$\nabla E_\omega = -(d-y)f'(\boldsymbol{\omega}^{\mathrm{T}}\boldsymbol{x})\boldsymbol{x} \qquad (2.21)$$

并令 $\Delta\boldsymbol{\omega}(t)=-\nabla E_\omega$，即可得到如下权值修正公式：

$$\Delta\boldsymbol{\omega}(t) = (d-y)f'(\boldsymbol{\omega}^{\mathrm{T}}\boldsymbol{x})\boldsymbol{x} \qquad (2.22)$$

神经元的初始权值一般取零附近的随机值。δ学习规则是应用最广泛的学习规则，常用于单层及多层感知器神经网络。

2.2.4　Widrow-Hoff 学习规则

Widrow-Hoff 学习规则也称为 W-H 学习规则或最小均方准则（least mean square，LMS），是一种有导师学习算法[5]。

Widrow-Hoff 学习规则与 δ学习规则的推导类似，但该学习规则也可用于神经元激活函数取线性函数的情形。通过训练权值 $\boldsymbol{\omega}$，使得训练样本对 $(\boldsymbol{x},d)$ 神经元的输出误差

$$E = \frac{1}{2}(d-y)^2 = \frac{1}{2}(d-\boldsymbol{\omega}^{\mathrm{T}}\boldsymbol{x})^2 \qquad (2.23)$$

达到最小。由于

$$\nabla E_\omega = -(d-\boldsymbol{\omega}^{\mathrm{T}}\boldsymbol{x})\boldsymbol{x} \qquad (2.24)$$

故权值修正公式为

$$\Delta\boldsymbol{\omega}(t) = (d-y)\boldsymbol{x} \qquad (2.25)$$

Widrow-Hoff 学习规则常用于自适应线性单元。

2.2.5　Correlation 学习规则

Correlation 学习规则规定如果与输入 $\boldsymbol{x}$ 对应的学习信号是其期望输出 d，则权矢量 $\boldsymbol{\omega}(t)$ 的调节量 $\Delta\boldsymbol{\omega}(t)$ 为

$$\Delta\boldsymbol{\omega}(t) = d\boldsymbol{x} \qquad (2.26)$$

如果 Hebb 学习规则中的激活函数为二进制函数，且有 $y_j=d_j$，则 Correlation 学习规则可以看做是 Hebb 规则的一种特殊情况。应当注意的是，Hebb 学习规则是无导师学习，而 Correlation 学习规则是有导师学习。Correlation 学习规则要求将权值初始化为零。

2.2.6　Winner-Take-All 学习规则

Winner-Take-All（胜者为王）学习规则是一种竞争学习规则，用于无导师学习。一般，将网络的某一层确定为竞争层，对于一个特定的输入 $\boldsymbol{x}$，竞争层的所有 p 个神经元均有输出响应，其中，响应值最大的神经元为在竞争中获胜的神经元，即

$$\boldsymbol{\omega}_m^T \boldsymbol{x} = \max_{i=1,2,\cdots,p} (\boldsymbol{\omega}_i^T \boldsymbol{x}) \tag{2.27}$$

只有获胜神经元才有权调整其权向量 $\boldsymbol{\omega}_m$，调整量为

$$\Delta \boldsymbol{\omega}_m = (\boldsymbol{x} - \boldsymbol{\omega}_m) \tag{2.28}$$

由于两个向量的点积越大，表明两者越近似，所以，调整获胜神经元权值的结果是使 $\boldsymbol{\omega}_m$ 进一步接近当前输入 $\boldsymbol{x}$。显然，当下次出现与 $\boldsymbol{x}$ 相像的输入模式时，上次获胜的神经元更容易获胜。在反复的竞争学习过程中，竞争层的各神经元所对应的权向量被逐渐调整为输入样本空间的聚类中心。

在有些应用中，以获胜神经元为中心定义一个获胜邻域，除获胜神经元调整权值外，邻域内的其他神经元也程度不同地调整权值。权值一般被初始化为任意值并进行归一化处理。

2.2.7 Boltzmann 机学习规则

Boltzmann 机学习规则是基于模拟退火（simulated annealing, SA）的统计方法，适用于多层网络[6]。它提供了学习隐节点的一个有效方法，能学习复杂的非线性可分函数。该规则对神经元 $i、j$ 间的连接权值的调整按下式进行：

$$\Delta \omega_{ij} = (p_{ij}^+ - p_{ij}^-) \tag{2.29}$$

式中，p_{ij}^+、p_{ij}^- 分别为 $i、j$ 两个神经元在系统中处于某状态和自由运转状态时实现连接的概率。调整权值的原则是：当 $p_{ij}^+ > p_{ij}^-$ 时，增加权值；否则，减少权值。

2.3　神经网络的泛化能力

神经网络的性能指标中最重要的就是所设计的神经网络应该具有较强的泛化能力。所谓网络的泛化能力，是指经训练后的网络对未在训练集中出现的（但来自同一分布的）样本做出正确反应的能力。也就是说，网络的学习不是单纯的记忆已学过的输入，而是通过训练样本学习到隐含在样本中的有关环境本身的内在规律性，从而对未来出现的输入也能给出正确的反应。影响网络泛化能力的因素主要有三种：①训练样本的质量和数量；②网络结构；③问题本身的复杂程度。显而易见，求解问题的复杂程度实际上是不可控制的，因此，网络泛化能力的大小主要取决于前两个因素。针对这两个因素，一般需要讨论以下两个问题：①当网络结构一定（根据求解问题由经验选定）时，为达到较好的泛化能力，需要多少训练样本；②当训练样本量一定时，如何确定网络规模以保证其具有较好的泛化能力。

为了保证网络具有一定的泛化能力，要求在学习过程中选择适当的训练样本集，选定的训练样本集应当包含能够反映环境变化内在规模的所有信息。研究表明，当训练样本趋于无穷时，通过训练样本学到的权值参数在概率上收敛于真正

要求的权值。但实际上,训练样本集总是有限的,因此,在网络训练过程中,就不可避免会出现"过拟合现象"(over fitting)。也就是说,在神经网络的学习过程中,如果过分追求训练集内误差最小,就会使得训练后的网络因学习过多的特殊样本只记住了个别特例以至是记住某些噪声,从而未能学到真正的规律,以至于遇到未出现过的输入而难以给出正确反应,即不具备泛化能力或泛化能力较差。因此,选取训练样本时,一定要考虑训练样本的数量。一般来说,当网络结构一定时(权数一定),则训练样本量应当比可调参数大几倍,这样,学习结果才是可靠的。为避免出现"过拟合现象",在检验网络性能时,应采用训练集以外的样本。通常把给定问题的样本分成两组,一组用于训练网络,称为训练集,另一组作为检验学习结果,称为测试集。实际中,应合理划分样本,使得既充分利用有限的样本去训练网络,又能较好地检验训练结果。

2.4 神经网络训练用样本

用神经网络对研究对象进行建模和优化,第一步工作就是产生供训练和测试用的输入/输出数据样本。这些数据样本可以是已有的相关数据,或利用仿真软件由计算机进行虚拟数值实验获得,或通过真实的物理实验获取。由于神经网络的输入矢量往往含有多个参数,输入矢量和输出矢量之间的函数关系又是高度非线性的,输入/输出数据样本的获取需要进行大量的多因素配合实验。由于人力、物力、财力等限制,有时不可能进行全面的实验。输入/输出数据样本获取中的突出矛盾如下:

(1) 理论上需要进行的实验次数和实际可行的实验次数之间的矛盾。如对需要建模的某个电磁问题,输入矢量为 5 因素 5 水平,如果进行全组合实验,则需要进行 $5^5 = 3125$ 次实验,实验次数之多让人无法忍受。

(2) 实际所做的少数实验与要全面反映该模型的输入/输出特性之间的矛盾。为解决上述矛盾,必须合理地设计和安排实验,通过尽可能少的实验次数(输入/输出数据样本数)获取最多的网络特征信息,使得利用这些样本数据训练出的神经网络能全面反映该模型的输入/输出特性,这就涉及实验设计的相关知识。可以采用的实验设计的方法主要有三类:中心组合实验设计(central composite DoE)、正交实验设计和随机组合实验设计。

1) 中心组合实验设计[7,8]

中心组合实验设计又称为 Box-Wilson 设计。考虑一个 3 因素的实验设计,设因素 A、B、C 的归一化取样层上下界分别为+和−,设计中心取样层为 0。中心组合实验设计如表 2.1 所示。

(1) $n_F = 2^k$ 个($k=3$)3 因素/2 层全组合实验。

表 2.1 3 因素中心组合实验设计

实验号	因素		
	A	B	C
1	−	−	−
2	−	−	+
3	−	+	−
4	−	+	+
5	+	−	−
6	+	−	+
7	+	+	−
8	+	+	+
9	0	0	0
10	0	0	0
11	0	0	0
12	0	0	0
13	0	0	0
14	0	0	0
15	α	0	0
16	$-\alpha$	0	0
17	0	α	0
18	0	$-\alpha$	0
19	0	0	α
20	0	0	$-\alpha$

(2) $2k$ 个($k=3$)轴上取样点实验($\pm\alpha$,0,0)、(0,$\pm\alpha$,0)、(0,0,$\pm\alpha$)。

(3) n_0 个中心实验点(0,0,0)。

图 2.10 和图 2.11 分别给出了 2 因素和 3 因素中心组合实验设计的图形化表示。

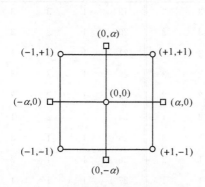

图 2.10 2 因素中心组合实验设计

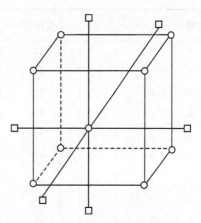

图 2.11 3 因素中心组合实验设计

通过选取 α 为大于 1 的数,可以使中心组合实验设计呈现出相对于设计中心的旋转对称取样。对于 k 个因素的中心组合实验设计,通常取

$$\alpha = (n_F)^{\frac{1}{4}} \geqslant 1 \tag{2.30}$$

由于 $\alpha \geqslant 1$,各个因素的取样层上下界变为 $\pm \alpha$。上述 3 因素中心组合实验设计的各个因素的取样层实际为 $\pm \alpha$、± 1 和 0,共 5 层。当 $\alpha = 1$ 时,取样层退化为 3 层,但这种情况下的实验设计不再具有旋转对称性。

为了使实验设计具有正交特性,中心点实验需要重复进行多次。通常,取中心点实验次数为

$$n_0 = 4 \sqrt{n_F + 1} - 2k \tag{2.31}$$

可以得到具有正交性和旋转对称性的中心组合实验设计。当取样层数太少,不足以全面反映所建模型的输入/输出特性时,可以很方便地在各取样层之间续填新的取样点,循序渐进,最终获得满意的结果。

2)正交实验设计[9,10]

正交实验设计包括全组合正交实验设计和部分组合实验设计。

全组合正交实验设计能够提供最全面反映所需建模问题的输入/输出特性的样本数据,因此,在所需实验总数不多、条件允许的情况下,可以考虑采用全组合正交实验设计。对于全组合正交实验设计的设计方案,很多文献将之列成表格,称为全组合正交实验设计表,表 2.2 给出 3 因素 3 水平的全组合正交实验设计表。仔细研究正交实验设计表,可以发现其具有两个特点:①每一纵列中,不同的字码(取样层)出现的次数是相同的;②任意取两个纵列,其横向构成的有序数字对中,每种数字对出现的次数是相同。这两个特点也是满足正交实验设计的最基本的条件,称为正交性原理。

表 2.2　3 因素 3 水平全组合正交实验设计表

实验号	因素			实验号	因素			实验号	因素		
	A	B	C		A	B	C		A	B	C
1	3	3	3	10	2	3	3	19	1	3	3
2	3	3	2	11	2	3	2	20	1	3	2
3	3	3	1	12	2	3	1	21	1	3	1
4	3	2	3	13	2	2	3	22	1	2	3
5	3	2	2	14	2	2	2	23	1	2	2
6	3	2	1	15	2	2	1	24	1	2	1
7	3	1	3	16	2	1	3	25	1	1	3
8	3	1	2	17	2	1	2	26	1	1	2
9	3	1	1	18	2	1	1	27	1	1	1

　　全组合正交实验的最大缺点是实验成本高、周期长。当实验条件不允许进行全组合正交实验时,可利用规则化的正交表,恰当地进行部分组合正交实验设计。规则化的正交表是数学家们根据数理统计的观点,根据正交性原理制作的科学的、标准化的实验设计表格,例如,表 2.3 给出正交表 $L_9(3^4)$,这是一个部分组合正交实验设计表。该表最多可安排 4 个因素,每一个因素进行 3 层取样,共作 9 次实验的正交表,这类表格也被称为同层级正交表。同层级正交表满足前述正交实验设计的两个特性,同时按照这种正交表安排的实验方案均衡地分散在全组合实验方案之中,即满足均衡分散型,具有代表性。

表 2.3　$L_9(3^4)$ 同层级正交表

实验号	因素 A	因素 B	因素 C	因素 D	实验号	因素 A	因素 B	因素 C	因素 D
1	1	1	3	2	6	3	2	1	2
2	2	1	1	1	7	1	3	1	3
3	3	1	2	3	8	2	3	2	2
4	1	2	2	1	9	3	3	3	3
5	2	2	3	3	—	—	—	—	—

　　还有一类被称为混合层级正交表,如表 2.4 所示的正交表 $L_{18}(6^1 \times 3^6)$,表示有一个因素可以安排 6 个取样层,其余纵列安排 6 个因素,每个因素 3 个取样层,共 18 次实验。混合层级正交表也满足正交实验设计的两个特性和均衡分散性。混合层级正交表的优点是既突出了重点,又照顾了一般。如果某些因素很重要或与输出参数之间的非线性关系强时,希望过细的取样,就可用这类正交表。

表 2.4　$L_{18}(6^1 \times 3^6)$ 混合层级正交表

实验号	A	B	C	D	E	F	G	实验号	A	B	C	D	E	F	G
1	1	1	3	2	2	1	2	10	4	1	1	1	3	1	3
2	1	2	1	1	1	1	1	11	4	2	2	3	2	2	2
3	1	3	2	3	3	3	3	12	4	3	3	2	1	3	1
4	2	1	2	1	2	3	1	13	5	1	3	3	3	2	1
5	2	2	3	2	3	1	3	14	5	2	1	2	2	1	3
6	2	3	1	3	1	2	2	15	5	3	2	1	1	1	2
7	3	1	3	1	3	2	3	16	6	1	2	3	1	2	2
8	3	2	2	2	1	3	1	17	6	2	3	1	3	3	2
9	3	3	1	3	2	1	2	18	6	3	1	2	3	2	1

　　由于正交表中的实验点均衡地分散在全组合实验之中,全面实验能分解成形式相同而条件组合不同的几张正交表。例如,表 2.5 为 $L_{27}(3^{13})$ 正交表,在该表中只取前三列,每一横行构成一个实验条件。1~9 号实验为第一组,10~18 号实验为第二组,19~27 号实验为第三组。正交表的特点决定了它们都是均衡地分散在全组合实验中的,于是,$L_{27}(3^{13})$ 正交表的前 4 列可以分解为 3 张完全不同的 $L_9(3^4)$ 正交表。在神经网络建模时,可以先用第一组数据作为训练样本,用第二组数据作检测。若结果不好,再将第一、第二两组数据均作为训练样本,用第三组数据作检测。若结果仍然不好,才采用全组合实验训练神经网络模型。这样循序渐进,避免浪费时间。

表 2.5　$L_{27}(3^{13})$ 正交表

实验号	A	B	C	D	E	F	G	H	I	J	K	L	M
1	1	1	3	2	1	2	2	3	1	2	1	3	3
2	2	1	1	1	1	1	3	3	2	1	1	2	1
3	3	1	2	3	1	3	1	3	3	1	1	1	2
4	1	2	2	2	1	2	2	3	1	3	1	1	1
5	2	2	3	1	1	1	3	2	1	3	1	3	2
6	3	2	1	2	1	3	1	2	2	3	1	2	3
7	1	3	1	1	1	2	2	1	3	2	2	2	
8	2	3	2	2	1	3	1	3	2	2	1		
9	3	3	3	1	1	3	1	3	1	1	2		
10	1	1	1	2	3	1	3	2	3	2		
11	2	1	2	3	2	2	1	1	1	1	3	2	3
12	3	1	3	2	1	2	2	3	3	1	1	
13	1	2	3	2	3	3	3	1	2	1	2	1	3
14	2	2	1	2	3	3	3	2	3	1	
15	3	2	2	1	2	1	3	2	1	1	
16	1	3	2	1	3	1	3	1	2	3	1	
17	2	3	3	2	1	1	2	1	2	1	1	2	
18	3	3	1	3	2	1	2	1	1	1	
19	1	1	2	3	2	1	2	3	2	3	1	
20	2	1	3	1	1	3	3	1	1	1	
21	3	1	1	1	3	2	3	2	3	2	1	3	
22	1	2	1	2	2	2	3	1	1	1	1	2	

续表

实验号	因素												
	A	B	C	D	E	F	G	H	I	J	K	L	M
23	2	2	2	1	3	3	2	1	2	3	1	3	3
24	3	2	3	3	3	2	3	1	3	2	1	2	1
25	1	3	3	1	3	1	1	3	3	3	3	2	3
26	2	3	1	3	3	3	2	3	1	2	3	1	1
27	3	3	2	2	3	2	3	3	2	1	3	3	2

3) 随机组合实验设计

随机组合实验设计就是在由各个因素取值上下界确定的取样空间中随机地产生一批实验取样点作为建模问题的输入/输出特性的样本数据,这种方法通常要求数量较大。

参 考 文 献

[1] McCulloch W S, Pitts W. A logical calculus of the ideas immanent in nervous activity. Bulletin of Mathematical Biophysics, 1943, 10(5): 115-133.

[2] Hebb D O. The Organization of Behavior. New York: Wiley, 1949.

[3] Rosenblatt F. The perceptron: A probabilistic model for information storage and organization in the brain. Psychological Review, 1958, 65(6): 386-458.

[4] McClelland J L, Rumelhart D E. Explorations in Parallel Distributed Processing—A Handbook of Model, Programs, and Exercises. Cambridge: MIT Press, 1986.

[5] Widrow B, Hoff M E. Adaptive Switching Circuits. New York: IRE, 1960: 94-104.

[6] Ackley D H, Hinton G E, Sejnowski T J. A learning algorithm for Boltzmann machines. Cognitive Science, 1985, 9: 147-169.

[7] Montgomery D C. Design and Analysis of Experiments. New York: Wiley, 2001.

[8] Schmidt S R, Launsby R G. Understanding Industrial Designed Experiments. Colorado Springs: Air Academy Press, 1992.

[9] 袁志发, 周静芋. 实验设计与分析. 北京: 高等教育出版社, 2000.

[10] 陈魁. 实验设计与分析. 北京: 清华大学出版社, 2005.

第 3 章　BP 神经网络

误差 BP(error BP,EBP)神经网络(简称 BP 神经网络)是最重要的神经网络模型之一,本章主要讲述 BP 神经网络的网络结构、学习算法、应用要点、不足及改进方法,同时,应用该网络对一种扇形耦合环宽带微带天线进行了建模和仿真。

3.1　BP 神经网络结构

单层感知器只能解决线性可分的分类问题,要增加网络的分类能力,唯一的办法就是采用多层网络。由于在多层神经网络中引入了隐层神经元,神经网络就具有更好的分类和记忆等能力,因此,相应的学习算法成了研究的焦点。1986 年,Rumelhart 等[1]提出了 BP 算法,系统地解决了多层神经元网络中隐单元层连接权的学习问题,并在数学上给出了完整的推导。由于 BP 算法克服了简单感知器不能解决的 XOR 及其他一些问题,所以,BP 模型已成为神经网络的重要模型之一,并得以广泛使用。

采用 BP 算法的多层感知器神经网络模型一般称为 BP 神经网络,它由输入层、中间层和输出层组成。中间层也就是隐层,可以是一层或多层。BP 神经网络的学习过程由两部分组成:正向传播和反向传播。当正向传播时,信息从输入层经隐单元层处理后传向输出层,每一层神经元的状态只影响下一层的神经元状态。如果在输出层得不到希望的输出,则转入反向传播,将误差信号沿原来的神经元连接通路返回。返回过程中,逐一修改各层神经元连接的权值。这种过程不断迭代,最后使得误差信号达到允许的范围之内。由上叙述可以看到,在多层前馈网络中有两种信号在流通。

(1) 工作信号。它是施加输入信号后向前传播直到在输出端产生实际输出的信号,是输入和权值的函数。

(2) 误差信号。网络实际输出与应有输出间的差值即为误差,它由输出端开始逐层向后传播。

BP 神经网络各隐节点的激活函数使用 Sigmoid 函数,其输出节点的激活函数根据应用的不同而异:如果多层感知器用于分类,则输出层节点一般用 Sigmoid 函数或硬极限函数;如果多层感知器用于函数逼近,则输出层节点应该用线性函数。BP 神经网络采用多层结构,包括输入层、多个隐层、输出层,各层之间实现全连接。图 3.1 给出了隐节点和输出节点都使用 Sigmoid 函数的 BP 神经网络结构,图中各神经元的阈值没有画出。

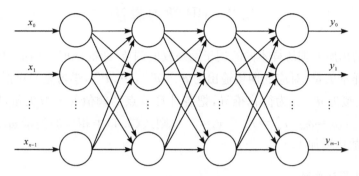

图 3.1　BP 神经网络模型

对于 BP 神经网络的各个计算节点,有

$$u_j = \sum_{i=1}^{n} \omega_i x_i - \theta_j \tag{3.1}$$

$$y_j = f(u_j) = \frac{1}{1 + \exp(-\lambda u_j)} \tag{3.2}$$

式(3.2)给出的是单极 S 形函数,双极 S 形函数亦可,实际上,只要是连续可微单调上升函数即可。

$$y_j' = f'(u_j) = \frac{\lambda \exp(-\lambda u_j)}{1 + \exp(-\lambda u_j)} \frac{1}{1 + \exp(-\lambda u_j)} = \lambda [1 - f(u_j)] f(u_j) \tag{3.3}$$

假设 BP 神经网络的输入矢量为 $\boldsymbol{x} \in \mathbf{R}^n$, $\boldsymbol{x} = (x_0, x_1, \cdots, x_{n-1})^T$,第一隐层有 n_1 个神经元,它们的输出为 $\boldsymbol{x}' \in \mathbf{R}^{n_1}$, $\boldsymbol{x}' = (x_0', x_1', \cdots, x_{n_1-1}')^T$,第二隐层有 n_2 个神经元,它们的输出为 $\boldsymbol{x}'' \in \mathbf{R}^{n_2}$, $\boldsymbol{x}'' = (x_0'', x_1'', \cdots, x_{n_2-1}'')^T$,输出层有 m 个神经元,输出 $\boldsymbol{y} \in \mathbf{R}^m$, $\boldsymbol{y} = (y_0, y_1, \cdots, y_{m-1})^T$。设输入层到第一隐层的权为 ω_{ij},阈值为 θ_j,第一隐层到第二隐层的权为 ω_{jk}',阈值为 θ_k',第二隐层到输出层的权为 ω_{kl}'',阈值为 θ_l''。于是,各层神经元的输出为

$$\begin{cases} x_j' = f\Big(\sum_{i=0}^{n-1} \omega_{ij} x_i - \theta_j\Big), & j = 0,1,2,\cdots,n_1-1 \\[2mm] x_k'' = f\Big(\sum_{j=0}^{n_1-1} \omega_{jk}' x_j' - \theta_k'\Big), & k = 0,1,2,\cdots,n_2-1 \\[2mm] y_l = f\Big(\sum_{k=0}^{n_2-1} \omega_{kl}'' x_k'' - \theta_l''\Big), & l = 0,1,2,\cdots,m-1 \end{cases} \tag{3.4}$$

显然,它完成了 n 维空间到 m 空间的映射。

3.2　BP 学习算法

下面给出所有训练样本同时用于网络权值调节(即批处理)的 BP 算法。设有 P 个学习样本矢量,对应的期望输出为 $\boldsymbol{d}^{(1)},\boldsymbol{d}^{(2)},\cdots,\boldsymbol{d}^{(P)}$,学习是通过误差校正权值使各 $\boldsymbol{y}^{(p)}$ 接近 $\boldsymbol{d}^{(p)}$。为简化推导,把各计算节点的阈值并入权矢量,即设 $\theta''_l = \omega''_{n_2 l}$,$\theta'_k = \omega'_{n_1 k}$,$\theta_j = \omega_{nj}$,$x''_{n_2} = x'_{n_1} = x_n = -1$,则式(3.4)中相应的矢量 $\boldsymbol{\omega},\boldsymbol{\omega}',\boldsymbol{\omega}'',\boldsymbol{x},\boldsymbol{x}',\boldsymbol{x}''$ 的维数均增加 1。

3.2.1　BP 算法原理

该算法的学习规则是基于最小均方误差准则。当一个样本(设为第 p 个样本)输入网络并产生输出时,均方误差应为各输出单元误差平方之和,即

$$E^{(p)} = \frac{1}{2}\sum_{l=0}^{m-1}(d_l^{(p)} - y_l^{(p)})^2 \tag{3.5}$$

当所有样本都输入一次后,总误差为

$$E_{\mathrm{T}} = \sum_{p=1}^{P}E^{(p)} = \frac{1}{2}\sum_{p=1}^{P}\sum_{l=0}^{m-1}(d_l^{(p)} - y_l^{(p)})^2 \tag{3.6}$$

设 ω_{sp} 为网络中的一个连接权值,则根据梯度下降法,批处理方式下的权值修正量应为

$$\Delta\omega_{sp} = -\frac{\partial E_{\mathrm{T}}}{\partial\omega_{sp}} \tag{3.7}$$

增量方式下的权值修正量应为

$$\Delta\omega_{sp} = -\frac{\partial E^{(p)}}{\partial\omega_{sp}} \tag{3.8}$$

下面以批处理为例加以讨论,并假设 S 函数的增益 $\lambda=1$。

3.2.1.1　对输出层

$$\omega''_{kl}(t+1) = \omega''_{kl}(t) - \eta\frac{\partial E_{\mathrm{T}}}{\partial\omega''_{kl}} \tag{3.9}$$

式中,t 为迭代次数。$\dfrac{\partial E_{\mathrm{T}}}{\partial\omega''_{kl}}$ 求解过程采用 δ 学习规则,即

$$\frac{\partial E_{\mathrm{T}}}{\partial\omega''_{kl}} = \sum_{p=1}^{P}\frac{\partial E^{(p)}}{\partial\omega''_{kl}}$$

$$= \sum_{p=1}^{P} \frac{\partial E^{(p)}}{\partial y_l^{(p)}} \frac{\partial y_l^{(p)}}{\partial u_l''^{(p)}} \frac{\partial u_l''^{(p)}}{\partial \omega_{kl}''}$$

$$= -\sum_{p=1}^{P} (d_l^{(p)} - y_l^{(p)}) f'(u_l''^{(p)}) x_k''^{(p)}$$

$$= -\sum_{p=1}^{P} (d_l^{(p)} - y_l^{(p)}) y_l^{(p)} (1 - y_l^{(p)}) x_k''^{(p)}$$

$$= -\sum_{p=1}^{P} \delta_{kl}^{(p)} x_k''^{(p)}$$

式中，$\delta_{kl}^{(p)} = (d_l^{(p)} - y_l^{(p)}) y_l^{(p)} (1 - y_l^{(p)})$。所以有

$$\omega_{kl}''(t+1) = \omega_{kl}''(t) + \eta \sum_{p=1}^{P} \delta_{kl}^{(p)} x_k''^{(p)} \tag{3.10}$$

注意：在推导过程中，$E^{(p)}$ 是 $y_0, y_1, \cdots, y_{m-1}$ 的函数，但 ω_{kl}'' 只影响 y_l；$\partial u_l''^{(p)} = \sum_{k=0}^{n_2} \omega_{kl}'' x_k''^{(p)}$；$y_l^{(p)} = f(u_l''^{(p)})$；$f'(u_l''^{(p)}) = y_l^{(p)} (1 - y_l^{(p)})$。

3.2.1.2　对中间隐层

$$\omega_{jk}'(t+1) = \omega_{jk}'(t) - \eta \frac{\partial E_{\mathrm{T}}}{\partial \omega_{jk}'} \tag{3.11}$$

$\dfrac{\partial E_{\mathrm{T}}}{\partial \omega_{jk}'}$ 求解过程采用 δ 学习规则，即

$$\frac{\partial E_{\mathrm{T}}}{\partial \omega_{jk}'} = \sum_{p=1}^{P} \frac{\partial E^{(p)}}{\partial \omega_{jk}'}$$

$$= \sum_{p=1}^{P} \sum_{l=0}^{m-1} \frac{\partial E^{(p)}}{\partial y_l^{(p)}} \frac{\partial y_l^{(p)}}{\partial u_l''^{(p)}} \frac{\partial u_l''^{(p)}}{\partial x_k''^{(p)}} \frac{\partial x_k''^{(p)}}{\partial u_k'^{(p)}} \frac{\partial u_k'^{(p)}}{\partial \omega_{jk}'}$$

$$= -\sum_{p=1}^{P} \sum_{l=0}^{m-1} (d_l^{(p)} - y_l^{(p)}) f'(u_l''^{(p)}) \omega_{kl}'' x_k''^{(p)} (1 - x_k''^{(p)}) x_j'^{(p)}$$

$$= -\sum_{p=1}^{P} \sum_{l=0}^{m-1} \delta_{kl}^{(p)} \omega_{kl}'' x_k''^{(p)} (1 - x_k''^{(p)}) x_j'^{(p)}$$

$$= -\sum_{p=1}^{P} \delta_{jk}^{(p)} x_j'^{(p)}$$

式中，$\delta_{jk}^{(p)} = \sum_{l=0}^{m-1} \delta_{kl}^{(p)} \omega_{kl}'' x_k''^{(p)} (1 - x_k''^{(p)})$。所以有

$$\omega_{jk}'(t+1) = \omega_{jk}'(t) + \eta \sum_{p=1}^{P} \delta_{jk}^{(p)} x_j'^{(p)} \tag{3.12}$$

注意:在推导过程中,$E^{(p)}$ 是 $y_0,y_1,\cdots,y_{m-1}$ 的函数,每个 y_l 都受 ω'_{jk} 的影响。

同理,可以得到第一隐层的权值修正公式为

$$\omega_{ij}(t+1) = \omega_{ij}(t) + \eta \sum_{p=1}^{P} \delta_{ij}^{(p)} x_i^{(p)} \tag{3.13}$$

式中,$\delta_{ij}^{(p)} = \sum_{k=0}^{n_2} \delta_{jk}^{(p)} \omega'_{jk} x_j'^{(p)} (1-x_j'^{(p)})$。

对于增量式修正,上面各式中各权值的修正量是一项,而不是 $1\sim p$ 的求和。

显然,学习分两个阶段:由前向后正向计算各隐层和输出层的输出,由后向前误差反向传播用于权值修正。

3.2.2　BP 算法步骤

(1) 权值初始化。ω_{sp}＝Random(·),sp 为 ij、jk 或 kl。

(2) 依次输入 P 个学习样本,设当前输入为第 p 个样本。

(3) 依次计算各层的输出。x_j',x_k'' 及 y_l,$j=0,1,2,\cdots,n_1$;$k=0,1,2,\cdots,n_2$;$l=0,1,2,\cdots,m-1$。

(4) 求各层的反传误差。

$$\delta_{kl}^{(p)} = (d_l^{(p)} - y_l^{(p)}) y_l^{(p)} (1-y_l^{(p)}), \quad l=0,1,2,\cdots,m-1$$

$$\delta_{jk}^{(p)} = \sum_{l=0}^{m-1} \delta_{kl}^{(p)} \omega_{kl}'' x_k''^{(p)} (1-x_k''^{(p)}), \quad k=0,1,2\cdots,n_2$$

$$\delta_{ij}^{(p)} = \sum_{k=0}^{n_2} \delta_{jk}^{(p)} \omega'_{jk} x_j'^{(p)} (1-x_j'^{(p)}), \quad j=0,1,2,\cdots,n_1$$

并记下各个 $x_k''^{(p)}$,$x_j'^{(p)}$ 及 $x_i^{(p)}$ 的值。

(5) 记录已经学习过的样本个数 p。如果 $p<P$,则转到步骤(2)继续计算,如果 $p=P$,则转到步骤(6)。

(6) 按权值修正公式修正各层的权值。

(7) 按照新的权值再计算 x_j',x_k'',y_l 和 E_T,若对每个 p 和 l 都满足 $|d_l^{(p)}-y_l^{(p)}|<\varepsilon$(或 $E_T<\varepsilon$)或达到最大学习次数,则终止学习,否则,转到步骤(2)继续新一轮的学习。

3.3　BP 神经网络应用要点

1) BP 神经网络用于函数逼近与分类的区别

BP 神经网络输出节点的激活函数应根据应用的不同而异:如果网络用于分类,则输出层节点一般用 Sigmoid 函数或硬极限函数;如果网络用于函数逼近,则输出层节点应该用线性函数。

2）网络的逼近能力

当神经网络的结构和权值确定后,网络从输入到输出就成了一个非线性映射。对三层 BP 神经网络,许多人证明了它的万能逼近定理[2~5]:含一个隐层的三层 BP 神经网络,只要隐节点数足够多,该网络就能以任意精度逼近有界区域上的任意连续函数。

尽管万能逼近定理说明了神经网络有一个隐层就能实现任意逼近,这并不是说三层的网络结构就是最合理的。事实上,对同一目标函数有人发现四层的 BP 神经网络有时候可能比三层的 BP 神经网络使用更少的神经元[6]。

3）网络的结构选择

网络的结构选择包括三方面的内容:输入层和输出层节点数选择、网络隐层数的选择及每个隐层神经元数的选择。

（1）输入层和输出层节点数选择。输入层和输出层节点数选择由应用要求决定。输入节点数一般等于要训练的样本矢量维数,可以是原始数据的维数或提取的特征组数;输出单元数在分类网络中取类别数 m 或 $\log_2 m$,在逼近网络中取要逼近的函数输出空间维数。

（2）网络隐层数的选择。理论上已经证明:具有偏差和至少一个 S 形隐含层加上一个线性输入层的网络,能够逼近任何有理函数。增加层数可以进一步降低误差,提高精度,但同时也使网络复杂化。另外,不能用仅具有非线性激活函数的单层网络来解决问题,因为能用单层网络完美解决的问题,用自适应线性网络也一定能解决,而且自适应线性网络的运算速度还要快。而对于只能用非线性函数解决的问题,单层精度又不够高,也只有增加层数才能达到期望的结果。根据 Kolmogorov 定理[7],如果输入变量的个数为 n,则隐层节点数一般可以取 $2n+1$。

（3）隐层神经元数的选择。网络训练精度的提高可以通过采用一个隐层而增加其神经元数的方法来获得,这在结构实现上要比增加更多的隐层要简单得多。评价一个网络设计的好坏,首先是它的精度,再一个就是训练时间。可以知道:①神经元数太少,网络不能很好学习,需要训练的次数也多,训练精度也不高;②一般而言,网络隐层神经元的个数越多,功能越大,但当神经元数太多,会产生其他的问题;③当网络隐层神经元数为 3、4、5 时,其输出精度都相仿,而其为 3 时训练次数最多。

一般地讲,网络隐层神经元数的选择原则是:在能够解决问题的前提下,再加上一两个神经元以加快误差的下降速度即可。

总之,网络的隐层数和隐节点数决定了网络的规模,而网络的规模与其性能密切相关。神经网络的规模越大,网络中的自由参数就越多;反之,网络中的自由参数就越少。如果神经网络用于逼近一个目标函数,则当网络规模过小时,神经网络逼近能力不足,容易导致欠拟合;当网络规模过大时,神经网络逼近能力过剩，则容易导致过拟合。因此，确定网络规模是神经网络设计的一项重要内容。

4）样本预处理

当网络用于分类时，样本的期望输出值为 $d_l=0$ 或 $d_l=1$，但由于 y_l 值在 $u=\pm\infty$ 时才为 0 或 1，这有可能将某些网络权值趋向无穷大。为了避免这种饱和现象，期望输出可适当放宽，如当 $y_l>0.9$ 时即设定为 1，当 $y_l<0.1$ 时即设定为 0，即每个样本的期望误差定义为 $\varepsilon=(0.1)^2=0.01$。

样本输入也必须进行归一化处理，使归一化后的样本输入均值为零。另外，应使用主成分分析等方法，尽量使各输入变量不相关，各输入变量的协标准差也接近相等，以确保各权值的收敛速度大致相同。

5）增量学习和批学习

批处理时，$\Delta\boldsymbol{\omega}=\sum_{p=1}^{P}\Delta\boldsymbol{\omega}^{(p)}$，不存在输入模式次序问题，算法稳定性好，是有平均效应的梯度下降法；增量处理适合于在线学习问题，但要求训练模式输入有足够的随机性，而且增量处理对输入模式的噪声比较敏感，即对剧烈变化的输入模式效果较差。

6）激励函数的形式

上述 BP 算法推导采用了单极 Sigmoid 函数，即 $y_l=f(u)=\dfrac{1}{1+\exp(-u)}$，此时 $f'(u)=(1-y_l)y_l$，$\delta_l=(d_l-y_l)(1-y_l)y_l$。也可以采用双极 Sigmoid 函数，此时 $y_l=f(u)=\dfrac{2}{1+\exp(-u)}-1$，$f'(u)=\dfrac{1}{2}(1-y_l^2)$，$\delta_l=\dfrac{1}{2}(d_l-y_l)(1-y_l^2)$。实际上，如果采用其他连续可微函数也可用于构造其他类型的前馈网络模型。另外，神经元函数的斜率由 λ 确定，λ 值越大，激励函数就越陡峭，$f'(u)$ 就越大，权值的调节量 $|\Delta\boldsymbol{\omega}|$ 就越大，用可变的 λ 可以摆脱局部极小点。但增大 λ 值相当于增大学习率 η 值，因此，不如固定 λ 而只调节 η 值。

7）误差函数的选择

BP 神经网络的误差函数一般采用 $E_T=\dfrac{1}{2}\sum_{p=1}^{P}\sum_{l=0}^{m-1}(d_l^{(p)}-y_l^{(p)})^2$。式中，$P$ 为训练模式数；m 为输出层神经元数。显然，如果 P、m 不同，E_T 值也不同。为客观地比较两种网络的学习性能，可采用归一化的目标函数，即

$$E_T'=\frac{1}{Pm}\sqrt{\sum_{p=1}^{P}\sum_{l=0}^{m-1}(d_l^{(p)}-y_l^{(p)})^2} \tag{3.14}$$

8）初始权值的选取

对 BP 神经网络而言，网络的初始权值不同，每次训练的结果也不同，这是由

于误差曲面的局部最小点非常多造成的。BP 算法本质上是梯度算法,易陷入局部最小点。一般情况下,网络的初始权值要取小的随机值,既保证各神经元的输入 u 值较小,工作在激励函数斜率变化最大的区域,也防止多次连续学习后某些权值的绝对值不合理地无限增长。一般取初始权值在 $(-1, +1)$ 的随机数。

9)　学习率 η 值的选取

学习率决定每一次循环训练中所产生的权值变化量。大的学习率可能导致系统的不稳定;但小的学习率导致较长的训练时间,可能收敛很慢,不过能保证网络的误差值不跳出误差表面的低谷而最终趋于误差最小值。所以,一般情况下倾向于选取较小的学习率以保证系统的稳定性。学习率的选取范围在 $0.01 \sim 1.0$。对于较复杂的网络,在误差曲面的不同部位可能需要不同的学习率。为了减少寻找学习率的训练次数及训练时间,比较合适的方法是采用变化的自适应学习率,使网络的训练在不同的阶段设置不同大小的学习率。

学习率的局部调整法基于如下几个直观的推断:

(1)　目标函数中的每一个网络可调参数有独立的学习率。

(2)　每一步迭代中,每个学习率参数都能改变。

(3)　在连续几次迭代中,若目标函数对某个权导数的符号相同,则这个权的学习率要增加。

(4)　在连续几次迭代中,若目标函数对某个权导数的符号相反,则这个权的学习率要减小。

10)　模型性能评估

为定量评估模型的工作性能,对每一个输出,计算下列相关系数:

$$r = \frac{\sum (d_i - \overline{d})(y_i - \overline{y})}{\sqrt{\sum (d_i - \overline{d})^2 \sum (y_i - \overline{y})^2}} \tag{3.15}$$

式中,d_i 为给定样本值;y_i 为神经网络模型计算值;$\overline{d}$ 为样本均值;$\overline{y}$ 为神经网络模型计算均值。相关系数越接近 1,说明神经网络模型计算值越接近样本值,模型建立得越合理。

11)　网络的推广

神经网络的学习过程可以被看做是一个“曲线拟合”过程,网络本身可以简单地被看成一个输入/输出映射,这样,可以把网络推广看做是一种效果很好的输入/输出数据的非线性插值。该网络能够进行有效的插值主要是因为多层感知器具有连续的激活函数,因而其输出函数也是连续的。网络的推广受三个因素的影响:训练集合的大小和效率、网络的结构及所研究问题的物理复杂性。显然,最后一个因素无法控制,对另外两个因素,当网络的结构固定时,要做的是确定产生良好推广所需的训练集合的大小,当训练集合的大小固定时,要做的是确定产生良好推广所要求的网络结构。

3.4　BP算法的不足及改进

3.4.1　BP算法的限制与不足

虽然 BP 算法得到广泛的应用,但它也存在不足,其主要表现在训练过程不确定上,具体如下:

(1) 训练时间较长。对于某些特殊的问题,运行时间可能需要几个小时甚至更长,这主要是因为学习率太小所致,可以采用自适应的学习率加以改进。

(2) 完全不能训练。训练时由于权值调整过大使激活函数达到饱和,从而使网络权值的调节几乎停滞。为避免这种情况,一是选取较小的初始权值;二是采用较小的学习率。

(3) 易陷入局部极小值。BP 算法可以使网络权值收敛到一个最终解,但它并不能保证所求为误差超平面的全局最优解,也可能是一个局部极小值。这主要是因为 BP 算法所采用的是梯度下降法,训练是从某一起始点开始沿误差函数的斜面逐渐达到误差的最小值,故不同的起始点可能导致不同的极小值产生,即得到不同的最优解。如果训练结果未达到预定精度,常常采用多层网络和较多的神经元,以使训练结果的精度进一步提高,但与此同时也增加了网络的复杂性与训练时间。

3.4.2　BP算法改进设计

评价一个神经网络学习算法的优劣可以有很多指标,如学习所需的时间、泛化能力、神经网络的结构复杂性、鲁棒性,即算法的学习参数在很大范围变化时算法是否仍能较好地学习。通常认为 BP 算法有易陷入局部极小点、收敛速度慢、所设计神经网络的泛化能力不能保证等缺陷。在提高收敛速度和避免局部最小方面,已有许多人进行了研究并提出了很多方法,现将一些主要方法介绍如下。

3.4.2.1　附加动量法

Rumelhart 等[1]于 1986 年提出一种改善 BP 训练时间的方法,称为附加动量法,同时保证了过程的稳定性。该方法是在每个加权调节量上加上一项正比例于前次加权变化量的值。这就要求每次调节完成后,要把该调节量记住,以便在下面的加权调节中使用。具体表示如下:

$$\omega(t+1) = \omega(t) - (1-a)\eta \frac{\partial E_T}{\partial \omega(t)} + a\Delta\omega(t) \tag{3.16}$$

式中，$\Delta\boldsymbol{\omega}(t)=\boldsymbol{\omega}(t)-\boldsymbol{\omega}(t-1)$；$\alpha$ 为动量因子，一般取值 0.95。这时，权值修正量加上了有关上一时刻权值修改方向的记忆。

附加动量法使网络在修正其权值时，不仅考虑误差在梯度上的作用，而且考虑在误差曲面上变化趋势的影响，其作用如同一个低通滤波器，它允许忽略网络上的微小变化特性。在没有附加动量的作用下，网络可能陷入浅的局部极小值，利用附加动量的作用则有可能滑过这些极小值。附加动量法的实质是将最后一次权值变化的影响，通过一个动量因子来传递。当动量因子取值为零时，权值的变化仅是根据梯度下降法产生；当动量因子取值为 1 时，新的权值变化则是设置为最后一次权值的变化，而依梯度法产生的变化部分则被忽略掉了。以此方式，当增加了动量后，促使权值的调节向着误差曲面底部的平均方向变化。当网络权值进入误差曲面底部的平坦区时，梯度将变得很小，$\Delta\boldsymbol{\omega}(t+1)\approx\Delta\boldsymbol{\omega}(t)$，从而防止了 $\Delta\boldsymbol{\omega}(t+1)=0$ 的出现，有助于使网络从误差曲面的局部极小值中跳出。

根据附加动量法的设计原则，当修正的权值在误差中导致太大的增长结果时，新的权值应被取消而不被采用，并使动量作用停止下来，以使网络不进入较大误差曲面；当新的误差变化率对其迭代前的值超过一个事先设定的最大误差变化率时，也得取消所计算的权值变化。其最大误差变化率可以是任何大于或等于 1 的值，典型值可取 1.04。所以，在进行附加动量法的训练程序设计时，必须加进条件判断，以正确使用其权值修正公式。训练程序中，对采用附加动量法的判断条件为

$$\alpha=\begin{cases}0, & \mathrm{SSE}(t)>1.04\mathrm{SSE}(t-1)\\ 0.95, & \mathrm{SSE}(t)<\mathrm{SSE}(t-1)\\ \alpha, & \text{其他}\end{cases} \tag{3.17}$$

式中，$\mathrm{SSE}(\cdot)$ 为网络的输出误差平方和。

在附加动量的作用下，当网络的训练误差落入局部极小值后，能够产生一个继续向前的正向斜率的运动，并跳出较浅的峰值，落入全局最小值。然后，依然在附加动量的作用下达到一定的高度后［即产生了一个 $\mathrm{SSE}(t)>1.04\mathrm{SSE}(t-1)$］自动返回，并像弹子一样来回摆动，直至停留在最小值点上。

通过实际应用发现，训练参数的选择对采用动量法的网络训练效果的影响是相当大的。如果学习率太高，将导致其误差值来回振荡；学习率太小，则导致太小的动量能量，从而使其只能跳出很浅的"坑"，对于较大的"坑"或"谷"将无能为力。而从另一个方面来看，其误差相对于权值的曲线（面）的形状与凸凹性是由问题的本身决定的，所以每个问题都是不相同的，这必然对学习率的选择带来了困难。一般情况下，只能采用不同的学习率进行对比（典型值取 0.05）。另外，对于这种网络的训练必须给予足够的训练次数，以使其训练结果为最后稳定到最小值时得到的结果，而不是得到一个正好摆动到较大误差值时的网络权值。

　　此训练方法也存在缺点。它对训练初始值有要求,必须使其值在误差曲线上的位置所处误差下降方向与误差最小值的方向一致。如果初始误差点的斜率下降方向与通向最小值的方向背道而驰,则附加动量法失效,训练结果将同样落入局部极小值而不能自拔。初始值选得太靠近局部极小值也不行,所以,建议多用几个初始值先粗略训练几次以找到合适的初始位置。

3.4.2.2　自适应学习率

　　对于一个特定问题,要选择适当的学习率不是一件容易的事情。通常是凭经验或实验获取,但即使这样,对训练开始初期功效较好的学习率不见得对后来的训练合适。为了解决这一问题,人们自然会想到使网络在训练过程中自动调整学习率。通常,调整学习率的准则是检查权值的修正值是否真正降低了误差函数,如果确实如此,则说明选取的学习率值小了,可以对其增加一个量;若不是这样,而产生了过调,就应该减小学习率的值。与采用附加动量法时的判断条件相仿,当新误差超过旧误差一定的倍数时,学习率将减少;当新误差小于旧误差时,学习率将被增加。此方法可以保证网络总是以最大的可接受的学习率进行训练。当一个较大的学习率仍能够使网络稳定学习,使其误差继续下降,则增加学习率,使其以更大的学习率进行学习。一旦学习率调得过大,而不能保证误差继续减少,则学习率应减小,直到使学习过程稳定为止。下式给出了一种自适应学习率调整公式:

$$\eta(t+1) = \begin{cases} 0.75\eta(t), & \mathrm{SSE}(t) > 1.04\mathrm{SSE}(t-1) \\ 1.05\eta(t), & \mathrm{SSE}(t) < \mathrm{SSE}(t-1) \\ \eta(t), & \text{其他} \end{cases} \tag{3.18}$$

　　初始学习率 $\eta(0)$ 的选取范围可以有很大的随意性。实践证明,采用自适应学习率的网络训练次数只是固定学习率的几十分之一,所以,具有自适应学习率的网络训练是极有效的训练方法。

　　在 BP 神经网络的实际设计和训练中,总是要加进上述两种改进方法中的一种,或两种同时应用,人们几乎不再采用单纯的 BP 算法。

3.4.2.3　牛顿法

　　常规 BP 算法修正权值时只用到了误差函数对权值的梯度,即一阶导数的信息。如果采用二阶导数信息进行权值调整(即牛顿法),则可以加速收敛。假定神经网络权值修正的目标是极小化误差函数 $E(\omega)$,且网络的当前权值为 $\omega(t)$,权值修正量为 $\Delta\omega(t)$,则下一时刻的权值 $\omega(t+1) = \omega(t) + \Delta\omega(t)$。对 $E(\omega(t+1))$ 进行二阶泰勒展开得

$$E(\boldsymbol{\omega}(t+1)) \approx E(\boldsymbol{\omega}(t)) + \boldsymbol{g}^{\mathrm{T}}(t)\Delta\boldsymbol{\omega}(t) + \frac{1}{2}\Delta\boldsymbol{\omega}^{\mathrm{T}}(t)\boldsymbol{A}^{\mathrm{T}}(t)\Delta\boldsymbol{\omega}(t) \quad (3.19)$$

式中，$\boldsymbol{g}(t)$ 为 $E(\boldsymbol{\omega})$ 的梯度向量；方阵 $\boldsymbol{A}(t)$ 称为 $E(\boldsymbol{\omega})$ 的 Hessian 阵，且元素值为 $E(\boldsymbol{\omega})$ 对各权值的二阶导数，即 $A_{ij}(t) = \dfrac{\partial^2 E(\boldsymbol{\omega})}{\partial \omega_i \partial \omega_j}$。于是，权值修正后的误差函数变化量为

$$\Delta E(t) = \boldsymbol{g}^{\mathrm{T}}(t)\Delta\boldsymbol{\omega}(t) + \frac{1}{2}\Delta\boldsymbol{\omega}^{\mathrm{T}}(t)\boldsymbol{A}^{\mathrm{T}}(t)\Delta\boldsymbol{\omega}(t) \quad (3.20)$$

期望通过变动 $\Delta\boldsymbol{\omega}(t)$ 使式(3.19)达到最小。显然，当满足

$$\Delta\boldsymbol{\omega}(t) = -\boldsymbol{A}^{-1}(t)\boldsymbol{g}(t) \quad (3.21)$$

时，$\Delta E(t)$ 取得最小值，这就是牛顿法的基本原理。

3.4.2.4　竞争 BP 算法

Freeman[8] 基于对生物神经网络的研究，提出在 BP 神经网络的隐层采用竞争学习以避免算法陷入局部极小点，最后获得全局最优解。具体步骤是计算出隐层各 δ 误差信号后进行比较，具有最大 δ 值的神经元对应的权矢量进行正常修正，而其他神经元的权值矢量都向与最大单元相反的方向修正，即隐层各单元的 δ 误差信号用如下的误差信号 ε_i 取代：

$$\varepsilon_i = \begin{cases} \max(\delta_i) = \delta_i \\ -\dfrac{1}{4}\max(\delta_i) = -\dfrac{1}{4}\delta_i \end{cases} \quad (3.22)$$

从而权值调整公式为

$$\omega_{ij}(t+1) = \omega_{ij}(t) + \eta\varepsilon_i(t)x_i(t) \quad (3.23)$$

3.4.2.5　弹性 BP 算法

BP 神经网络通常采用 Sigmoid 隐层。Sigmoid 函数常被称为"压扁"函数，它将一个无限的输入范围压缩到一个有限的输出范围。其特点是当输入很大时，斜率接近 0，这将导致算法中的梯度幅值很小，可能使得对网络权值的修正过程几乎停顿下来。

弹性 BP 算法只取偏导数的符号，而不考虑偏导数的幅值。偏导数的符号决定权值更新的方向，而权值变化的大小由一个独立的"更新值"确定。若在两次连续的迭代中，目标函数对某个权值的偏导数的符号不变号，则增大相应的"更新值"（如在前一次"更新值"的基础上乘 1.2）；若变号，则减小相应的"更新值"（在前一次"更新值"的基础上乘 0.8）。其权值修正的迭代过程可表示如下：

$$\boldsymbol{\omega}(t+1) = \boldsymbol{\omega}(t) + \Delta\boldsymbol{\omega}(t)\,\mathrm{sgn}\left(\frac{\partial E_{\mathrm{T}}}{\partial\boldsymbol{\omega}(t)}\right) \tag{3.24}$$

式中，$\Delta\boldsymbol{\omega}(t)$ 为前一次的"更新值"，其初始值 $\Delta\boldsymbol{\omega}(0)$ 要根据实际应用预先设定。弹性 BP 算法中，当训练发生振荡时，权值的变化量将减小；当在几次迭代过程中权值均朝一个方向变化时，权值的变化量将增大。因此一般来说，弹性 BP 算法的收敛速度较快，而且算法并不复杂，也不需要消耗更多的内存。大量实际应用已经证明弹性 BP 算法非常有效。

3.4.2.6　改进误差函数

误差函数对网络性能影响较大。当网络的结构固定时，由于训练集合的大小产生的网络推广方面的问题主要是网络过拟合问题。一种克服过拟合的方法是采用正则化方法[9~11]，或叫"权衰减法"，此时，网络可以采用以下的价值函数进行评价：

$$\mathrm{msereg} = \gamma\mathrm{mse} + (1-\gamma)\mathrm{msw} \tag{3.25}$$

式中，γ 为修正因子，$0\leqslant\gamma\leqslant1$；mse 代表均方误差，定义如下：

$$\mathrm{mse} = \frac{1}{P_{\mathrm{sample}}}\sum_{n=1}^{P_{\mathrm{sample}}}\frac{(d^{(p)}-y^{(p)})^2}{2} \tag{3.26}$$

msw 可以分别定义如下：

$$\mathrm{msw} = \frac{1}{N_\omega}\sum_{i=1}^{N_\omega}(\omega_i)^2 \tag{3.27}$$

$$\mathrm{msw} = \frac{1}{N_\omega}\sum_{i=1}^{N_\omega}|\omega_i| \tag{3.28}$$

$$\mathrm{msw} = \frac{1}{N_\omega}\frac{1}{\alpha}\sum_{i=1}^{N_\omega}\lg(1+\alpha^2\omega_i^2) \tag{3.29}$$

式中，N_ω 为神经网络的可调权值（包括偏置）个数。采用这种修改的价值函数后，训练得到的网络具有较小的权值和偏置，使得网络的响应趋于平滑，减小过度拟合的可能性。

误差函数也可以采用其他改进的形式，如采用信息论相对熵作为误差函数[12,13]，相对熵与均方误差相结合的形式[14]，都取得了一定的效果。

3.4.2.7　模拟退火方法

模拟退火方法是由 Kirkpatrick 等[15]于 1983 年提出的一种优化算法，使用模拟退火方法主要是为了避免网络陷入局部极小。当误差 E 长久不下降且值较大时，就很可能是局部最小，这时就可设置初始高温 T，从当前状态 a 开始模拟退火，步骤如下：

（1）在所有的权上加一个噪声，获得新状态 b（b 在状态 a 的邻域内）。

（2）计算 $\Delta E = E_b - E_a$。

（3）$\Delta E < 0$ 时，接受新状态，并转到步骤（4）；$\Delta E > 0$ 时，若 $e^{-\Delta E/T} >$ random[0,1]，接受新状态（爬坡），转到步骤（4），否则转到步骤（1），再随机改变状态。

（4）从新状态起，继续以前的权值修正，直到稳定平衡状态 c。

（5）若 $E_c \geqslant E_a$，搜索失败，转到步骤（1）；若 $E_c < E_a$，转到步骤（6）。

（6）若 $E_c < \varepsilon$，停止；否则，$k = k+1$，$T = T/(k+1)$（降温），转到步骤（1）。

模拟退火方法虽可避免陷入局部极小，但收敛速度非常慢，代价太大，很少单独使用。

3.4.2.8　统计算法

随机选取权值、阈值，对于样本集合计算最后的输出，训练过程中计算误差的平方和。用最小随机量调整它，如果误差平方和减少，则保留改变后的权值和阈值，否则，恢复原权值和阈值。这种改进的好处在于不需采用学习规则，而是比较误差函数，但是计算速度较慢，造成次数增加。

3.4.2.9　样条权函数算法和代数算法

文献[16]提出神经网络的代数算法和样条权函数神经网络及其学习算法，声称这些理论与算法彻底克服了困扰学术界多年的传统算法的困难（如局部极小、收敛速度慢、不收敛、难以求得全局最优点等困难），其中，样条权函数神经网络算法还具有很好的泛化能力。

3.4.2.10　输入输出样本定标

为使网络更具通用性，对输入输出样本进行线性定标[17]，定标公式为

$$\tilde{x} = \tilde{x}_{\min} + \frac{x - x_{\min}}{x_{\max} - x_{\min}}(\tilde{x}_{\max} - \tilde{x}_{\min}) \tag{3.30}$$

定标反演公式为

$$x = x_{\min} + \frac{\tilde{x} - \tilde{x}_{\min}}{\tilde{x}_{\max} - \tilde{x}_{\min}}(x_{\max} - x_{\min}) \tag{3.31}$$

式中，x、$x_{\max}$、$x_{\min}$ 为广义输入变量（包括网络的输入变量和输出变量）及其最大值与最小值；$\tilde{x}$、$\tilde{x}_{\max}$、$\tilde{x}_{\min}$ 为广义输入变量定标后的相应值，$\tilde{x}_{\max}$、$\tilde{x}_{\min}$ 可根据网络需要进行调整，一般取 1 和 0 或 1 和 -1。当 $\tilde{x}_{\max}$、$\tilde{x}_{\min}$ 取 1 和 0 时，对应的激活函数取对数正切函数形式较为合适；当 $\tilde{x}_{\max}$、$\tilde{x}_{\min}$ 取 1 和 -1 时，对应的激活函数取反对称形式的双曲正切函数较为合适；同时，注意应加入适当的参数调整激活函数的形状以匹配输出样本。

也可以对输入输出样本进行如下对数函数转换:

$$\tilde{x} = \log_a x \qquad (3.32)$$

反演公式为

$$x = a^{\tilde{x}} \qquad (3.33)$$

对应不同的数据序列可以采取相应的底数 a。

还可以对输入输出样本进行如下反余切函数转换:

$$\tilde{x} = \frac{2\arctan x}{\pi} \qquad (3.34)$$

其主要是利用了反余切函数将整个实数域上的值映射到 $[-\pi/2, +\pi/2]$ 上,实现数据的归一化处理。其反演公式为

$$x = \tan\frac{\pi\tilde{x}}{2} \qquad (3.35)$$

3.4.2.11　权值和阈值的初始化

权值和阈值初始值的选取极为重要,如果选择恰当,则收敛很快,否则,可能导致网络发散。各权值及阈值的起始值应选为均匀分布的小数经验值,为 $(-2.4/F, 2.4/F)$,也有人建议在 $(-3/\sqrt{F}, 3/\sqrt{F})$,其中,$F$ 为所连单元的输入端个数。一般可以将权值和阈值的初始值选为介于 $(-0.7, 0.7)$ 的均匀分布的小数[18]。

3.4.2.12　样本随机排序

每一周期的训练样本均随机排序,这样可以保证在相同的训练样本数量前提下训练效果更加,降低网络成本,尤其在增量学习情况下效果更好。

3.5　BP 神经网络应用

3.5.1　微带天线概述

微带天线是由导体薄片粘贴在背面有导体接地板的介质基片上形成的天线。微带辐射器的概念首先由 Deschamps[19]于 1953 年提出。但是到了 20 世纪 70 年代初,由于单片微波集成电路(monolithic microwave integrated circuit, MMIC)的发展与各种微波低损耗介质材料的出现,使得微带天线广泛地吸引着全球学术界、工业界与政府相关部门的重视。结果,在广大不同的微波系统应用领域中,微带天线已快速地由学术上的新奇事物演变成商业上的真实商品。微带天线已得到愈来愈广泛的重视,已用于 100M~100GHz 的宽广频域上,包括移动通信、卫星通信、多普勒及其他雷达、无线电测高计、指挥和控制系统、导弹遥测、武器信管、

便携装置、环境检测仪表和遥感、复杂天线中的馈电单元、卫星导航接收机、生物医学辐射器、智慧型高速公路交通系统等，都在显示微带天线的需求将更胜于往昔[20,21]。

微带天线的广泛应用得益于其许多优点[22,23]：剖面薄、体积小、重量轻；具有平面结构，并可制成与导弹、卫星等载体表面共形的结构；馈电网络可与天线结构一起制成，适合于用印刷电路技术大批量生产；能与有源器件和电路集成为单一的模件；便于获得圆极化，容易实现双频段、双极化等多功能工作。但是，微带天线的主要缺点有：频带窄；有导体和介质损耗，并且会激励表面波，导致辐射效率降低；方向系数较低；单个微带天线的功率容量小；性能受基片材料影响大等。

微带天线的发展是现代微波集成电路技术和实践在天线领域的重要应用，当今对于微带天线技术的研究主要集中在以下几个方面：

（1）小型化、宽带设计。这是近来微带天线领域研究最多的。

（2）多极化。极化特性在天线应用中有众多优点，如在目标识别和抗干扰方面的应用。国内外有大量的文献讨论了单个微带天线元实现双极化、多极化、变极化等技术。

（3）多频段。GSM 等通信系统要求终端能够工作于多个频段上，这就需要设计出多频段工作的微带天线。

（4）分形微带天线。超宽带天线（频率无选择性天线）是近来研究的热点。分形技术应用于天线设计，可以实现天线超宽带性能。已经有分形微带天线使用在 Motorola 手机上的报道。

（5）光子带隙（photonic band-gap，PBG）技术应用于微带天线设计。近几年来，国际上不断有文献报道 PBG 的研究工作。PBG 应用于微带天线设计可以有效减小高介电常数厚基板带来的表面波，改善天线效率和方向图前后比，也可提高天线带宽。因此，PBG 技术是一种很有前途的技术。

目前，对微带天线的理论分析除了传统的传输线模型理论、空腔模型理论、积分方程法外，被广泛使用的数值分析方法有结合谱域技术的矩量法和能解决宽频带及瞬变信号的时域有限差分法、快速多极子算法等。传统的一些理论分析方法适合规则贴片的分析设计，分析结果能比较满意地符合工程计算的精度，计算过程简单，计算量也不是很大。但是，随着现代雷达、无线通信的飞速发展，简单形状的微带贴片及传统的解析方法已经不能满足和解决现代的设计要求，只能借助于数值算法。矩量法将积分方程转化为矩阵方程，利用矩阵的代数运算进行直接频域求解。这种方法适用于任意形状和非均匀性问题，但可能导致非常大的病态矩阵。时域有限差分法是直接求解电磁问题的一种强有力数值计算工具，它不仅具有对复杂结构的模拟能力，而且容易得到计算空间场的暂态分布情况。同时，选用适当激励源，通过一次时域计算就可以获得天线的宽频带辐射特性。上述矩量法或时域有限差分法虽然精确度较高,但编程计算复杂,所需计算时间较长,可以将神经网络技术引入到微带贴片天线的优化设计问题中,在保证设计精度满足要求的情况下加速设计过程[24~28]。

3.5.2　微带天线设计用神经网络

上面详细讲解了 BP 神经网络的应用要点,并根据传统 BP 算法存在收敛速度慢和目标函数存在局部极小等问题提出了改进设计。下面应用改进的 BP 神经网络对微带贴片天线进行具体优化设计,值得说明的是,在运用了上面提到的改进技术的情况下,对实际的 BP 神经网络又进行了如下调整。

1) 网络的结构根据其模拟的系统的复杂程度而自动调整

网络结构的调整包括隐层数的调整和每隐层的神经元数的调整。对于多层感知器神经网络,隐层的数目取决于网络非线性映射关系的复杂情况。虽然已经证明具有一个隐层的网络结构就足以实现对任意非线性函数的精确逼近,但是当非线性关系较复杂时,若仅采用一个隐层结构,在寻找最优解的过程中可能要多花费时间。适当地增加隐层数目可以使训练变得更有效。一旦隐层数目决定下来,隐层中的神经元数目就对网络的训练起决定性作用。同样,简单映射仅需较少的隐层神经元数,复杂映射需要较多的隐层神经元数。但是,过多的隐层神经元数也不合适,可能会导致数据过拟合,影响网络推广性。

2) 熵误差函数的采用

传统的 BP 算法采用均方差为误差函数,这也是传统的 BP 算法收敛速度慢、产生局部极小点的原因之一,因为它是权重多维空间的超曲面,该曲面存在着许多大范围的"平坦区",又存在着大量的局部极小的"沟谷",从而影响收敛速度,甚至难以收敛。因此,可以从误差函数着手,对 BP 算法进行改进[29,30]。对以网络的输出层,在学习过程中,它获得的信息就是要保证网络的输出值与给定的理想输出最接近。由信息理论知,对于两个系统 A 和 B,它们的状态 A_i 和 B_i $(i=1,2,\cdots,N)$ 之间的差别程度可用 Kullback-Leibler 距离来度量[31],如下:

$$c = \sum_{i=1}^{N} \left[A_i \lg \frac{A_i}{B_i} + (1-A_i) \lg \frac{1-A_i}{1-B_i} \right] \tag{3.36}$$

式中,c 越小,则系统 A、B 的状态差别越小,c 称为系统 A 和 B 的相对熵。于是,网络的输出值和理想输出值的接近程度可用相对熵来度量,即

$$E = \sum_{k=1}^{l} \left[d_k \ln \frac{d_k}{o_k} + (1-d_k) \ln \frac{1-d_k}{1-o_k} \right] \tag{3.37}$$

式中,d_k 为理想输出;o_k 为网络实际输出。此式反映的是 d_k 与 o_k 两个量之间不同"距离"尺度。BP 神经网络训练的目的是要使实际输出最大可能地接近目标输出,这种接近程度可以通过式(3.37)来衡量。

　　虽然 Matlab 提供了一些神经网络的有关程序[32,33]，但考虑到它的限制，可以根据前面的理论及改进意见编制相应的计算机程序予以实现。为清楚起见，图 3.2 给出改进的神经网络的流程图。

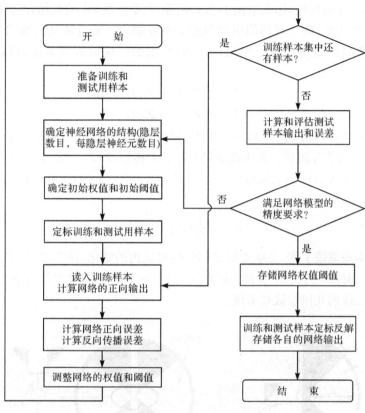

图 3.2　改进的 BP 神经网络流程图

3.5.3　微带天线具体设计

3.5.3.1　扇形耦合环宽带微带天线及其工作原理

　　本设计实例具体采用文献[34]中提到的一种扇形耦合环天线（coupled sectorial loop antennas，CSLA），它是一种超宽带微带天线，如图 3.3 所示。该天线由一段圆弧和两个扇形部分组成，如图 3.3(a)所示，其输入阻抗 Z_S 是三个几何参数 R_{in}、R_{out} 和 α 的函数。这种环天线与圆环形天线类似，当天线周长 C 大约为 0.5λ 时，呈现出强烈的反共振（也称并联谐振）。换句话说，该天线可以等效为一个高 Q 值的并联 RLC 电路。因此，Z_S 在反共振频率下呈感性，在反共振频率上呈容性。当 $C > 0.5\lambda$ 时，其他反共振并不明显，此时，可以等效为低 Q 值的并联 RLC

电路,且其输入电抗的变化不是很大。如果将这种变化减到最小,天线的带宽就可以显著增加。一种控制输入阻抗的方法是并联两个同样的天线并控制它们之间相互耦合的程度。图 3.3(b)所示的是并联起来的两个同样的扇形环天线。在此情况下,由于对称性,输入电流 I_1 和 I_2 相等,但是天线♯1 的磁场方向和天线♯2 却是相反的,因此,两个环路间引起强烈的相互耦合。通过调整天线的几何尺寸可以控制耦合的程度。对于如图 3.3(b)所示的二端口天线系统,可以有如下方程:

$$\begin{cases} V_1 = Z_{11}I_1 + Z_{12}I_2 \\ V_2 = Z_{21}I_1 + Z_{22}I_2 \end{cases} \tag{3.38}$$

式中,V_1、I_1、V_2、I_2 分别是天线♯1 和♯2 输入端口的电压和电流;$Z_{11}(Z_{22})$是自阻抗;Z_{12} 和 Z_{21} 代表互阻抗。此天线满足互易和对称性,即 $Z_{12}=Z_{21}$,$Z_{11}=Z_{22}$。当两个天线采用图 3.3(b)方式馈电时,有 $V_1=V_2$,$I_1=I_2$。此时,天线的输入阻抗可以表示为

$$Z_{\text{in}} = \frac{1}{2}(Z_{11} + Z_{12}) \tag{3.39}$$

为了实现宽带工作,必须考虑 Z_{11} 和 Z_{12} 谱域内的变化,即当 Z_{11} 的实部(虚部)随频率增大时,Z_{12} 的实部(虚部)应减小,这样,它们的平均值才保持不变,这可以通过优化天线的几何参数来实现。

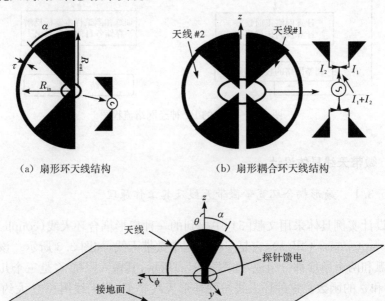

(a) 扇形环天线结构　　　　　　　　(b) 扇形耦合环天线结构

(c) 位于地平面之上的半个扇形耦合环天线结构

图 3.3　扇形耦合环宽带微带天线

扇形耦合环宽带微带天线的最低工作频率由扇形环的内外半径 R_{in}、R_{out} 及 α 决定，可以用下面的方程近似表示：

$$f_l = \frac{2c}{(\pi - \alpha + 2)\sqrt{\varepsilon_{eff}}(R_{in} + R_{out})} \tag{3.40}$$

式中，ε_{eff} 为天线的有效介电常数；c 为光速；R_{in}、R_{out} 和 α 为天线的几何参数。在此式中，扇形环天线的平均周长是 $(\pi - \alpha)R_{av} + 2R_{av}$，因为每个扇形环天线是由一个圆弧和两个 R_{av} 长的直边组成的，所以，公式中包含系数 2。使用准静态方法可以得到有效介电常数。选择最低工作频率，从式 (3.40) 可以得出平均半径 $R_{av} = (R_{in} + R_{out})/2$。因此，扇形环天线的优化设计实则是确定 α 和 $\tau = (R_{out} - R_{in})$。为了简化馈电结构，将图 3.3(b) 中的天线改为图 3.3(c) 所示结构，这样可以采用同轴馈电。在设计过程中，接地板尺寸为 10cm×10cm，天线印制在 3cm×1.5cm 的介质板上，其相应参数为 $\varepsilon_r = 3.4, h = 500\mu m$。

3.5.3.2　扇形耦合环宽带微带天线神经网络建模及优化

对于图 3.3(c) 所示结构的扇形耦合环宽带微带天线进行神经网络建模，神经网络模型采用图 3.2 所示的自适应结构调整的神经网络。在建模过程中，为与文献 [34] 中的数据对照，固定 R_{out}，并使其等于 14mm。取神经网络的输入为天线参数 α 和 τ，神经网络的输出为电压驻波比小于 $2.2(S_{11} < -8.5dB)$ 情况下的带宽 BW 和该带宽下的最大的 S_{11}。在选择训练样本时，α 从 10°～80° 每 10° 选一个值，τ 从 0.2～1.0mm 每 0.2mm 选一个值，这样，训练样本数为 40。选择测试样本时，α 从 15°～75° 每 10° 选一个值，τ 从 0.3～0.9mm 每 0.2mm 选一个值，这样，测试样本数为 28。训练样本和测试样本通过商业软件 Ansoft HFSS 仿真获得。

经过多次训练后发现，网络的结构基本上稳定在 2-6-6-2 上，可见对于此问题，采用两个隐层且每个隐层的神经元数为 6 时可以达到设计要求。图 3.4 是网络得到的带宽的训练和测试结果，图 3.5 是网络得到的带宽内的最大 S_{11} 的训练和测试结果，其中，训练误差达到 0.000092，测试误差达到 0.00061，可以看出网络的精度已然能够满足工程要求。

为了对扇形耦合环宽带微带天线进行结构优化设计，可以利用训练好的神经网络对结构参数寻优，即找出能得到最佳性能的结构参数。在寻优过程中，$\alpha \in [10°, 80°]$，$\tau \in [0.2mm, 1.0mm]$，α 每隔 1°、τ 每隔 0.01mm 找寻一个结果。最后得到的优化结果为 $\alpha = 63°$、$\tau = 0.49mm$ 时在 $S_{11} < -8.5dB$ 情况下的带宽为 14.8GHz。对上述基于神经网络方法得到的优化天线使用 Ansoft HFSS 软件进行仿真，仿真结果如图 3.6 所示。可以看出，天线带宽的频带范围为 3.3～18GHz，带宽为 14.7GHz，与神经网络找寻的结果基本一致，所建立的神经网络模型可信，泛化能力好。

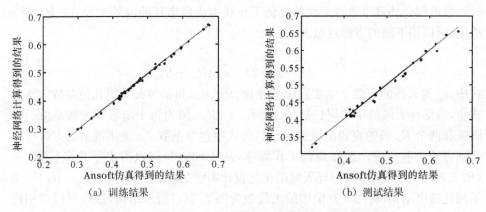

（a）训练结果　　　　　　　　　　　（b）测试结果

图 3.4　自适应结构神经网络得到的带宽训练和测试结果

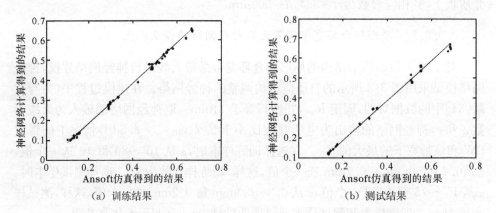

（a）训练结果　　　　　　　　　　　（b）测试结果

图 3.5　自适应结构神经网络得到的最大 S_{11} 的训练和测试结果

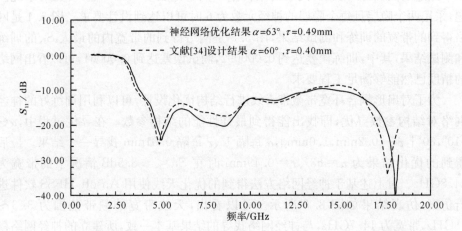

图 3.6　神经网络设计的扇形耦合环天线的 S_{11} 曲线与文献[34]中的 S_{11} 曲线之对照

　　图 3.7 给出了在不同频率情况下方位面（x-y 面）内辐射方向图（ϕ 从 0°到 360°），图 3.8 给出了在不同频率情况下俯仰面辐射方向图（$\phi=0°$，180°，0°$\leqslant\theta\leqslant$ 180°），其中，实线为神经网络优化结果（$\alpha=63°$，$\tau=0.49$mm），虚线为文献[34]实验设计结果（$\alpha=60°$，$\tau=0.40$mm）。从图 3.7 和图 3.8 可以看出，当频率小于 10GHz 时，并无显著差异，但当频率大于 10GHz 时，交叉极化有所减小，天线性能有所提高。

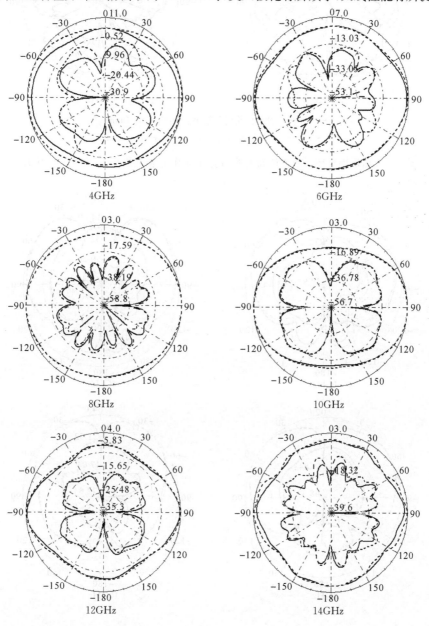

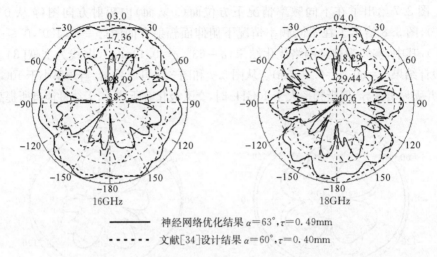

神经网络优化结果 $\alpha=63°,\tau=0.49\text{mm}$
文献[34]设计结果 $\alpha=60°,\tau=0.40\text{mm}$

图 3.7　扇形耦合环天线方位面内的辐射方向图(包括共极化 E_θ 和交叉极化 E_φ)

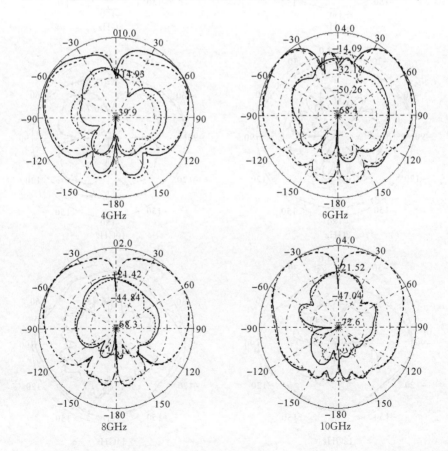

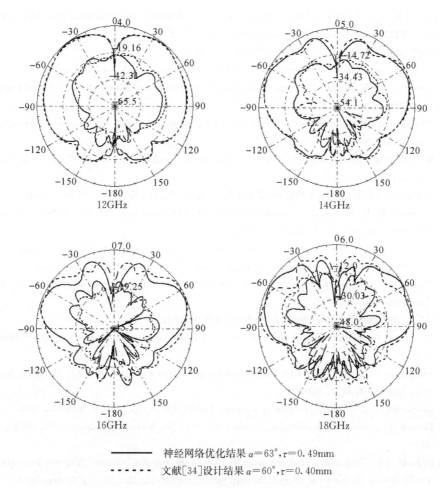

神经网络优化结果 $\alpha=63°,\tau=0.49$mm
文献[34]设计结果 $\alpha=60°,\tau=0.40$mm

图 3.8　扇形耦合环天线俯仰面内的辐射方向图(包括共极化 E_θ 和交叉极化 E_φ)

参 考 文 献

[1] Rumelhart D E, Hinton G E, Williams R J. Learning representations by back-propagation error. Nature, 1986, 323(9): 533-536.

[2] Cybenko G. Approximation by superposition of a sigmoidal function. Mathematics of Control, Signals, Systems, 1989, 2(4): 303-314.

[3] Homik K, Stinchcombe M, White H. Multilayer feedforward networks are universal approximators. Neural Networks, 1989, 2(5): 359-366.

[4] Cotter N. The stone-weierstrass theorem and its applications to neural networks. IEEE Trans. on Neural Networks, 1990, 1(4): 290-295.

[5] Ito Y. Representation of functions by superposition of a step or sigmoidal function and their application to neural network theory. Neural Networks, 1991,4 (3): 385-394.

[6] Tamura S, Tateishi M. Capabilities of a four-layered feedforward neural network: Four layer versus three. IEEE Trans. on Neural Networks, 1997, 8(2): 251-255.

[7] 钱敏平,龚光鲁. 随机过程论. 北京:北京大学出版社, 2000.

[8] Freeman J. Simulating Neural Networks with Mathematica. Boston:Addison-Wesley, 1994.

[9] Girosi F, Jones M, Poggio T. Regularization theory and neural networks architecture. Neural Computation, 1995, 7(2): 219-269.

[10] Mackay D. A practical Bayesian framework for backpropagation networks. Neural Computation, 1992, 4(3): 448-472.

[11] Williams P M. Bayesian regularization and pruning using a Laplace prior. Neural Computation, 1995, 7(1): 117-143.

[12] 赵亚丽,西广成,易建强. 基于相对熵函数准则的 BP 算法. 计算机工程, 2005, 31(19): 12-14.

[13] Kamimura R. Unification of information maximization and minimization. Advances in Neural Information Processing Systems, 1996,(9):508-514.

[14] Tian Y, Dong Y, Zhang X, et al. Perceptron multilayer artificial neural network with good generalization//International Conference on Electromagnetics in Advanced Applications 2007, Torino, 2007.

[15] Kirkpatrick S, Gelatt C D, Vecchi M P. Optimization by simulated annealing. Science, 1983, 220(4598): 671-680.

[16] 张代远. 神经网络新理论与方法. 北京:清华大学出版社, 2006.

[17] Zhang Q J, Gupta K C. Neural Networks for RF and Microwave Design. Norwood: Artech House, 2000.

[18] Thimm G, Fiesler E. High-order and multiplayer perceptron initialization. IEEE Trans. on Neural Networks, 1997, 8(2): 349-359.

[19] Deschamps G A. Microstrip microwave antenna. Third USAF Sympoisum on Antennas, 1953.

[20] David S H. A survey of broadband microstrip patch antennas. Microwave Journal, 1996, 39(9): 60-84.

[21] Guha D. Microstrip and printed antennas:Rrecent trends and developments. The 6th International Conference on Telecommunications in Modern Satellite, Cable and Broadcasting Service, 2003,1(1): 39-44.

[22] Wong K L. Compact and Broadband Microstrip Antennas. New York: Wiley, 2002.

[23] Kumar G, Ray K P. Broadband Microstrip Antennas. Norwood:Artech House, 2003.

[24] Vegni L, Toscano A. Analysis of microstrip antennas using neural networks. IEEE Trans. on Magnetics,1997, 33(2): 1414-1419.

[25] Mishra R K, Patnaik A. Neural network-based CAD model for the design of a square-patch antennas. IEEE Trans. on Antennas and Propagation, 1998, 46(12): 1890-1891.

[26] Neog D K, Pattnaik S S, Panda D C, et al. Design of wideband microstrip antenna and the use of artificial neural networks in parameter calculation. IEEE Trans. on Antennas and Propagation, 2005, 47(3): 60-65.

[27] Turker N, Gunes F, Yildirim T. Artificial neural design of microstrip antennas. Turkish Journal of Electrical Engineering & Computer Sciences, 2006, 14(3): 445-453.

[28] Siakavara K. Artificial neural network employment in the design of multilayered microstrip antenna with specified frequency operation//Progress in Electromagnetics Research Symposium 2007, Prague,

2007:210-214.

[29] 赵亚丽,西广成,易建强. 基于相对熵函数准则的 BP 算法. 计算机工程, 2005, 31(19): 12-14.

[30] 张小峰,袁晶. 基于熵值法的 BP 网络输入变量加权分层方法研究. 水科学进展, 2005, 16(2): 263-267.

[31] 朱雪龙. 应用信息论基础. 北京:清华大学出版社, 2002.

[32] 丛爽. 面向 Matlab 工具箱的神经网络理论与应用. 合肥:中国科技大学出版社,1998.

[33] 闻新,周露,王丹力,等. Matlab 神经网络应用设计. 北京:科学出版社,2001.

[34] Behdad N, Sarabandi K. A compact antenna for ultrawide-band applications. IEEE Trans. on Antennas and Propagation, 2005, 53(7):2185-2192.

第 4 章　RBF 神经网络

RBF 神经网络是一种前馈神经网络,具有结构简单、训练简洁且学习收敛速度快、能够逼近任意非线性函数的特点,广泛用于函数逼近和分类问题。本章主要讲述 RBF 神经网络的结构和工作原理、常用的学习算法及网络的特点和注意事项等,最后对 RBF 神经网络和 BP 神经网络进行了比较。

4.1　网络结构和工作原理

1985 年,Powell[1] 提出了多变量插值的 RBF 方法,1988 年,Broomhead 和 Lowe[2] 首先将 RBF 应用于神经网络设计,构成了 RBF 神经网络。RBF 神经网络一般为 3 层结构,如图 4.1 所示。

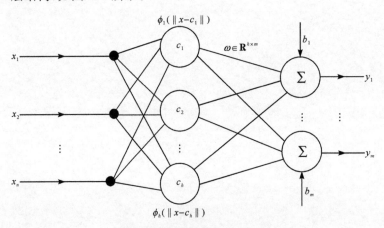

图 4.1　RBF 神经网络结构图

图 4.1 所示的 RBF 神经网络结构为 n-h-m,即网络具有 n 个输入、h 个隐节点、m 个输出,其中,$\boldsymbol{x} = (x_1, x_2, \cdots, x_n)^\mathrm{T} \in \mathbf{R}^n$ 为网络输入矢量,$\boldsymbol{\omega} \in \mathbf{R}^{h \times m}$ 为输出权矩阵,$\boldsymbol{b} = [b_1, b_2, \cdots, b_m]^\mathrm{T}$ 为输出单元偏移,$\boldsymbol{y} = [y_1, y_2, \cdots, y_m]^\mathrm{T}$ 为网络输出,$\phi_i(\cdot)$ 为第 i 个隐节点的激活函数。图中输出层节点中的 $\sum$ 表示输出层神经元采用线性激活函数(输出神经元也可以采用其他非线性激活函数,如 Sigmoid 函数)。多层感知器神经网络的隐节点基函数采用线性函数,激活函数采用 Sigmoid 函数或硬极限函数,而 RBF 神经网络最显著的特点是隐节点的基函数采用距离函数(如欧氏

距离),并使用 RBF(如高斯函数)作为激活函数。RBF 关于 n 维空间的一个中心点具有径向对称性,而且神经元的输入离该中心点越远,神经元的激活程度就越低,隐节点的这个特性常被称为"局部特性"。因此,RBF 神经网络的每个隐节点都具有一个数据中心,如图 4.1 中 c_i 就是网络中第 i 个隐节点的数据中心值,$\| \cdot \|$ 则表示欧氏距离。

　　RBF $\phi(\cdot)$ 可以取多种形式,如式(4.1)～式(4.3)所示,其曲线形状如图 4.2 所示。

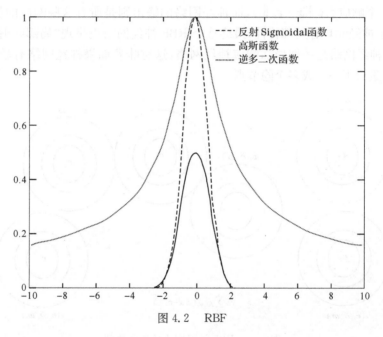

图 4.2　RBF

　　(1) 高斯函数。

$$\phi(u) = e^{-\frac{u^2}{\delta^2}} \tag{4.1}$$

　　(2) 反射 Sigmoid 函数。

$$\phi(u) = \frac{1}{1 + e^{\frac{u^2}{\delta^2}}} \tag{4.2}$$

　　(3) 逆多二次函数。

$$\phi(u) = \frac{1}{(u^2 + \delta^2)^{1/2}} \tag{4.3}$$

　　式(4.1)～式(4.3)中的 $\delta > 0$ 称为该基函数的扩展常数或宽度。显然,δ 越小,RBF 的宽度就越小,基函数就越具有选择性,图 4.2 中各曲线的扩展常数取值为 1。于是在图 4.1 中,RBF 神经网络的第 j 个输出可表示为

$$y_j = \sum_{i=1}^{h} \omega_{ij} \phi_i(\parallel \boldsymbol{x} - \boldsymbol{c}_i \parallel), \quad 1 \leqslant j \leqslant m \tag{4.4}$$

下面以二输入单输出函数逼近为例,简要介绍 RBF 神经网络的工作原理。与输出节点相连的隐层第 i 个隐节点的所有参数可用三元组 $(\boldsymbol{c}_i, \delta_i, \boldsymbol{\omega}_i)$ 表示。由于每个隐层神经元都对输入产生响应,且响应特性呈径向对称(只要输入模式离数据中心的距离相等,节点输出就相等,即是一个个同心圆),于是,RBF 神经网络的工作原理可用图 4.3 表示。假设输入区域中有 6 个神经元,每个神经元都对输入 $\boldsymbol{x}$ 产生一个响应 $\phi_i(\parallel \boldsymbol{x} - \boldsymbol{c}_i \parallel)$,而神经网络的输出则是所有这些响应的加权和。由于每个神经元具有局部特性,最终整个 RBF 神经网络也呈现"局部映射"特性,即 RBF 神经网络是一种局部响应神经网络,这意味着如果神经网络有较大的输出,必定激活了一个或多个隐节点。

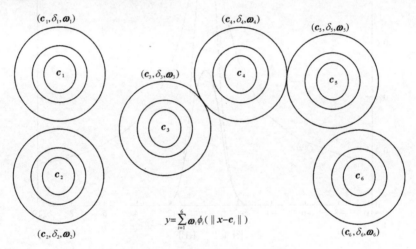

图 4.3　RBF 神经网络的工作原理

4.2　网络的生理学基础和数学基础

4.2.1　网络的生理学基础

事实上,RBF 神经网络的隐节点的局部特性主要是模仿了某些生物神经元的"近兴奋远抑制"功能,灵长类动物的视觉系统中就有这样的神经元[3~9]。下面简要介绍人眼接收信息的过程及近兴奋远抑制功能。

眼是人类接收来自外部信息的最主要的接收器官。外界物体的光线射入眼中,聚焦后在视网膜上成像,视网膜发出神经冲动达到大脑皮层视区,产生视觉。在所有的感官系统中,视网膜的结构最复杂。视网膜为感光系统,能感受光的刺激,发放神经冲动。它不仅有一级神经元(感光细胞),还有二级神经元(双极细胞)和三级神经元(神经节细胞)。

感光细胞与双极细胞形成突触联系,双极细胞外端与感光细胞相连,内端与神经节细胞相接,神经节细胞的轴突则组成视神经束。来自两侧的视神经在脑下垂体前方会合成视交叉,在这里组成每一根视神经的神经纤维束在进一步进入脑部之前被重新分组,从视神经交叉再发出的神经束称为视束。在重新分组时,来自两眼视网膜右侧的纤维合成一束,传向脑的右半部;来自两眼视网膜左侧的纤维合成另一束,传向脑的左半部。这两束经过改组的纤维视束继续向脑内行进,大部分终止于丘脑的两个被分成外侧膝状体的神经核。

外膝体完成输入信息处理上的第一次分离,然后传送到大脑的第一视区和第二视区(外膝体属丘脑,是眼到视皮层的中继站),这就是视觉通路。视网膜上的感光细胞通过光化学反应和光生物化学反应产生光感受器电位和神经脉冲,并沿着视觉通路进行传播的。

从神经感受野可以做出完善的分析。中枢神经元的感受野是指能影响某一视神经元反应的视网膜或视野的区域。可通过电生理学实验记录感受野的形状。电生理学实验可理解为有一根极小的电极置于某个细胞内的特定欲记录电位的区域,这样,当光束照到视网膜上,如果该细胞被激活,通过这个区域的电脉冲就增加;反之,如果该细胞被抑制,通过这个区域的电脉冲就减少。

每个视皮层外侧膝状体的神经元或视网膜神经细胞节细胞在视网膜上均有其特定的感受野,它们非常相似,都呈圆形,并具有近兴奋远抑制或远兴奋近抑制功能。对于每一个这样的近兴奋远抑制神经元,可以用以下函数进行建模:

$$\phi_i(u) = G(\parallel x - c_i \parallel) \tag{4.5}$$

式中,x 为输入(光束照在视网膜上的位置);c_i 为感受野的位置(对应于视网膜上使神经元最兴奋的光照位置);$G(\cdot)$ 的具体形式可以类似于式(4.1)~式(4.3)。

4.2.2　网络的数学基础

4.2.2.1　内插问题

假定共有 N 个学习样本,其输入为 $s=[X_1, X_2, \cdots, X_N]$,相应的样本输出即教师信号(单输出)为 $t=[y_1, y_2, \cdots, y_N]$。所谓的多变量内插问题是指寻找函数,使之满足以下的内插条件:

$$y_i = F(X_i) \tag{4.6}$$

这是一个非常经典的数学问题,可以有多种解决方案,采用 RBF 神经网络也可以解决这个问题的学习问题[3~9]。由式(4.6)可知,使用 RBF 神经网络前必须确定其隐节点数据中心(包括数据中心的数目、数据中心值和扩展常数值)

及相应的一组权值。RBF 神经网络解决内插问题时,一种方案是使用 N 个隐节点,并把所有的样本输入选为 RBF 神经网络的数据中心,且各基函数取相同的扩展常数,于是,RBF 神经网络从输入层到隐层的输出便是确定的,然后确定网络的 N 个输出权值 $\boldsymbol{\omega}=[\omega_1,\omega_2,\cdots,\omega_N]^T$(待定)。只要把所有的样本再输入一遍,便可解出各 ω_i 的值。假定当输入为 $\boldsymbol{X}_i(i=1,2,\cdots,N)$ 时,第 j 个隐节点的输出为

$$h_{ij} = \phi_j(\parallel \boldsymbol{X}_i - \boldsymbol{c}_j \parallel) \tag{4.7}$$

式中,$\phi_j(\cdot)$ 为该隐节点的激活函数;$\boldsymbol{c}_j=\boldsymbol{X}_j$ 为该隐节点 RBF 的数据中心。于是,可定义 RBF 神经网络的隐层输出阵为 $\boldsymbol{H}=[h_{ij}]$,$\boldsymbol{H}\in\mathbf{R}^{N\times N}$。此时,RBF 神经网络的输出为

$$F(\boldsymbol{X}_i) = \sum_{j=1}^{N} h_{ij}\omega_j = \sum_{j=1}^{N} \omega_j\phi_j(\parallel \boldsymbol{X}_i - \boldsymbol{c}_j \parallel) \tag{4.8}$$

令 $y_i=F(\boldsymbol{X}_i)$,$\boldsymbol{y}=\boldsymbol{t}^T=[y_1,y_2,\cdots,y_N]^T$,$\boldsymbol{\omega}=[\omega_1,\omega_2,\cdots,\omega_N]^T$,便得

$$\boldsymbol{y} = \boldsymbol{H}\boldsymbol{\omega} \tag{4.9}$$

如果 $\boldsymbol{H}$ 可逆,即其列向量构成 $\mathbf{R}^N$ 中的一组基,则输出权矢量为

$$\boldsymbol{\omega} = \boldsymbol{H}^{-1}\boldsymbol{y} \tag{4.10}$$

根据 Micchelli 定理[10],如果隐节点激活函数采用上述的 RBF,且 $\boldsymbol{X}_1,\boldsymbol{X}_2,\cdots,$ $\boldsymbol{X}_N$ 各不相同,则隐层输出阵 $\boldsymbol{H}$ 的可逆性是可以保证的。因此,如果把全部样本输入作为 RBF 神经网络的数据中心,网络在样本输入点的输出就等于教师信号,此时,网络对样本实现了完全内插,即对所有样本误差为 0。但式(4.10)内插方案存在以下问题:

(1) 通常情况下,样本数据较多,即 N 数值较大,上述方案中隐层输出阵 $\boldsymbol{H}$ 的条件数可能过大,求逆时可能导致不稳定。

(2) 如果样本输出含有噪声,由于存在过学习的问题,做完全内插是不合适的,而对数据做有限精度逼近可能更合理。

为了解决这些问题,可以采用正则化网络。

4.2.2.2　正则化网络

假定 $S=\{(\boldsymbol{X}_i,y_i)\in\mathbf{R}^N\times\mathbf{R}|i=1,2,\cdots,N\}$ 为欲用函数逼近的一组数据,传统的寻找逼近函数的方法是通过最小化目标函数(标准误差项)实现的,即

$$E_S(F) = \frac{1}{2}\sum_{i=1}^{N} [y_i - F(\boldsymbol{X}_i)]^2 \tag{4.11}$$

该函数体现了期望响应与实际响应之间的距离。所谓的正则化方法,是指在标准误差项基础上增加了一个限制逼近函数复杂性的项(正则化项),该正则化项体现逼近函数的"几何"特性,即

$$E_R(F) = \frac{1}{2} \parallel DF \parallel^2 \qquad (4.12)$$

式中，D 为线性微分算子。于是，正则化方法的总的误差项定义为

$$E(F) = E_S(F) + \lambda E_R(F) \qquad (4.13)$$

式中，λ 为正则化系数（正实数）。上述正则化解为[11]

$$F(\boldsymbol{X}) = \sum_{i=1}^{N} \omega_i G(\boldsymbol{X}, \boldsymbol{X}_i) \qquad (4.14)$$

式中，$G(\boldsymbol{X}, \boldsymbol{X}_i)$ 为自伴随算子 $\widetilde{D}$ 的 Green 函数；ω_i 为权系数。Green 函数 $G(\boldsymbol{X}, \boldsymbol{X}_i)$ 的形式依赖于算子 D 的形式，如果 D 具有平移不变性和旋转不变性，则 Green 函数的值取决于 $\boldsymbol{X}$ 与 $\boldsymbol{X}_i$ 之间的距离，即

$$G(\boldsymbol{X}, \boldsymbol{X}_i) = G(\parallel \boldsymbol{X}, \boldsymbol{X}_i \parallel) \qquad (4.15)$$

如果选择不同的算子 D（应具有平移和旋转不变性），便可得到不同的 Green 函数，包括高斯函数这样最常用的 RBF。按照上述方式得到的网络称为正则化网络，其拓扑结构如图 4.4 所示。

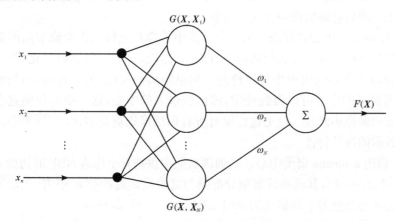

图 4.4　正则化网络结构图

该正则化网络具有以下特点：

（1）具有万能逼近能力，即只要有足够的隐节点，正则化网络能逼近紧集上的任意连续函数。

（2）具有最佳逼近特性，即任给未知的非线性函数，总可以找到一组权系数，在该组系数下正则化网络对该函数的逼近优于其他系数。

（3）正则化网络得到的解是最优的，即通过最小化式，得到同时满足对样本的逼近误差和逼近曲线平滑性的最优解。

4.3　常用的学习算法

对于某一 RBF 神经网络,如果给定了训练样本,那么,该网络的学习算法应该解决以下问题:结构设计(即如何确定网络隐节点数 h)、确定各 RBF 的数据中心 c_i 及扩展常数 δ_i、输出权值修正。一般情况下,如果知道了网络的隐节点数、数据中心和扩展常数,RBF 神经网络从输入到输出就成了一个线性方程组,此时,权值学习可采用最小二乘方法求解。因此,训练 RBF 神经网络的数据中心和扩展常数是设计 RBF 神经网络的重要准则[3~9],下面分别讨论数据中心和扩展常数的确定方法。

(1) 数据中心的确定。

① 固定法。当隐层节点数和训练数据的数目相等时,每一个训练数据就充当这一隐节点的数据中心。因此,隐层的中心为输入数据的向量。

② 随机固定法。当隐层节点数小于训练数据的数目时,隐节点的数据中心可以使用某种具有随机性的方法来选取。

③ Kohonen 中心选择法。从 n 个模式中选择 k 个模式作为隐节点的数据中心向量的初始值。这一方法包括两个方面:一方面,对中心向量归一化,将一个训练模式和每个中心的内积作为评价两个向量距离的尺度;另一方面,与当前训练模式距离最近的中心可以得到确定,即内积最大的中心,这一中心要向这个训练模式的方向做微小修改。以上过程要对所有训练模式重复多次,直到中心向量体现训练数据的统计特性。

④ 利用 k-means 聚类中心。从训练数据中挑选 k 个作为 RBF 的初始数据中心 $c_i(i=1,2,\cdots,k)$,其他训练数据分配到与之距离最近的类 c_i 中去,然后重新计算各类的训练数据的平均值作为 RBF 的中心 $c_i(i=1,2,\cdots,k)$。

(2) 扩展常数的确定。

① 固定法。当数据中心由训练数据确定后,RBF 神经网络的扩展常数可由 $\delta=\dfrac{d}{\sqrt{2h}}$ 确定,其中,d 是所有类的最大距离,h 为 RBF 神经网络数据中心的数目。

② 平均距离。RBF 神经网络的扩展常数的一个合理估计是 $\delta_j=\langle\|c_i-c_j\|\rangle$,它表示第 j 类与它的最近邻的第 i 类的欧氏距离。

③ 其他方法。$\delta_j=\alpha\|c_i-c_j\|$,其中,$\alpha$ 介于 $1.0\sim1.5$。

根据数据中心的取值方式,RBF 神经网络的训练方法可分为两大类。

① 当数据中心从样本输入中选取时,RBF 神经网络的训练方法主要包括正交最小二乘(orthogonal least squares,OLS)算法、正则化正交最小二乘(regularization orthogonal least squares,ROLS)算法、进化优选算法(evolutionary selecting algorithm，ESA)等。这类算法的特点是数据中心一旦获得就不再改变，而隐节点的数目或者一开始就固定，或者在学习过程中动态调整。

② 当数据中心通过动态调节方法确定时，数据中心在学习过程中是动态调节的，RBF 神经网络的训练方法主要包括各种基于动态聚类（最常用的是k-means 聚类或 Kohonen 提出的自组织特征映射方法[12]）、梯度训练方法[13]、资源分配网络[14]等。

这两类方法各有优缺点。第(1)类算法较容易实现，且能在权值学习的同时确定隐节点的数目，并保证学习误差不大于给定值，但数据中心从样本输入中选取是否合理值得进一步讨论。另外，正交最小二乘算法并不一定能设计出具有最小结构的 RBF 神经网络，也无法确定基函数的扩展常数。第(2)类方法中聚类方法的优点是能根据各聚类中心之间的距离确定各隐节点的扩展常数，缺点是确定数据中心时只用到了样本输入信息，而没有用到样本输出信息；另外，聚类方法也无法确定聚类的数目(RBF 神经网络的隐节点数)。由于 RBF 神经网络的隐节点数对其泛化能力有极大的影响，所以寻找能确定聚类数目的合理方法是聚类方法设计 RBF 神经网络时需要首先解决的问题。

下面主要介绍 RBF 神经网络学习的聚类方法、梯度方法及正交最小二乘算法，这些算法也是最常用的 RBF 神经网络学习算法。在以下 RBF 神经网络学习算法中，$X_1, X_2, \cdots, X_N$ 为样本输入，相应的样本输出为 $y_1, y_2, \cdots, y_N$，网络中第 i 个隐节点的激活函数为 $\phi_i(\cdot)$。

4.3.1　聚类方法

聚类方法是最经典的 RBF 神经网络学习算法，由 Moody 与 Darken[15] 在 1989 年提出。其思路是先用无监督学习（用 k-means 算法对样本输入进行聚类）方法确定 RBF 神经网络中 h 个隐节点的数据中心，并根据各数据中心之间的距离确定隐节点的扩展常数，然后用有监督学习（梯度法）训练各隐节点的输出权值。

假设 k 为迭代次数，第 k 次迭代时的聚类中心为 $c_1(k), c_2(k), \cdots, c_h(k)$，相应的聚类域为 $\theta_1(k), \theta_2(k), \cdots, \theta_h(k)$。k-means 聚类算法确定 RBF 神经网络数据中心 c_i 和扩展常数 δ_i 的步骤如下：

(1) 算法初始化。选择 h 个不同的初始聚类中心，并令 $k=1$。选择初始聚类中心的方法很多，如从样本输入中随机选取，或者选择前 h 个样本输入，但这 h 个初始数据中心必须取不同值。

(2) 计算所有样本输入与聚类中心的距离 $\| X_j - c_i(k) \|$，$i=1,2,\cdots,h$，$j=1,2,\cdots,N$。

(3) 对样本输入 X_j 按最小距离原则进行分类。即当 $i(X_j) = \min_i \| X_j - c_i(k) \|$（$i=1,2,\cdots,h$）时，$X_j$ 被归为第 i 类，即 $X_j \in \theta_i(k)$。

（4）重新计算各类的新的聚类中心。

$$c_i(k+1) = \frac{1}{N_i} \sum_{\boldsymbol{X} \in \theta_i(k)} \boldsymbol{X}, \quad i = 1, 2, \cdots, h \qquad (4.16)$$

式中，N_i 为第 i 个聚类域 $\theta_i(k)$ 中包含的样本数。

（5）如果 $c_i(k+1) \neq c_i(k)$，转到步骤（2），否则，聚类结束，转到步骤（6）。

（6）根据各聚类中心之间的距离确定各隐节点的扩展常数。隐节点的扩展常数取 $\delta_i = \kappa d_i$，其中，d_i 为第 i 个数据中心与其他最近的数据中心之间的距离，即 $d_i = \min_i \| c_j - c_i(k) \|$，$\kappa$ 称重叠系数。

当各隐节点的数据中心和扩展常数确定后，输出权矢量 $\boldsymbol{\omega} = [\omega_1, \omega_2, \cdots, \omega_h]^T$ 就可以用有监督学习方法训练得到，但更简洁的方法是使用最小二乘方法直接计算。假定当输入为 $\boldsymbol{X}_j (j = 1, 2, \cdots, N)$ 时，第 i 个隐节点的输出为

$$h_{ji} = \phi_i(\| \boldsymbol{X}_j - c_i \|) \qquad (4.17)$$

则隐层输出矩阵为

$$\hat{\boldsymbol{H}} = [h_{ji}] \qquad (4.18)$$

则 $\hat{\boldsymbol{H}} \in \mathbf{R}^{N \times h}$。如果 RBF 神经网络的当前权值为 $\boldsymbol{\omega} = [\omega_1, \omega_2, \cdots, \omega_h]^T$（待定），则对所有样本，网络输出矢量为

$$\hat{\boldsymbol{y}} = \hat{\boldsymbol{H}} \boldsymbol{\omega} \qquad (4.19)$$

令 $\varepsilon = \| \boldsymbol{y} - \hat{\boldsymbol{y}} \|$ 为逼近误差，则如果给定了教师信号 $\boldsymbol{y} = [y_1, y_2, \cdots, y_N]^T$ 并确定了 $\hat{\boldsymbol{H}}$，便可通过最小化下式求出网络的输出权值：

$$\varepsilon = \| \boldsymbol{y} - \hat{\boldsymbol{y}} \| = \| \boldsymbol{y} - \hat{\boldsymbol{H}} \boldsymbol{\omega} \| \qquad (4.20)$$

通常，$\boldsymbol{\omega}$ 可用最小二乘法求得

$$\boldsymbol{\omega} = \hat{\boldsymbol{H}}^+ \boldsymbol{y} \qquad (4.21)$$

式中，$\hat{\boldsymbol{H}}^+$ 为 $\hat{\boldsymbol{H}}$ 的伪逆，即

$$\hat{\boldsymbol{H}}^+ = (\hat{\boldsymbol{H}}^T \hat{\boldsymbol{H}})^{-1} \hat{\boldsymbol{H}}^T \qquad (4.22)$$

4.3.2　梯度方法

RBF 神经网络的梯度训练方法与 BP 算法训练多层感知器的原理类似，也是通过最小化目标函数实现对各隐节点数据中心、扩展常数和输出权值的调节。下面给出一种带遗忘因子的单输出 RBF 神经网络学习方法，此时，神经网络学习的目标函数为

$$E = \frac{1}{2} \sum_{j=1}^{N} \beta_j e_j^2 \qquad (4.23)$$

式中, β_j 为遗忘因子。误差信号 e_j 定义为

$$e_j = y_j - F(\boldsymbol{X}_j) = y_j - \sum_{i=1}^{h} \boldsymbol{\omega}_i \phi_i (\parallel \boldsymbol{X}_j - \boldsymbol{c}_i \parallel) \tag{4.24}$$

如果假设 RBF 取式(4.1)所示的高斯函数的形式,则函数 $F(\boldsymbol{X})$ 对数据中心 $\boldsymbol{c}_i$、扩展常数 δ_i 和输出权值 $\boldsymbol{\omega}_i$ 的梯度分别为

$$\nabla_{\boldsymbol{c}_i} F(\boldsymbol{X}) = \frac{2\boldsymbol{\omega}_i}{\delta_i^2} \phi_i (\parallel \boldsymbol{X}_j - \boldsymbol{c}_i \parallel) \parallel \boldsymbol{X}_j - \boldsymbol{c}_i \parallel \tag{4.25}$$

$$\nabla_{\delta_i} F(\boldsymbol{X}) = \frac{2\boldsymbol{\omega}_i}{\delta_i^3} \phi_i (\parallel \boldsymbol{X}_j - \boldsymbol{c}_i \parallel) \parallel \boldsymbol{X}_j - \boldsymbol{c}_i \parallel^2 \tag{4.26}$$

$$\nabla_{\boldsymbol{\omega}_i} F(\boldsymbol{X}) = \phi_i (\parallel \boldsymbol{X}_j - \boldsymbol{c}_i \parallel) \tag{4.27}$$

考虑所有训练样本和遗忘因子的影响, $\boldsymbol{c}_i$、δ_i 和 $\boldsymbol{\omega}_i$ 的调节量为

$$\Delta \boldsymbol{c}_i = \frac{2\boldsymbol{\omega}_i}{\delta_i^2} \sum_{j=1}^{N} \beta_j e_j \phi_i (\parallel \boldsymbol{X}_j - \boldsymbol{c}_i \parallel) \parallel \boldsymbol{X}_j - \boldsymbol{c}_i \parallel \tag{4.28}$$

$$\Delta \delta_i = \frac{2\boldsymbol{\omega}_i}{\delta_i^3} \sum_{j=1}^{N} \beta_j e_j \phi_i (\parallel \boldsymbol{X}_j - \boldsymbol{c}_i \parallel) \parallel \boldsymbol{X}_j - \boldsymbol{c}_i \parallel^2 \tag{4.29}$$

$$\Delta \boldsymbol{\omega}_i = \sum_{j=1}^{N} \beta_j e_j \phi_i (\parallel \boldsymbol{X}_j - \boldsymbol{c}_i \parallel) \tag{4.30}$$

式中, $\phi_i (\parallel \boldsymbol{X}_j - \boldsymbol{c}_i \parallel)$ 为第 i 个隐节点对 $\boldsymbol{X}_j$ 的输出。

4.3.3　正交最小二乘算法

选择 RBF 神经网络数据中心的另一种方法是由 Chen 等[16]提出的正交最小二乘算法,该方法从样本输入中选取数据中心,算法思路如下。

如果把所有样本输入均作为数据中心,并令各扩展常数取相同值,则根据 Micchelli 定理[10],隐层输出阵 $\boldsymbol{H} \in \mathbf{R}^{N \times N}$ 是可逆的,于是,目标输出 $\boldsymbol{y}$ 可以由 $\boldsymbol{H}$ 的 N 个列向量线性表示。但是, $\boldsymbol{H}$ 的 N 个列向量对 $\boldsymbol{y}$ 的能量贡献显然是不同的,因此可以从 $\boldsymbol{H}$ 的 N 个列向量中按能量贡献大小依次找出 $M \leqslant N$ 个向量构成 $\hat{\boldsymbol{H}} \in \mathbf{R}^{N \times M}$,直至满足给定误差 ε,即

$$\parallel \boldsymbol{y} - \hat{\boldsymbol{H}} \boldsymbol{\omega}_0 \parallel < \varepsilon \tag{4.31}$$

式中, $\boldsymbol{\omega}_0$ 为使 $\parallel \boldsymbol{y} - \hat{\boldsymbol{H}} \boldsymbol{\omega} \parallel$ 最小的最优权矢量 $\boldsymbol{\omega}$ 的值。显然,选择不同的 $\hat{\boldsymbol{H}}$,式(4.31)的逼近误差是不同的。是否选择了一个最优的 $\hat{\boldsymbol{H}}$ 直接影响着 RBF 神经网络的性能,而一旦确定了 $\hat{\boldsymbol{H}}$,也就确定了 RBF 神经网络的数据中心。

下面简要介绍能量贡献的计算原理。假定目标输出 $\boldsymbol{y}$ 可由 N 个互相正交的矢量(不一定是单位矢量) $\boldsymbol{x}_1, \boldsymbol{x}_2, \cdots, \boldsymbol{x}_N$ 线性表示,即

$$y = \sum_{i=1}^{N} a_i \boldsymbol{x}_i \tag{4.32}$$

将式(4.32)右乘 $\boldsymbol{x}_i^{\mathrm{T}}$ 后有

$$\boldsymbol{y}\boldsymbol{x}_i^{\mathrm{T}} = a_i \parallel \boldsymbol{x}_i \parallel^2, \quad i = 1, 2, \cdots, N \tag{4.33}$$

于是有

$$\boldsymbol{y}^{\mathrm{T}}\boldsymbol{y} = \sum_{i=1}^{N} a_i \parallel \boldsymbol{x}_i \parallel^2 \tag{4.34}$$

即

$$\boldsymbol{I} = \sum_{i=1}^{N} \frac{a_i \parallel \boldsymbol{x}_i \parallel^2}{\boldsymbol{y}^{\mathrm{T}}\boldsymbol{y}} \tag{4.35}$$

因此,选择 M 个基矢量时的能量总贡献为

$$g_{\mathrm{A}} = \sum_{i=1}^{M} g_i = \sum_{i=1}^{M} \frac{a_i \parallel \boldsymbol{x}_i \parallel^2}{\boldsymbol{y}^{\mathrm{T}}\boldsymbol{y}} \tag{4.36}$$

式中, $0 \leqslant g_{\mathrm{A}} \leqslant 1$ 。 M 越大, g_{A} 就越大,逼近精度就越高。如果 $M=N$,即选择了所有的基矢量,则逼近精度最高,此时, $g_{\mathrm{A}}=1$ 。

式(4.32)中的各 $\boldsymbol{x}_i$ 是相互正交的,而 $\boldsymbol{H}$ 的各列并不正交,因此,正交最小二乘算法对 $\boldsymbol{H}$ 的列的选择是在对 $\boldsymbol{H}$ 作 Gram-Schmidt 正交化的过程中实现的。Gram-Schmidt 正交化选择数据中心的步骤如下:

(1) 计算隐节点输出阵 $\boldsymbol{H}$,并令 $\boldsymbol{H}$ 的 N 个列向量为 $\boldsymbol{P}_1^1, \boldsymbol{P}_1^2, \cdots, \boldsymbol{P}_1^N$,它们构成 N 维欧氏空间 E_N^H 。

(2) 把输出数据矢量 $\boldsymbol{y}$ 投影到 $\boldsymbol{P}_1^1, \boldsymbol{P}_1^2, \cdots, \boldsymbol{P}_1^N$ 上,如果 $\boldsymbol{y}$ 与某一个 $\boldsymbol{P}_1^k$ 具有最大的夹角,即 $\dfrac{\boldsymbol{y}^{\mathrm{T}}\boldsymbol{P}_1^k}{\parallel \boldsymbol{y} \parallel \parallel \boldsymbol{P}_1^k \parallel}$ 的绝对值达最大(表示该 $\boldsymbol{P}_1^k$ 对 $\boldsymbol{y}$ 有最大能量贡献),则把 $\boldsymbol{P}_1^k$ 对应的样本输入选为第 1 个数据中心, $\boldsymbol{P}_1^k$ 构成一维欧氏空间 E_1 。

(3) 用伪逆(广义逆)方法计算网络的输出权值(包括偏移),并得到网络对样本的训练误差。如果误差小于目标值,则终止算法,否则,对前一步中剩下的 $N-1$ 个向量作 Gram-Schmidt 正交化,使之正交于 E_1 ,得到 $\boldsymbol{P}_2^1, \boldsymbol{P}_2^2, \cdots, \boldsymbol{P}_2^{N-1}$ 。

(4) 找出与 $\boldsymbol{y}$ 有最大投影的 $\boldsymbol{P}_2^j$,选择与之对应的样本输入为第 2 个数据中心,计算输出权值和训练误差,并判断是否终止算法。

(5) 重复以上步骤,直至找到 M 个数据中心,使网络的训练误差小于给定值。

注意:上述算法可以自动设计满足精度要求的网络结构。通过仿真发现,尽管其结构不一定是最优的,但网络规模确实是相对较小的。

4.4　网络的特点及注意事项

4.4.1　RBF 神经网络的特点

（1）RBF 神经网络是单隐层的。

（2）RBF 神经网络用于函数逼近时，隐节点为非线性激活函数，输出节点为线性函数。隐节点确定后，输出权值可通过解线性方程组得到。

（3）RBF 神经网络具有"局部映射"特性，是一种有局部响应特性的神经网络。如果神经网络有输出，必定激活了一个或多个隐节点。局部映射特性在某些情况下可能特别有用，因为在某些实际应用中，人们宁愿得不到输出，也不愿得到一个可能有较大误差的输出。

（4）RBF 神经网络隐节点的非线性变换的作用是把线性不可分问题转化为线性可分问题。

4.4.2　RBF 神经网络的注意事项

（1）RBF 神经网络的逼近能力。RBF 神经网络遵循万能逼近定理，也就是说，只要隐节点数足够多，RBF 神经网络能以任意精度逼近紧集上的连续函数[17,18]。

（2）如何确定 RBF 神经网络的隐层节点数。通常情况下，应该设计满足精度要求的最小结构的神经网络[19,20]，以保证神经网络的泛化能力。

（3）正交最小二乘算法并不一定能设计出具有最小结构的网络。尽管 Chen 等声称正交最小二乘算法能设计最小结构的 RBF 神经网络，但 Sherstinsky 和 Picard[21] 给出了反例。正交最小二乘算法设计的 RBF 神经网络不一定是最小结构的，但在大多数情况下，它能给出一个比较精简的神经网络结构。如果神经网络的规模很大（目标函数或概念比较复杂），那么，正交最小二乘算法设计的 RBF 神经网络可能会影响泛化能力。

（4）如何确定学习精度。如何确定学习精度与待解决的问题有关，通常的做法是交叉测试，以测试误差最小时的训练误差为学习精度。

（5）如何确定 RBF 的扩展常数。确定 RBF 的扩展常数的一种方法是取固定值，但值的大小要通过凑试方法确定；另一种方法是聚类。聚类方法能根据各聚类中心之间的距离确定各隐节点的扩展常数，缺点是确定数据中心时只用到了样本输入信息，而没有用到样本输出信息或误差信息，另外，聚类方法也无法确定聚类的数目。

4.5　RBF 神经网络应用

4.5.1　广义回归神经网络理论基础

广义回归神经网络（generalized regression neural network，GRNN）由 Specht[22]于 1991 年提出，是 RBF 神经网络的一种，其建立在数理统计的基础上，根据样本数据逼近其中隐含的映射关系，若数据充足，它可以解决任何光滑函数的逼近问题[23]。

设随机变量 x 和 y 的联合概率密度函数 $f(x,y)$，已知 x 的观测值为 x_0，则 y 相对于 x_0 的回归，即条件均值为

$$\hat{y} = E[y \mid x_0] = \frac{\int_{-\infty}^{+\infty} y f(x_0, y) \mathrm{d}y}{\int_{-\infty}^{+\infty} f(x_0, y) \mathrm{d}y} \tag{4.37}$$

对于未知的概率密度函数 $f(x,y)$，可由 x 和 y 的样本观测值 x_0 和 y_0 得到其非参数估计为

$$\hat{f}(x_0, y_0) = \frac{1}{(2\pi)^{(m+1)/2} \delta^{m+1} n} \sum_{i=1}^{n} \exp\left[-\frac{(x_0 - x_i)^{\mathrm{T}}(x_0 - x_i)}{2\delta^2}\right] \exp\left[-\frac{(y_0 - y_i)^2}{2\delta^2}\right] \tag{4.38}$$

式中，x_i 和 y_i 为随机变量 x 和 y 的样本观测值；δ 为光滑因子（核宽度）；n 为样本数目；m 为随机变量 x_i 的维数。

用 $\hat{f}(x_0, y_0)$ 代替 $f(x,y)$ 代入式（4.37）中，并交换积分与求和顺序，可得

$$\hat{y}(x_0) = \frac{\sum_{i=1}^{n} \exp\left[-\frac{(x_0 - x_i)^{\mathrm{T}}(x_0 - x_i)}{2\delta^2}\right] \int_{-\infty}^{+\infty} y \exp\left[-\frac{(y - y_i)^2}{2\delta^2}\right] \mathrm{d}y}{\sum_{i=1}^{n} \exp\left[-\frac{(x_0 - x_i)^{\mathrm{T}}(x_0 - x_i)}{2\delta^2}\right] \int_{-\infty}^{+\infty} \exp\left[-\frac{(y - y_i)^2}{2\delta^2}\right] \mathrm{d}y} \tag{4.39}$$

对于上式的积分项，利用性质

$$\int_{-\infty}^{+\infty} x \exp(-x^2) \mathrm{d}x = 0 \tag{4.40}$$

可得

$$\hat{y}(x_0) = \frac{\sum_{i=1}^{n} y_i \exp\left[-\frac{(x_0 - x_i)^{\mathrm{T}}(x_0 - x_i)}{2\delta^2}\right]}{\sum_{i=1}^{n} \exp\left[-\frac{(x_0 - x_i)^{\mathrm{T}}(x_0 - x_i)}{2\delta^2}\right]} \tag{4.41}$$

式中,估计值 $\hat{y}(x_0)$ 为所有样本观测值 y_i 的加权平均,每个观测值 y_i 的权重因子为相应的样本 x_i 与 x_0 之间的欧式距离平方的指数。

当光滑因子 δ 取值较大时,权重因子趋向于 1,$\hat{y}(x_0)$ 近似于所有训练样本因变量值的平均值;相反,当光滑因子趋向于 0 的时候,$\hat{y}(x_0)$ 和训练样本非常接近,当需要预测的样本点包含在训练样本集中时,式(4.41)求出的因变量的预测值会和样本中对应的因变量非常接近,否则预测效果会非常差,这种现象称为过拟合。当 δ 取得适中时,所有的训练样本的因变量 y_i 都被考虑,与预测点距离近的样本点对应的因变量被给予了更大的权重。

4.5.2　GRNN 网络的网络结构

GRNN 的网络结构如图 4.5 所示[24],它包含输入层、模式层、加和层和输出层等四层。输入层各单元是简单的线性单元,接受输入矢量 x,每个单元对应于输入自变量 x 的一维;模式层又称隐回归层,每个单元对应于一个训练样本,共 n 个单元,以高斯函数为活化核函数;加和层有两个单元,其一是计算模式层各单元输出的加权和,权为各训练样本的 y_i 值,算得式(4.41)的分子,称为分子单元,另一单元计算模式层各单元的输出之和,算得式(4.41)的分母,称为分母单元;输出层单元将加和层分子单元和分母单元的输出相除,得到回归值 $\hat{y}(x)$。

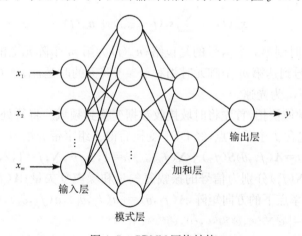

图 4.5　GRNN 网络结构

4.5.3　GRNN 网络应用

随着通信和信号处理技术的发展,线性调频信号、扩频信号等宽带信号越来越广泛地应用于雷达、声纳等领域,研究宽带信号的到达角方向(direction-of-arri-val,DOA)估计就显得越来越重要。随着智能计算技术的快速发展,基于神经网络的 DOA 估计算法已经成为目前的研究热点[25]。采用神经网络进行 DOA 估计,不需要进行特征值分解和谱峰搜索,具有较快的速度和较好的精度,有利于工程实现[26]。然而,目前主要针对窄带信号 DOA 估计方法开展研究,如文献[27]~[29]实现了基于神经网络的窄带 DOA 估计,具有较好的估计效果。文献[30]提出了一种基于 RBF 神经网络的宽频 DOA 估计方法,实现了对来波方位的精确估计。然而,该方法选取来波方位信号的协方差矩阵的上三角部分作为学习样本,样本维数较高,输入层神经元数较多,神经网络结构比较复杂,与此同时,该方法未考虑宽带信号 DOA 估计时聚焦矩阵的影响。本节利用粒子群算法对 GRNN网络进行优化改进,并应用于宽带 DOA 估计中[31]。

4.5.3.1　宽带 DOA 估计训练样本生成

本节首先获取聚焦后的协方差矩阵[32],并利用主成分分析(principal component analysis,PCA)方法对获取的宽带信号协方差矩阵的上三角部分进行降维,获取低维的训练样本以降低神经网络的复杂度[33]。

设阵元数为 M,入射阵列上的宽带信号数为 K,满足($K<M$)。信号由方向$\boldsymbol{\theta}=[\theta_1,\theta_2,\cdots,\theta_D]$入射到阵列。噪声为相互独立的零均值高斯白噪声,且与信号不相关。令第一个阵元为参考阵元,则第 m 个阵元在时刻 t 输出可以表示为

$$\boldsymbol{x}_m(t) = \sum_{k=1}^{K} \boldsymbol{s}_k(t-\tau_{mk}) + \boldsymbol{n}_m(t) \tag{4.42}$$

式中,$s_i(t)$ 为 t 时刻第 i 个信号的复包络;$n_m(t)$ 为第 m 个阵元上的高斯白噪声;τ_{mk} 为第 k 个信号到达第 m 个阵元时相对于参考阵元的时延,$\tau_{mk}=(m-1)d\sin\theta_k/c$,$d$ 为阵元间距,c 为光速。

为了得到频域快拍,首先将时域接收数据变换到频域。将待处理接收数据分为 N 段,每段包含 J 个采样点,经 DFT 变换后得 J 组窄带分量为

$$\boldsymbol{X}_n(f_j)=\boldsymbol{A}(f_j,\theta)\boldsymbol{S}(f_j)+\boldsymbol{N}(f_j), \quad n=1,2,\cdots,N;j=1,2,\cdots,J \tag{4.43}$$

式中,$\boldsymbol{S}(f_j)$ 和 $\boldsymbol{N}(f_j)$ 分别为信号的振幅复矢量和噪声复矢量;$\boldsymbol{A}(f_j,\theta)$ 为阵列观测数据在 f_j 频率点下的方向矩阵,$\boldsymbol{A}(f_j,\theta)=[\boldsymbol{a}(f_j,\theta_1),\boldsymbol{a}(f_j,\theta_2),\cdots,\boldsymbol{a}(f_j,\theta_k)]$,其中,$\boldsymbol{a}(f_j,\theta_k)=[e^{j2\pi f_j\tau_{1k}},e^{j2\pi f_j\tau_{2k}},\cdots,e^{j2\pi f_j\tau_{Mk}}]$。

选用对角聚焦矩阵,当信号的方位角度分布在角度 θ_0 附近时,构造聚焦矩阵如下:

$$\boldsymbol{T}(f_j)=\mathrm{diag}\left\{\frac{\boldsymbol{a}_i(f_0,\theta_0)}{\boldsymbol{a}_i(f_j,\theta_0)}\right\}, \quad i=1,2,\cdots,M \tag{4.44}$$

式中,f_j 为宽带信号中的某一频点;f_0 为聚焦的目标频率;$\boldsymbol{a}_i(f_0,\theta_0)$ 和 $\boldsymbol{a}_i(f_j,\theta_0)$分别为对应于频率 f_0 和 f_j 的方向矢量的元素;θ_0 称为聚焦角度。

各个频率点 f_j 下阵列的协方差矩阵如下:

$$\boldsymbol{R}(f_j) = \frac{1}{N} \sum_{n=1}^{N} \boldsymbol{X}_n(f_j) \boldsymbol{X}_n^{\mathrm{H}}(f_j) \tag{4.45}$$

聚焦后的协方差矩阵为

$$\boldsymbol{R} = \sum_{j=1}^{J} \boldsymbol{T}(f_j) \boldsymbol{R}(f_j) \boldsymbol{T}^{\mathrm{H}}(f_j) \tag{4.46}$$

这里选取协方差矩阵 $\boldsymbol{R}$ 的上三角部分作为待处理的训练样本。

PCA 方法主要是对于相对关联的一组数据,通过正交变换使其变为相互无关的变量的方法。在此应用 PCA 方法的目的是为了将聚焦后的协方差矩阵降维,以消除众多信息共存的相互信息部分。获取样本的步骤如下:

(1) 首先将入射角的协方差矩阵的上三角按照从左至右、从上至下的顺序,分别排成一列 $\boldsymbol{R}'$,并求出其均值及协方差矩阵 $\boldsymbol{C}_{R'}$。

(2) 计算协方差矩阵 $\boldsymbol{C}_{R'}$ 的特征值 λ_i 和对应的特征向量 $\boldsymbol{q}_i$。

(3) 求特征值所占的百分比,选定 l 个较大的特征值。

$$\left(\sum_{i=1}^{l} \lambda_i\right) / \left(\sum_{i=1}^{r} \lambda_i\right) \geqslant 0.85, \quad l < r \tag{4.47}$$

(4) 将 l 个特征值对应的特征向量构成一个 $n \times l$ 矩阵 $\boldsymbol{Q} = [q_1, q_2, \cdots, q_l]$,最后通过线性变换 $\boldsymbol{R}'' = \boldsymbol{Q}^{\mathrm{T}} \boldsymbol{R}'$ 得到广义回归神经网络的训练样本 $\boldsymbol{R}''$。

4.5.3.2　基于 GRNN 的宽带 DOA 估计实现

GRNN 网络中的光滑因子和求和层连接权值均默认为 1,并不是解决宽带 DOA 估计问题的最佳参数。本节利用粒子群优化算法(见第 6 章)优化这些参数,以获取最优的 DOA 估计效果。将 GRNN 网络的光滑因子和求和层的权值作为粒子,将如下均方误差函数作为适应度函数:

$$\mathrm{fit} = \frac{1}{N_o} \sum_{i=1}^{N_o} \sum_{j=1}^{k} (y_{ji} - \hat{y}_{ji})^2 \tag{4.48}$$

式中,N_o 为训练集的样本数;y_{ji} 和 $\hat{y}_{ji}$ 为第 i 个样本的第 j 个网络输出节点的理想输出值和实际输出值;k 为网络输出神经元的个数。

构造对角聚焦矩阵的方法比较简单实用,但有一定的局限性,必须是目标源位于一个较小的方位角范围内才比较适用。为此,本节通过选择聚焦角度,给出基于粗估计和精估计的两次估计 DOA 的估计方法。首先确定 DOA 估计的角度范围 $[\theta_{\min}, \theta_{\max}]$,选取 $(\theta_{\min} + \theta_{\max})/2$ 作为粗估计时的聚焦角度,并在此范围内确定 $(\theta_1, \theta_2, \cdots, \theta_M)$ 作为精估计时的聚焦角度,以产生合适的聚焦矩阵。在待估计范围 $[\theta_{\min}, \theta_{\max}]$ 内,以间隔 $\Delta\theta$ 来选取角度,并产生粗估计和精估计时对应的聚焦后的协方差矩阵。利用 PCA 方法对所得的协方差矩阵进行降维,产生神经网络的训练样本。利用粒子群算法优化光滑因子和求和层中的权值,建立起粗估计和精估计时的 GRNN 模型,称为 IGRNN 模型。

在进行 DOA 估计时,首先对目标来波方向进行粗估计,确定目标的大致方位 β。从 $(\theta_1, \theta_2, \cdots, \theta_M)$ 中选取与 β 最近的角度 θ_i,并调用 θ_i 对应的 GRNN 模型对信号进行精估计,最终确定目标来波方向。仿真中的天线阵列采用均匀 16 元线阵,源信号假设为线性调频信号,各方向的信号具有相同的中心频率 $f_0=100\text{MHz}$,采样频率 $f_s=360\text{MHz}$,信号快拍数为 512 点,信号噪声为高斯白噪声。假设信号来波方向在 $0\sim90°$ 范围内,每间隔 $1°$ 产生一个训练样本,将入射角的协方差矩阵的上三角排成一列后,产生一个 240×90 的训练样本矩阵,经 PCA 降维后,矩阵大小变为 64×90。仿真在 $10°\sim70°$ 范围内每隔 $0.5°$ 产生一个测试样本。在聚焦角度为 $45°$ 时建立粗估计模型,分别在聚焦角度为 $15°$、$30°$、$45°$、$60°$、$75°$ 时建立精估计模型。

为说明聚焦角度的选取对于 DOA 估计精度的影响,在信噪比为 -5dB 时,本节选取 $10°$、$30°$、$55°$、$80°$ 作为聚焦角度并产生对应的聚焦矩阵,分别建立 PCA 降维前后的 GRNN 模型后,对测试样本进行估计。DOA 估计的均方差(mean squared error,MSE)计算公式如式(4.49)所示,估计结果如图 4.6 所示。可以看出,无论是在不降维时基于 GRNN 网络的 DOA 估计方法(GRNN),还是基于 PCA 降维-GRNN 网络的 DOA 估计方法(PCA-GRNN),选择不同的聚焦角度都带来不同的估计精度。由于 $30°$ 和 $55°$ 比较接近测试样本的实际角度,所以估计的精度稍好。图 4.6 说明,选取与估计角度相近的聚焦角度有利于改善 DOA 估计精度。

$$\text{MSE} = \frac{1}{N'} \sum_{i=1}^{N'} (\varphi_i - \hat{\varphi}_i)^2 \tag{4.49}$$

式中,φ_i 和 $\hat{\varphi}_i$ 分别为角度真值和估计值;N' 为测试角度的个数。

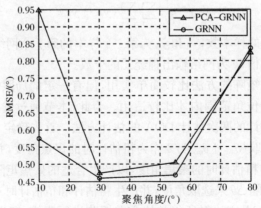

图 4.6　聚焦角度对 DOA 估计的影响

　　为验证算法的有效性,将本节的方法(PCA-IGRNN)与基于 GRNN 的 DOA 估计方法、PCA-GRNN 的 DOA 估计方法、基于阵列数据合并的宽带 DOA 估计方法(combining of received array snapshots,CRAS)[34]进行了对比。图 4.7 是信噪比为−5dB 时一次 DOA 估计结果。为进一步比较这几种算法的性能,本节计算了各算法 DOA 估计时的均方根误差。图 4.8 是在不同信噪比下进行 100 次 Monte Carlo 仿真后各算法的均方根误差。仿真结果表明,随着信噪比变大,估计精度随之变好。可以看出,本节方法的跟踪精度优于其他基于神经网络的 DOA 估计方法,接近于基于 CRAS 算法的跟踪精度。

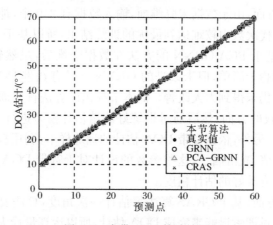

图 4.7　宽带 DOA 估计结果

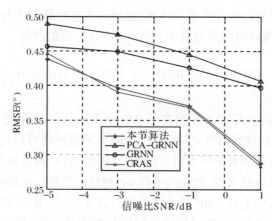

图 4.8　不同信噪比下的 DOA 估计精度

　　通过统计各算法的运行时间完成各仿真算法的复杂度比较,运行时间包括建立信号模型的时间、PCA 降维时间和 DOA 角度的估计时间等。由表 4.1 可以看出,基于 CRAS 算法的 DOA 估计算法耗时较长,本节算法运算速度较快,仅次于

PCA-GRNN 方法。

表 4.1　算法运行时间比较

算法类型	建立信号模型时间/s	PCA 降维时间/s	DOA 估计时间/s	算法运行时间/s
GRNN	0.0043		0.0734	0.0777
PCA-GRNN	0.0043	0.0005	0.0099	0.0147
CRAS	0.0057		2.6127	2.6184
本节算法	0.0043	0.0005	0.0201	0.0249

在精度比较方面,由于数据未降维前,输入数据有 240 个,神经网络结构比较复杂,在有限的迭代次数内较难达到最优的训练结果,所以基于 GRNN 的方法估计性能最差。而基于 PCA-GRNN 的方法在数据降维后,虽然输入数据变为 64 个,神经网络结构趋于简单,但未改进的 GRNN 不具有宽带 DOA 估计所需的最佳参数,因此性能仍未得到太大改善。而本节提出的算法首先通过粗估计模型预估出目标方位大致的方向,然后通过训练好的精估计模型进行二次估计,避免了聚焦角度的影响。另外,依据宽带 DOA 估计的训练样本,利用粒子群优化算法训练了 GRNN 的权值、光滑因子,这些参数的设计对于宽带 DOA 的估计具有较好的适应性,因此具有较好的估计精度。

在运算时间方面,基于 CRAS 算法每估计一次角度,算法要做一次特征值分解,同时还需要通过搜索谱峰来完成 DOA 估计,所以运算量最大。数据未降维前输入神经元较多,所以基于 GRNN 的处理时间长于降维后方法的处理时间。由于本节算法不需要进行矩阵求逆和特征值分解,所以运算时间短,但包含粗估计、精估计两次估计,所以时间约为基于 PCA-GRNN 方法的两倍。

4.6　RBF 神经网络与 BP 神经网络的比较

RBF 神经网络与 BP 神经网络都是非线性多层前向网络,它们都是通用逼近器。对于任一个 BP 神经网络,总存在一个 RBF 神经网络可以代替它,反之亦然。但是这两个网络也存在着很多不同点,下面从网络结构、训练算法、网络资源的利用及逼近性能等方面对 RBF 神经网络和 BP 神经网络进行比较研究[3~9]。

(1) 从网络结构上看。BP 神经网络实行权连接,而 RBF 神经网络输入层到隐层单元之间为直接连接,隐层到输出层实行权连接。BP 神经网络隐层单元的转移函数一般选择非线性函数(如反正切函数),RBF 神经网络隐层单元的转移函数是关于中心对称的 RBF(如高斯函数)。BP 神经网络是三层或三层以上的静态前馈神经网络,其隐层和隐层节点数不容易确定,没有普遍适用的规律可循,一旦网络的结构确定下来,在训练阶段网络结构将不再变化;RBF 神经网络是三层静态前馈神经网络,隐层单元数也就是网络的结构可以根据研究的具体问题,在训练阶段自适应地调整,这样网络的适用性就更好了。

(2) 从训练算法上看。BP 神经网络需要确定的参数是连接权值和阈值,主要的训练算法为 BP 算法和改进的 BP 算法。但 BP 算法存在许多不足之处,主要表现为易陷于局部极小值,学习过程收敛速度慢,隐层和隐层节点数难以确定;更为重要的是,一个新的 BP 神经网络能否经过训练达到收敛还与训练样本的容量、选择的算法及事先确定的网络结构(输入节点、隐层节点、输出节点及输出节点的传递函数)、期望误差和训练步数有很大的关系。RBF 神经网络的训练算法在前面已做了论述,目前,很多 RBF 神经网络的训练算法支持在线和离线训练,可以动态确定网络结构和隐层单元的数据中心和扩展常数,学习速度快,比 BP 算法表现出更好的性能。

(3) 从网络资源的利用上看。RBF 神经网络原理、结构和学习算法的特殊性决定了其隐层单元的分配可以根据训练样本的容量、类别和分布来决定。如采用最近邻聚类方式训练网络,网络隐层单元的分配就仅与训练样本的分布及隐层单元的宽度有关,与执行的任务无关。在隐层单元分配的基础上,输入与输出之间的映射关系,通过调整隐层单元和输出单元之间的权值来实现,这样,不同的任务之间的影响就比较小,网络的资源就可以得到充分的利用。这一点和 BP 神经网络完全不同,BP 神经网络权值和阈值的确定由每个任务(输出节点)均方差的总和直接决定,这样,训练的网络只能是不同任务的折中,对于某个任务来说,就无法达到最佳的效果。而 RBF 神经网络则可以使每个任务之间的影响降到较低的水平,从而每个任务都能达到较好的效果,这种并行的多任务系统会使 RBF 神经网络的应用越来越广泛。

总之,RBF 神经网络可以根据具体问题确定相应的网络拓扑结构,具有自学习、自组织、自适应功能,它对非线性连续函数具有一致逼近性,学习速度快,可以进行大范围的数据融合,可以并行高速地处理数据。RBF 神经网络的优良特性使得其显示出比 BP 神经网络更强的生命力,正在越来越多的领域内替代 BP 神经网络。目前,RBF 神经网络已经成功地用于非线性函数逼近、时间序列分析、数据分类、模式识别、信息处理、图像处理、系统建模、控制和故障诊断等。

参 考 文 献

[1] Powell M J D. Radial basis function for multivariable interpolation: A review. Proceeding on IMA Conference on Algorithms for the Approximation of Functions and Data, 1985: 143-167.

[2] Broomhead D S, Lowe D. Multivariable functional interpolation and adaptive networks. Complex System, 1988, 2(3): 321-355.

[3] 蒋宗礼. 人工神经网络导论. 北京:高等教育出版社, 2001.

[4] Haykin S. 神经网络原理. 第 2 版. 叶世伟,等译. 北京:机械工业出版社, 2004.

[5] 罗四维. 大规模人工神经网络理论基础. 北京：清华大学出版社，北方交通大学出版社，2004.

[6] 阎平凡，张长水. 人工神经网络与模拟进化计算. 北京：清华大学出版社，2005.

[7] 魏海坤. 神经网络结构设计的理论与方法. 北京：国防工业出版社，2005.

[8] 钟珞，饶文碧，邹承明. 人工神经网络及其融合应用技术. 北京：科学出版社，2007.

[9] 钟守铭，刘碧森，王晓梅，等. 神经网络稳定性理论. 北京：科学出版社，2008.

[10] Micchelli C. Interpolation of scattered data: Distance matrices and conditionally positive definite function. Constructive Approximation, 1986, 2(1): 11-22.

[11] Poggio T. Networks for approximation and learning. Proceeding of the IEEE, 1990, 78(9): 1481-1497.

[12] Kohonen T. Self-organization and Associative Memory. Berlin: Springer, 1984.

[13] Haykin S. Neural Networks: A Comprehensive Foundation. 北京：清华大学出版社，2001.

[14] Platt J. A resource allocating network for function interpolation. Neural Computation, 1991, 3(2): 213-225.

[15] Moody J, Darken C. Fast learning in networks of locally tuned processing units. Neural Computation, 1989, 1(2): 281-294.

[16] Chen S, Cowan C F, Grant P M. Orthogonal least squares learning algorithms for radial basis function networks. IEEE Trans. on Neural Networks, 1991, 2(2): 302-309.

[17] Hartman E, Keeler J D, Kowalski J. Layered neural networks with Gaussian hidden units as universal approximators. Neural Computation, 1990, 2(6): 210-215.

[18] Park J, Sandberg I W. Universal approximation using radial-basis-function. Neural Computation, 1991, 3(2): 246-257.

[19] Niyogo P, Girosi F. On the relationship between generalization error, hypothesis complexity, and sample complexity for radial basis function. Neural Computation, 1996, 8(4): 819-842.

[20] Moody J. The effective number of parameters: An analysis of generalization and regularization in nonlinear learning system. Advances in Neural Information Processing Systems, 1992, 4: 847-854.

[21] Sherstinsky A, Picard R W. On the efficiency of the orthogonal least squares training method for radial basis function networks. IEEE Trans. on Neural Networks, 1996, 7(1): 195-200.

[22] Specht D F. General regression neural network. IEEE Trans. on Neural Networks, 1991, 2(6): 568-576.

[23] 张俊杰. SOM 网络和广义回归网络及其混合模型研究［硕士学位论文］. 无锡：江南大学，2008.

[24] Chtioui Y, Panigrahi S, Francl L. A generalized regression neural network and its application for leaf wetness prediction to forecast plant disease. Chemometrics and Intelligent Laboratory Systems, 1999, 48(1): 47-58.

[25] Du K L, Lai A K Y, Cheng K K M, et al. Neural methods for antenna array signal processing: A review. Signal Processing, 2002, 82(4): 547-561.

[26] Vigneshwaran S, Sundararajan N, Saratchandran P. Direction of arrival (DoA) estimation under array sensor failures using a minimal resource allocation neural network. IEEE Trans. on Antennas and Propagation, 2007, 55(2): 334-343.

[27] 安冬，王守觉. 基于仿生模式识别的 DOA 估计方法. 电子与信息学报，2004, 26(9): 1468-1473.

[28] Kuwahara Y, Matsumoto T. Experiments on direction finder using RBF neural network with post-processing. Electronics Letters, 2005, 41(10): 602-603.

[29] Fonseca N J G, Coudyser M, Laurin J J, et al. On the design of a compact neural network-based DOA estimation system. IEEE Trans. on Antennas and Propagation, 2010, 58(2): 357-366.

[30] 张旻，李鹏飞. 基于分层神经网络的宽频段 DOA 估计方法. 电子与信息学报，2009，31(9)：2118-2122.

[31] 张贞凯，田雨波，周建江. 基于改进广义回归神经网络和主成分分析的宽带 DOA 估计. 光电子·激光，2012，23(4)：692-696.

[32] 于红旗，刘剑，黄知涛，等. 一种基于信号子空间聚焦的宽带 DOA 估计算法. 系统工程与电子技术，2008，30(4)：609-612.

[33] 余发军，赵元黎，刘伟，等. 主成分分析结合感知器在医学光谱分类中的应用. 光谱学与光谱分析，2008，28(10)：2396-2400.

[34] 刘春静，刘枫，张曙. 基于阵列接收数据合并的宽带 DOA 算法. 系统工程与电子技术，2010，32(7)：1380-1383.

第 5 章　Hopfield 神经网络

Hopfield 神经网络是当前研究较为广泛的一种人工神经网络,并已被人们应用于联想记忆和解决优化问题中。本章首先讲述了神经动力学(neurodynamics)和 Lyapunov 定理,继而介绍了连续 Hopfield 神经网络和离散 Hopfield 神经网络模型,最后阐述了 Hopfield 神经网络的特点。

5.1　Hopfield 神经网络简介

1982 年,美国物理学家 Hopfield[1]提出的单层全互联含有对称突触连接的反馈网络是最典型的反馈网络模型。Hopfield 用能量函数的思想形成了一种新的计算方法,阐明了神经网络与动力学的关系,并用非线性动力学的方法来研究这种神经网络的特性,建立了神经网络稳定性判据,并指出信息存储在网络中神经元之间的连接上,形成了所谓的 Hopfield 神经网络,称为离散 Hopfield 神经网络。1984 年,Hopfield[2]设计并研制了 Hopfield 神经网络模型的电路,指出神经元可以用运算放大器来实现,所有神经元的连接可用电子线路来模拟,称为连续 Hopfield 神经网络。Hopfield 用该电路成功地解决了旅行商优化问题。Hopfield 神经网络是神经网络发展历史上的一个重要的里程碑。

Hopfield 神经网络的权值严格来说不是通过学习来得到的,而是根据网络的用途设计出来的,当然可采用某些学习规则对权值进行微调,这一点同前面介绍的前向网络有所不同[3~9]。由于 Hopfield 神经网络的一个重要贡献是引入了 Lyapunov 稳定性定理,因此,首先简要介绍该定理的相关知识,然后证明网络在任意初始状态下都能渐进稳定。Hopfield 神经网络最著名的用途就是优化计算和联想记忆。

5.2　神经动力学

1989 年,Hirsch[10]把神经网络看做是一种非线性的动力学系统,称为神经动力学。神经动力学分为确定性神经动力学和统计性神经动力学。确定性神经动力学将神经网络作为确定性行为,在数学上用非线性微分方程的集合来描述系统的行为,方程解为确定的解。统计性神经动力学将神经网络看成被噪声所扰动,在数学上采用随机性的非线性微分方程来描述系统的行为,方程的解用概率表示。

　　动力学系统是状态随时间变化的系统。令 $v_1(t),v_2(t),\cdots,v_N(t)$ 表示非线性动力学系统的状态变量,其中,t 是独立的连续时间变量,N 为系统状态变量的维数。大型的非线性动力学系统的动力特性可用下面的微分方程表示:

$$\frac{\mathrm{d}}{\mathrm{d}t}v_i(t) = F_i(v_i(t)), \quad i = 1,2,\cdots,N \tag{5.1}$$

式中,函数 $F_i(\cdot)$ 为包含自变量的非线性函数。将这些状态变量表示为一个 $N\times1$ 维的向量,即 $v(t)=[v_1(t),v_2(t),\cdots,v_N(t)]^{\mathrm{T}}$,称为系统的状态向量,式(5.1)可用向量表示为

$$\frac{\mathrm{d}}{\mathrm{d}t}v(t) = F(v(t)) \tag{5.2}$$

　　N 维状态向量所处的空间称为状态空间,状态空间通常指的是欧氏空间,当然也可以是其子空间,或是类似圆、球、圆环和其他可微形式的非欧氏空间。如果一个非线性动力系统的向量函数 $F(v(t))$ 隐含地依赖于时间 t,则此系统称为自治系统,否则不是自治的。

　　考虑式(5.2)状态空间描述的动力系统,如果下列等式成立:

$$F(\overline{v}) = 0 \tag{5.3}$$

则称矢量 $\overline{v}$ 为系统的稳态或平衡态。

　　在包含平衡态 $\overline{v}$ 的自治非线性动力学系统中,稳定性和收敛性的定义如下:

　　(1) 平衡态 $\overline{v}$ 在满足下列条件时是一致稳定的。对任意的正数 ε,存在正数 δ,当 $\|v(0)-\overline{v}\|<\delta$ 时,对所有的 $t>0$,均有 $\|v(t)-\overline{v}\|<\varepsilon$。

　　(2) 若平衡态 $\overline{v}$ 是收敛的,存在正数 δ 满足 $\|v(0)-v\|<\delta$,则当 $t\to\infty$ 时,$v(t)\to\overline{v}$。

　　(3) 若平衡态 $\overline{v}$ 是稳定的、收敛的,则该平衡态被称为渐进稳定。

　　(4) 若平衡态 $\overline{v}$ 是稳定的,且当时间 t 趋向于无穷大时,所有的系统轨线均收敛于 $\overline{v}$,则此平衡态是渐进稳定的或全局渐进稳定的。

5.3　Lyapunov 定理

1) Lyapunov 定理的原型例子(单摆)

　　单摆是 Lyapunov 定理的原型例子,如图 5.1 所示。该例子较好地演示了用 Lyapunov 定理判断非线性系统稳定性的原理。

　　对于图 5.1 所示的单摆,根据牛顿第二定律($F=ma$)有

$$ml\frac{\mathrm{d}^2\theta}{\mathrm{d}t^2} + \mu\frac{\mathrm{d}\theta}{\mathrm{d}t} + mg\sin\theta = 0 \tag{5.4}$$

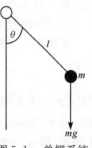

图 5.1　单摆系统

式中，θ 为单摆角度；m 为单摆质量；l 为单摆长度；μ 为阻尼系数。只要阻尼系数不为零，单摆将最终停止在垂直位置。如果选择状态变量为 $a_1 = \theta$，$a_2 = d\theta/dt$，则由式(5.4)可得到以下状态方程：

$$\frac{da_1}{dt} = a_2 \tag{5.5}$$

$$\frac{da_2}{dt} = -\frac{g}{l}\sin a_1 - \frac{\mu}{ml}a_2 \tag{5.6}$$

显然，该系统的平衡点为 $\dfrac{da_1}{dt} = a_2 = 0$，这也是单摆最终的停止位置。

下面分析该系统的稳定性。运动过程中，单摆系统的总能量（动能与势能之和）为

$$V = \frac{1}{2}mv^2 + mgh \tag{5.7}$$

写成状态变量的形式，即

$$V(a_1, a_2) = \frac{1}{2}ml^2(a_2)^2 + mgl(1 - \cos a_1) \tag{5.8}$$

而该系统中能量随时间的变化率（即能量的导数）为

$$\frac{\mathrm{d}}{\mathrm{d}t}V(a_1, a_2) = \frac{\partial V}{\partial a_1}\frac{da_1}{dt} + \frac{\partial V}{\partial a_2}\frac{da_2}{dt} \tag{5.9}$$

可解得

$$\frac{\mathrm{d}}{\mathrm{d}t}V(a_1, a_2) = (mgl\sin a_1)a_2 + (ml^2 a_2)\left(-\frac{g}{l}\sin a_1 - \frac{\mu}{ml}a_2\right) \tag{5.10}$$

简化后即得

$$\frac{\mathrm{d}}{\mathrm{d}t}V(a_1, a_2) = -\mu l(a_2)^2 \leqslant 0 \tag{5.11}$$

这说明能量函数 $V(a_1, a_2)$ 的导数是非正的，即运动过程中能量将不断衰减，直至静止在状态 $\dfrac{da_1}{dt} = a_2 = 0$。

如果将上述能量函数的方法加以推广，便可以得到 Lyapunov 定理。

2）稳定性的定义

考虑图 5.2 所示非线性系统，相应的非线性微分方程为

$$\frac{\mathrm{d}}{\mathrm{d}t}\boldsymbol{a}(t) = g(\boldsymbol{a}(t), \boldsymbol{p}(t), t) \tag{5.12}$$

式中，$\boldsymbol{p}(t)$ 为系统输入；$\boldsymbol{a}(t)$ 为系统输出。注意，$\boldsymbol{p}(t)$ 和 $\boldsymbol{a}(t)$ 可以是矢量。如果在某一点 $\boldsymbol{a}^*$ 处式(5.12)的微分为零，则 $\boldsymbol{a}^*$ 为系统的平衡点。不失一般性，令 $\boldsymbol{a}^*$ 位于原点，即 $\boldsymbol{a}^* = 0$。

Lyapunov 意义上的稳定性定义为：如果对任意的 $\varepsilon > 0$，存在 $\delta > 0$，使得只要

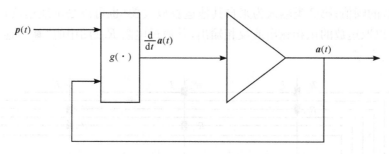

图 5.2　非线性系统

$\|a(0)\|<\delta$, 对 $t>0$ 均有 $\|a(t)\|<\varepsilon$, 则原点被称为稳定的平衡点。渐近稳定定义为：如果存在 $\delta>0$, 使得只要 $\|a(0)\|<\delta$, 则当 $t\to\infty$ 时满足 $\|a(t)\|\to 0$, 则原点被称为渐近稳定的平衡点。

对标量函数 $V(a)$, 如果 $V(0)=0$, 且对一切 $a\neq 0$ 均有 $V(a)>0$, 则称 $V(a)$ 为正定的；如果对所有 a 均有 $V(a)\geqslant 0$, 则称 $V(a)$ 为半正定的；如果对所有 a 均有 $V(a)<0$, 则称 $V(a)$ 为负定的；如果对所有 a 均有 $V(a)\leqslant 0$, 则称 $V(a)$ 为半负定的。

3) Lyapunov 定理

对于以下非线性自治系统：

$$\frac{\mathrm{d}a}{\mathrm{d}t}=g(a) \tag{5.13}$$

Lyapunov 稳定性定理可陈述为：对于式(5.13)所示的自治系统，如果能找到一个正定函数 $V(a)$, 且 $\dfrac{\mathrm{d}V(a)}{\mathrm{d}t}$ 是半负定的，则原点 $a=0$ 是稳定的；更进一步，如果 $\dfrac{\mathrm{d}V(a)}{\mathrm{d}t}$ 是负定的，则原点 $a=0$ 是渐近稳定的。与单摆例子类似，定理中的 $V(a)$ 被称为 Lyapunov 能量函数。

5.4　连续 Hopfield 神经网络

5.4.1　连续 Hopfield 神经网络原理

Hopfield 用模拟电路模仿生物神经网络的特性，如图 5.3 所示，该网络被称为连续 Hopfield 神经网络[2]。图中网络的每个神经元均由一个运算放大器及阻容电路组成，其中，运算放大器具有正相输出和反相输出，其转移特性通常为 Sigmoid 函数，而其输入端的阻容电路则模拟神经元的时间常数。每个运算放大器有两种类型的输入：第 1 类输入为常数电流信号，即图中的 $I_1,I_2,\cdots,I_n$, 它们构成神经元函数的阈值;第 2 类输入为来自其他运算放大器(也可以是本地运放)的输出信号,可以取运放的正相输出或反相输出,并通过电阻 R_{ij}(图中的"■")连接至本运放的输入端。

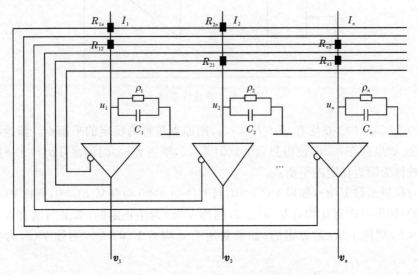

图 5.3　连续 Hopfield 神经网络

给定了网络的初始状态和外部输入,图 5.3 所示 Hopfield 神经网络将形成一个动态系统,下面讲述该系统的动态行为,包括其微分方程和稳定性。由 Kirchhoff 电流定律,可推导出 Hopfield 模型的运算方程如下:

$$C_i \frac{\mathrm{d}u_i(t)}{\mathrm{d}t} + \frac{u_i(t)}{\rho_i} = \sum_{j=1}^{n} \frac{\pm v_j(t) - u_i(t)}{R_{ij}} + I_i \qquad (5.14)$$

式中,u_i 为第 i 个放大器的输入电压;v_j 为第 j 个放大器的输出电压;C_i 为该放大器的输入电容;I_i 为该放大器的固定输入电流;符号"±"表示信号来自其他运放的正相端或反相端。式(5.14)整理后即得

$$C_i \frac{\mathrm{d}u_i(t)}{\mathrm{d}t} = \sum_{j=1}^{n} T_{ij} v_j(t) - \frac{u_i(t)}{R_i} + I_i \qquad (5.15)$$

式中,$|T_{ij}| = \frac{1}{R_{ij}}$,$\frac{1}{R_i} = \frac{1}{\rho_i} + \sum_{j=1}^{n} \frac{1}{R_{ij}}$。另外,由于运算放大器的非线性转移特性,有

$$v_i = f(u_i) \qquad (5.16)$$

如果令 $\varepsilon_i = R_i C_i$,$\omega_{ij} = R_i T_{ij}$,$b_i = R_i I_i$,同时,令 $\boldsymbol{u}(t) = [u_1(t), u_2(t), \cdots, u_n(t)]^{\mathrm{T}}$,$\boldsymbol{v}(t) = [v_1(t), v_2(t), \cdots, v_n(t)]^{\mathrm{T}}$,$\boldsymbol{\omega} = [\omega_{ij}]$,$\varepsilon = \mathrm{diag}(\varepsilon_1, \varepsilon_2, \cdots, \varepsilon_n)$,则式(5.15)可写成如下矢量形式:

$$\varepsilon \frac{\mathrm{d}\boldsymbol{u}(t)}{\mathrm{d}t} = -\boldsymbol{u}(t) + \boldsymbol{\omega} \boldsymbol{v}(t) + \boldsymbol{b} \qquad (5.17)$$

$$v(t) = f(u(t)) \tag{5.18}$$

5.4.2　连续 Hopfield 神经网络的稳定性

将 Lyapunov 定理用于分析反馈神经网络的稳定性是 Hopfield 最重要的贡献之一。Hopfield 指出,在任何初始条件下,图 5.3 所示的网络都能收敛到稳定状态,并给出了证明。假定图 5.3 所示的电路是对称的,即 $T_{ij} = T_{ji}$,且各运放的非线性转移特性取双极性 Sigmoid 函数,即

$$v_i = f(u_i) = \frac{1 - \mathrm{e}^{-\lambda u_i}}{1 + \mathrm{e}^{-\lambda u_i}} \tag{5.19}$$

式中,增益参数 λ 在讲述离散 Hopfield 神经网络时会用到。由式(5.19)可以得到 f 函数的逆运算为

$$u_i = f^{-1}(v_i) = -\frac{1}{\lambda} \ln\left(\frac{1 - v_i}{1 + v_i}\right) \tag{5.20}$$

Hopfield 给出图 5.3 所示电路的能量函数为

$$E(\boldsymbol{v}) = -\frac{1}{2} \boldsymbol{v}^{\mathrm{T}} \boldsymbol{\omega} \boldsymbol{v} + \sum_{i=1}^{n} \left(\int_{u=0}^{v_i} f^{-1}(\boldsymbol{u}) \mathrm{d}\boldsymbol{u}\right) - \boldsymbol{b}^{\mathrm{T}} \boldsymbol{v} \tag{5.21}$$

由于

$$\frac{\mathrm{d}E(\boldsymbol{v})}{\mathrm{d}t} = \frac{\partial E(\boldsymbol{v})}{\partial \boldsymbol{v}} \frac{\mathrm{d}\boldsymbol{v}}{\mathrm{d}t} \tag{5.22}$$

$E(\boldsymbol{v})$ 的各项分别对 t 求导,并注意 $\boldsymbol{\omega}$ 是对称阵,得

$$\frac{\mathrm{d}}{\mathrm{d}t}\left(\frac{1}{2} \boldsymbol{v}^{\mathrm{T}} \boldsymbol{\omega} \boldsymbol{v}\right) = (\boldsymbol{\omega}^{\mathrm{T}} \boldsymbol{v})^{\mathrm{T}} \frac{\mathrm{d}\boldsymbol{v}}{\mathrm{d}t} = \boldsymbol{v}^{\mathrm{T}} \boldsymbol{\omega} \frac{\mathrm{d}\boldsymbol{v}}{\mathrm{d}t} \tag{5.23}$$

$$\frac{\mathrm{d}}{\mathrm{d}t}\left(\int_{u=0}^{v_i} f^{-1}(\boldsymbol{u}) \mathrm{d}\boldsymbol{u}\right) = f^{-1}(v_i) \frac{\mathrm{d}v_i}{\mathrm{d}t} \tag{5.24}$$

$$\frac{\mathrm{d}}{\mathrm{d}t}(\boldsymbol{b}^{\mathrm{T}} \boldsymbol{v}) = \boldsymbol{b}^{\mathrm{T}} \frac{\mathrm{d}\boldsymbol{v}}{\mathrm{d}t} \tag{5.25}$$

代入式(5.22)得

$$\frac{\mathrm{d}E(\boldsymbol{v})}{\mathrm{d}t} = \{-\boldsymbol{v}^{\mathrm{T}} \boldsymbol{\omega} + \boldsymbol{u}^{\mathrm{T}} - \boldsymbol{b}^{\mathrm{T}}\} \frac{\mathrm{d}\boldsymbol{v}}{\mathrm{d}t} = -\varepsilon \left(\frac{\mathrm{d}\boldsymbol{u}}{\mathrm{d}t}\right)^{\mathrm{T}} \frac{\mathrm{d}\boldsymbol{v}}{\mathrm{d}t} \tag{5.26}$$

由于 $\boldsymbol{v} = f(\boldsymbol{u})$,代入式(5.26)得

$$\frac{\mathrm{d}}{\mathrm{d}t} E(\boldsymbol{v}) = -\varepsilon f'(\boldsymbol{u}) \left(\frac{\mathrm{d}\boldsymbol{u}}{\mathrm{d}t}\right)^{\mathrm{T}} \frac{\mathrm{d}\boldsymbol{u}}{\mathrm{d}t} \tag{5.27}$$

由于 f 为单调递增的 Sigmoid 函数,故恒有 $f'(\boldsymbol{u}) \geqslant 0$,从而

$$\frac{\mathrm{d}}{\mathrm{d}t} E(\boldsymbol{v}) \leqslant 0 \tag{5.28}$$

因此,$\dfrac{\mathrm{d}}{\mathrm{d}t} E(\boldsymbol{v})$ 是半负定的,即 $E(\boldsymbol{v})$ 是一个有效的 Lyapunov 函数,所以图 5.3 对

应的系统是稳定的,也就意味着给定一个初始状态,网络将逐步演变到能量函数的局部最小点,这些局部最小点就是网络的稳定状态或吸引子。

5.5　离散 Hopfield 神经网络

5.5.1　离散 Hopfield 神经网络原理

与连续 Hopfield 神经网络相比,离散 Hopfield 神经网络的主要差别在于神经元激活函数使用了硬极限函数[1],而连续 Hopfield 神经网络使用 Sigmoid 激活函数,且一般情况下离散 Hopfield 神经网络没有自反馈,即 $\omega_{ii}=0$。因此,离散 Hopfield 神经网络是一种二值神经网络,即每个神经元的输出只取 1 和 −1 这两种状态,分别用来表示激活和抑制。

一个具有 4 个神经元的离散 Hopfield 神经网络的结构如图 5.4 所示,图中的 z^{-1} 表示单位时延算子,其他连接权值和偏移均与图 5.3 所示的电路形式的连续 Hopfield 神经网络对应。离散 Hopfield 神经网络工作时,各神经元将在外部输入和初始状态作用下产生不断的状态变化,然后每个神经元的输出反馈到其他神经元的输入,从而产生新的输出。如果网络是稳定的,则这种反馈过程将一直迭代下去,直至到达稳定平衡状态。对于有 i 个神经元的 Hopfield 神经网络,每次迭代时,第 i 个神经元按以下方式计算:

$$y_i(k+1) = \mathrm{sgn}\Big(\sum_{j=1,j\neq i}^{n}\omega_{ij}y_j(k)+b_i\Big) = \begin{cases} 1, & \sum_{j=1,j\neq i}^{n}\omega_{ij}y_j(k)+b_i > 0 \\ -1, & \sum_{j=1,j\neq i}^{n}\omega_{ij}y_j(k)+b_i < 0 \\ y_i(k), & \sum_{j=1,j\neq i}^{n}\omega_{ij}y_j(k)+b_i = 0 \end{cases}$$

$$(5.29)$$

式中,sgn(·)为符号函数。当然,根据需要,式(5.29)也可取 1 和 0 两种状态。

离散 Hopfield 神经网络表示的状态是有限的。对于图 5.4 所示的 4 个神经元的网络,它的输出层就是 4 位二进制数,每一个 4 位二进制数就是一种网络状态,从而共有 $2^4(=16)$ 个网络状态。同理,对于 n 个神经元的离散 Hopfield 神经网络,它有 2^n 个网络状态。

离散 Hopfield 神经网络有串行和并行两种工作方式:在串行方式中,任意时刻只有一个神经元(一般随机选择)按硬极限函数改变状态,其余单元状态不变;在并行方式中,任意时刻所有神经元同时改变状态。不管哪种运行方式,在达到

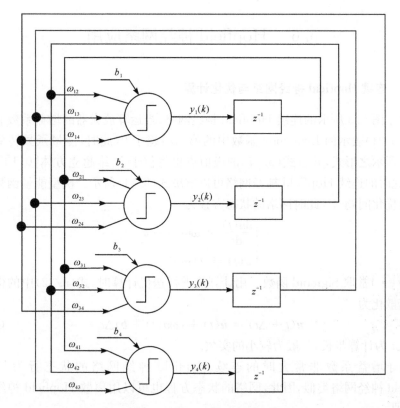

图 5.4　离散 Hopfield 神经网络

稳定后,网络的状态就不再发生变化,此时有

$$y_i(k) = \mathrm{sgn}\Big(\sum_{j=1,j\neq i}^{n} \omega_{ij} y_j(k) + b_i\Big), \quad i = 1, 2, \cdots, n \tag{5.30}$$

5.5.2　离散 Hopfield 神经网络的稳定性

显然,如果令连续 Hopfield 神经网络的 Sigmoid 函数的增益参数 $\lambda \to \infty$,且令 $\omega_{ii} = 0$,则离散 Hopfield 神经网络与连续 Hopfield 神经网络的稳定状态是一一对应的。根据连续 Hopfield 神经网络的能量函数,当 $\lambda \to \infty$ 时,式(5.21)右边第 2 项为零,因此,离散 Hopfield 神经网络的能量函数就简化为

$$E(\boldsymbol{v}) = -\frac{1}{2} \boldsymbol{v}^{\mathrm{T}} \boldsymbol{\omega} \boldsymbol{v} - \boldsymbol{b}^{\mathrm{T}} \boldsymbol{v} \tag{5.31}$$

可见,离散 Hopfield 神经网络的稳定性也是可以保证的。

5.6　Hopfield 神经网络应用

5.6.1　连续 Hopfield 神经网络与优化计算

对于图 5.3 所示的连续 Hopfield 神经网络,当运算放大器的增益系数非常大时,式(5.21)表示的 Lyapunov 函数中的第二项趋于 0,此时,能量函数转变为式(5.31)所示之形式,并且式(5.27)的极值点也将位于 N 维超立方体$[0,1]^N$ 的角上,故此时的连续 Hopfield 神经网络可以解决式(5.21)所示二次型能量函数表示的组合优化问题[11],此时网络的状态方程为

$$\begin{cases} \dfrac{\mathrm{d}\boldsymbol{u}(t)}{\mathrm{d}t} = \boldsymbol{\omega v}(t) + \boldsymbol{b} \\ \boldsymbol{v}(t) = f(\boldsymbol{u}(t)) \end{cases} \tag{5.32}$$

式中,$f(\cdot)$ 常取 Sigmoid 函数。用计算机进行迭代计算时,式(5.32)中的微分方程可离散化为

$$\boldsymbol{u}(t + \Delta t) = \boldsymbol{u}(t) + (\boldsymbol{\omega v}(t) + \boldsymbol{b})\Delta t \tag{5.33}$$

式中,Δt 为计算步长,一般为较小的实数。

由于增益系数非常大时的连续 Hopfield 神经网络的状态行为与离散 Hopfield 神经网络类似,因此,网络的状态方程也可以用离散 Hopfield 神经网络表示,即

$$\begin{cases} \boldsymbol{u}(k) = \boldsymbol{\omega v}(k) + \boldsymbol{b} \\ \boldsymbol{v}(k+1) = f(\boldsymbol{u}(k)) \end{cases} \tag{5.34}$$

式中,$f(\cdot)$ 常取硬极限函数。

可以看出,用 Hopfield 神经网络实现组合优化的关键是将目标函数表达成式(5.31)所示的二次型能量函数的形式。如果能转换成式(5.21)所示之形式,就可以得到图 5.3 电路中所有参数的值,这意味着可以用电路求解组合优化问题,但是,一般来讲,直接将能量函数转换并不是一件容易的事。

5.6.2　离散 Hopfield 神经网络与联想记忆

离散 Hopfield 神经网络的一个重要功能是实现联想记忆,也称联想存储。如看到一个人的背影可以认出这个人是谁,就是典型的联想记忆。联想记忆是生物神经系统的独特功能之一。

给定离散 Hopfield 神经网络的初始状态 $\boldsymbol{x}_0$ 后,通过状态不断变化,最后网络将达到稳定状态,而且该稳定状态是离初始状态 $\boldsymbol{x}_0$ 最接近的吸引子。如果把初始状态 $\boldsymbol{x}_0$ 看成是网络输入,则网络的最终输出就可以看成是对 $\boldsymbol{x}_0$ 进行联想检索的

结果。也就是说，即使给定向量不完全正确，也可能找到正确的结果。因此，如果能把网络的稳态吸引子与欲存储的向量一一对应，则离散 Hopfield 神经网络就可以用于联想记忆。由于离散 Hopfield 神经网络的稳态吸引子的位置和数目取决于网络的权系数，因此用于联想记忆时，首先应确定离散 Hopfield 神经网络中的权系数，使所记忆的信息对应于稳态吸引子。当网络的权系数确定之后，即使对网络给出的输入向量是不完整的，网络也可以产生完整的输出信息。

　　下面主要介绍 n 维离散 Hopfield 神经网络用于联想记忆时权系数的赋值规则——外积存储规则。假定离散 Hopfield 神经网络中要存储的 P 个向量为 $\{u^1,$ $u^2,\cdots,u^P\}$，其中 $u^p\in\{-1,+1\}^n$，$p=1,2,\cdots,P$。如果网络权值采用无监督 Hebb 学习规则，于是有

$$\omega_{ij} = \sum_{p=1}^{P} u_i^p u_j^p \tag{5.35}$$

式中，u_i^p 和 u_j^p 分别为第 p 个待存向量的第 i 个和第 j 个元素。由于离散 Hopfield 神经网络没有自反馈，为了使权矩阵对角元素为零，权矩阵应写为

$$\boldsymbol{\omega} = \frac{1}{n}\sum_{p=1}^{P}\left[u^p(u^p)^{\mathrm{T}} - \boldsymbol{I}\right] \tag{5.36}$$

式中，$u^p(u^p)^{\mathrm{T}}$ 为向量 u^p 的外积，故这样的权值设计规则称为外积规则。

　　应该指出，用外积规则设计离散 Hopfield 神经网络并用于联想存储时，待存向量并不能保证存储到稳定吸引子上。这是因为假如网络权矩阵已经按式 (5.36) 确定，且网络的存储不存在误差，则输入已存向量 $u^j(j=1,2,\cdots,P)$ 时，应有 $\mathrm{sgn}(\omega u^j)=u^j$。但事实上

$$\omega u^j = \left\{\frac{1}{n}\sum_{p=1}^{P}\left[u^p(u^p)^{\mathrm{T}} - \boldsymbol{I}\right]\right\}u^j = \frac{1}{n}\sum_{p=1}^{P}\left[u^p(u^p)^{\mathrm{T}}u^j\right] - \frac{1}{n}u^j \tag{5.37}$$

式 (5.37) 右边第 1 项为

$$\frac{1}{n}\sum_{p=1}^{P}\left[u^p(u^p)^{\mathrm{T}}u^j\right] = \frac{1}{n}\sum_{p=1}^{P}\left[(u^p)^{\mathrm{T}}u^j\right]u^p \tag{5.38}$$

由于 $(u^j)^{\mathrm{T}}u^j=n$，因此有

$$\omega u^j = \frac{n-1}{n}u^j + \frac{1}{n}\sum_{p=1,p\neq j}^{P}\left[(u^p)^{\mathrm{T}}u^j\right]u^p \tag{5.39}$$

可见，欲使 $\mathrm{sgn}(\omega u^j)=u^j$，当且仅当各待存向量满足

$$\sum_{p=1,p\neq j}^{P}\left[(u^p)^{\mathrm{T}}u^j\right]u^p = 0 \tag{5.40}$$

　　显然，一般情况下这个条件并不满足，因此，网络的存储是存在误差的。另外，由式 (5.40) 可见，如果各 u^j 互相正交，则各 u^j 必然是稳定状态，即存储是不存在误差的。

既然网络的存储存在误差,当然希望越小越好。如果把式(5.39)右边第 2 项看成噪声信号,则可以证明,为了达到较高的信噪比,所存向量数 P 应远小于向量维数 n。而当 $P/n > 0.138$ 时,由于存储误差越来越大,网络的联想功能越来越差,最终无法实现联想记忆功能[12,13]。

除了网络存在存储误差,离散 Hopfield 神经网络用于联想存储的另一个问题是系统中除了期望的稳定状态之外,还存在一些不希望的稳定状态,这些状态称为系统的多余吸引子。避免多余吸引子的最著名方法是采用连续 Hopfield 神经网络,并使用非单调激活函数[14]。

网络的存储容量也是网络用于联想存储时必须考虑的问题。存储容量是指一定规模的网络可存储的二值向量,即稳态吸引子的平均最大数量。网络的容量与联想能力有密切关系。人们希望网络输入与已存样本的距离小于某一定值,网络就应该稳定到该样本上。显然,网络的容量与联想能力这两个指标是矛盾的,容量越大,联想能力就越小。有关离散 Hopfield 神经网络的容量问题请参阅文献[15]、[16]。

5.7　Hopfield 神经网络特点

Hopfield 神经网络是一种典型的反馈网络,和前馈神经网络相比较,它有以下特点[3~9]:

(1) 前馈型神经网络取连续或离散变量,一般不考虑输出与输入在时间上的滞后效应,只表达输出和输入的映射关系。反馈型神经网络可以用离散变量,也可用连续变量,考虑输出与输入之间在时间上的延迟,需要用动态方程(差分方程或微分方程)来描述神经元和系统的数学模型。

(2) 前馈型网络的学习主要采用误差修正法(如 BP 算法),计算过程一般比较慢,收敛速度也比较慢。反馈型神经网络 Hopfield 神经网络的学习主要采用 Hebb 规则,一般情况下计算的收敛速度很快,它与电子电路存在对应关系,使得该网络易于理解和易于用硬件实现。

(3) Hopfield 神经网络也有类似于前馈型网络的应用,而在优化计算方面的应用更加显示出 Hopfield 神经网络的特点。由于联想记忆和优化计算是对偶的,当用于联想记忆时,通过样本模式的输入来给定网络的稳定状态,经过学习求得突触权重值;当用于优化计算时,以目标函数和约束条件建立系统的能量函数,确定出突触权重值,网络演化到稳定状态,即是优化计算问题的解。

参 考 文 献

[1] Hopfield J J. Neural networks and physical systems with emergent collective computation abilities. Pro-

ceeding of the National Academy of Science，1982，79：2554-2558.

［2］ Hopfield J J. Neurons with graded response have collective computation properties like those of two-state neurons. Proceedings of the National Academy of Sciences，1984，81：3088-3092.

［3］ 蒋宗礼. 人工神经网络导论. 北京:高等教育出版社，2001.

［4］ Haykin S. 神经网络原理. 第 2 版. 叶世伟，等译. 北京:机械工业出版社，2004.

［5］ 罗四维. 大规模人工神经网络理论基础. 北京:清华大学出版社,北方交通大学出版社，2004.

［6］ 阎平凡,张长水. 人工神经网络与模拟进化计算. 北京:清华大学出版社，2005.

［7］ 魏海坤. 神经网络结构设计的理论与方法. 北京:国防工业出版社，2005.

［8］ 钟珞,饶文碧,邹承明. 人工神经网络及其融合应用技术. 北京:科学出版社，2007.

［9］ 钟守铭,刘碧森,王晓梅,等. 神经网络稳定性理论. 北京:科学出版社，2008.

［10］ Hirsch M. Convergent activation dynamic in continuous time networks. Neural Networks,1989,1(2)：331-349.

［11］ Gee A H，Aiyer S B，Prager R W. An analytical framework for optimizing neural networks. Neural Networks，1993，6(1)：79-97.

［12］ Amit D J. Modeling Brain Function：The World of Attractor Neural Networks. New York：Cambridge University Press，1989.

［13］ Muller B，Reinhardt J. Neural Networks：An Introduction. New York：Springer，1990.

［14］ Morita M. Associative memory with nonmonotonic dynamic. Neural Networks，1993，6(1)：115-126.

［15］ Dembo A. On the capacity of associative memories with linear threshold function. IEEE Trans. on Information Theory，1989，35(4)：709-720.

［16］ Newman C. Memory capacity in neural networks models：Rigorous lower bounds. Neural Networks，1988，1(3)：223-238.

第6章　粒子群神经网络

粒子群神经网络是粒子群优化(particle swarm optimization，PSO)算法和神经网络相互混合的一种神经网络模型，本章首先讲述粒子群优化算法的基本原理，继而给出粒子群神经网络的概念和实现方法，最后讨论基于粒子群神经网络的函数优化问题和分类问题，并给出基于图形处理单元的粒子群神经网络。

6.1　粒子群优化算法

6.1.1　粒子群优化算法概述

粒子群优化算法是一种基于群体智能的进化计算技术，其思想来源于人工生命和进化计算理论，最早是由美国的 Kennedy 和 Eberhart[1]教授受鸟群觅食行为的启发提出的。这类算法的仿生特点是群集动物(如蚂蚁、鸟、鱼等)通过群聚而有效地觅食和逃避追捕。在这类群体的动物中，每个个体的行为是建立在群体行为的基础之上的，即在整个群体中信息是共享的，而且在个体之间存在着信息的交换与协作。如在蚁群中，当每个个体发现食物之后，它将通过接触或化学信号来招募同伴，使整个群落找到食源；在鸟群的飞行中，每只鸟在初始状态下处于随机位置，且朝各个方向随机飞行，但随着时间推移，这些初始处于随机状态的鸟通过相互学习(相互跟踪)，自组织地聚集成一个小小的群落，并以相同的速度朝着相同的方向飞行，最终整个群落聚集在同一位置——食源。这些群集动物所表现的智能常称为"群体智能"，它可表述为：一组相互之间可以进行直接通信或间接通信(通过改变局部环境)的主体，能够通过合作对问题进行分布求解。换言之，一组无智能的主体通过合作表现出智能行为特征。粒子群优化算法就是以模拟鸟的群集智能为特征，以求解连续变量优化问题为背景的一种优化算法。

粒子群优化算法是计算智能领域除蚁群算法外的另外一种群智能算法，它同遗传算法类似，通过个体间的协作和竞争实现全局搜索。系统初始化为一组随机解，称之为粒子。通过粒子在搜索空间的飞行完成寻优，在数学公式中即为迭代，它没有遗传算法的交叉及变异算子，而是粒子在解空间追随最优的粒子进行搜索。

粒子群优化算法采用实数求解，并且需要调整的参数较少，易于实现，是一种通用的全局搜索算法。因此，算法一提出就得到众多学者的重视，并且已经在神经网络训练、函数优化和模糊逻辑系统控制等领域取得了大量的研究成果[2,3]。粒子群优化算法的优势在于简单、容易实现,同时,又有深刻的智能背景,既适合科学研究,又特别适合工程应用[4,5]。

6.1.2 原始粒子群优化算法

6.1.2.1 算法原理

粒子群优化算法是基于群体的演化算法,其思想来源于人工生命和演化计算理论。科学家们对鸟群飞行的研究发现,如果一群鸟在随机搜寻食物,且这个区域里只有一块食物,那么,找到食物最简单有效的策略就是搜寻目前离食物最近的鸟的周围区域。虽然鸟仅仅是追踪它有限数量的邻居,但最终的整体结果是整个鸟群好像在一个中心的控制之下,即复杂的全局行为是由简单规则的相互作用引起的。

粒子群优化算法就从这种生物种群行为特性中得到启发并用于求解优化问题。在粒子群优化算法中,每个优化问题的潜在解都可以想象成 n 维搜索空间上的一个点,称之为"粒子"。粒子在搜索空间中以一定的速度飞行,这个速度根据它本身的飞行经验和同伴的飞行经验来动态调整。所有的粒子都有一个被目标函数决定的适应值,并且知道自己到目前为止发现的最好位置(particle best,pbest)和当前的位置,这个可以看做是粒子自己的飞行经验。除此之外,每个粒子还知道到目前为止整个群体中所有粒子发现的最好位置(global best, gbest)(gbest 是在 pbest 中的最好值),这个可以看做是粒子的同伴的经验。每个粒子使用下列信息改变自己的当前位置:①当前位置;②当前速度;③当前位置与自己最好位置之间的距离;④当前位置与群体最好位置之间的距离。优化搜索正是在由这样一群随机初始化形成的粒子而组成的一个种群中以迭代的方式进行的,粒子群优化算法兼有进化计算和群智能的特点。

6.1.2.2 算法的数学描述

基本的粒子群优化算法中,粒子群由 m 个粒子组成,每个粒子的位置代表优化问题在 n 维搜索空间中潜在的解。粒子根据如下三条原则来更新自身状态:①保持自身惯性;②按自身的最优位置来改变状态;③按群体的最优位置来改变状态。

通常,粒子群优化算法的数学描述为:假设在一个 n 维的搜索空间中,由 m 个粒子组成的种群 $x = (x_1, x_2, \cdots, x_m)^{\mathrm{T}}$,其中,第 i 个粒子位置为 $x_i = (x_{i,1}, x_{i,2}, \cdots, x_{i,n})^{\mathrm{T}}$,其速度为 $v_i = (v_{i,1}, v_{i,2}, \cdots, v_{i,n})^{\mathrm{T}}$。它的个体极值为 $p_i = (p_{i,1}, p_{i,2}, \cdots, p_{i,n})^{\mathrm{T}}$,种群的全局极值为 $p_g = (p_{g,1}, p_{g,2}, \cdots, p_{g,n})^{\mathrm{T}}$。粒子在找到上述两个极值后,就根据下面两个公式来更新自己的速度与位置:

$$v_{i,d}^{k+1} = v_{i,d}^k + c_1 \mathrm{rand}()(p_{i,d}^k - x_{i,d}^k) + c_2 \mathrm{rand}()(p_{g,d}^k - x_{i,d}^k) \qquad (6.1)$$

$$x_{i,d}^{k+1} = x_{i,d}^k + v_{i,d}^{k+1} \qquad (6.2)$$

式中，c_1 和 c_2 被称为学习因子或加速常数；$\mathrm{rand}()$ 为介于 $(0，1)$ 的随机数；$v_{i,d}^k$ 和 $x_{i,d}^k$ 分别为粒子 i 在第 k 次迭代中第 d 维的速度和位置；$p_{i,d}^k$ 为粒子 i 在第 d 维的个体极值的位置；$p_{g,d}^k$ 为群体在第 d 维的全局极值的位置。

从上述粒子进化方程可以看出，c_1 调节粒子飞向自身最好位置方向的步长，c_2 调节粒子向全局最好位置飞行的步长。为了减少在进化过程中粒子离开搜索空间的可能性，$v_{i,d}$ 通常限定于一定范围内，即 $v_{i,d} \in [-v_{\max}, v_{\max}]$，如果问题的搜索空间限定在 $[-x_{\max}, x_{\max}]$，则可设定 $v_{\max} = kx_{\max}, 0 \leqslant k \leqslant 1$。

6.1.2.3　算法参数

原始粒子群优化算法一个最大的优点就是不需要调节太多的参数，但是，算法中的少数几个参数却直接影响着算法的性能及收敛性。目前，粒子群优化算法的理论研究还不完善，所以，算法的参数设置在很大程度上还依赖于经验[6~10]。下面是粒子群优化算法中一些参数的作用及其设置经验：

（1）粒子数目。一般取值 20~40。实验表明，对于大多数问题来说，30 个粒子就可以取得很好的结果，不过对于比较难的问题或者特殊类别的问题，粒子数目可以取到 100 或 200。另外，粒子数目越多，算法搜索的空间范围就越大，也就更容易发现全局最优解。当然，算法运行的时间也较长。

（2）粒子长度。粒子长度就是问题的长度，它由具体优化问题确定。

（3）粒子范围。粒子范围由具体优化问题决定，通常，问题的参数取值范围设置为粒子的范围。另外，粒子每一维可以设置不同的范围。

（4）粒子最大速率。粒子最大速率决定粒子在一次飞行中可以移动的最大距离。必须限制粒子最大的速率，否则，粒子就可能跑出搜索空间。粒子最大的速率通常设定为粒子范围的宽度。一般可以考虑取 $v_{\max} = kx_{\max}$ 中的 $k = 0.5$。

（5）加速常数。学习因子 c_1 和 c_2 表示粒子受社会知识和个体认知的影响程度，通常设为相同值以给两者同样的权重 $c_2 = c_2 = 2$，后来，Clerc 推导出 $c_1 = c_2 = 2.05$，而 Carlisle 认为 c_1 应与 c_2 不等，并由实验得出 $c_1 = 2.8, c_2 = 1.3$。

（6）算法终止条件。与遗传算法相似，粒子群优化算法的终止条件一般可以设置为达到最大迭代次数或者满足一定的误差准则。

（7）适应度函数。粒子群优化算法的适应度函数选择比较简单，通常可以直接把目标函数作为适应度函数。当然，也可以对目标函数进行变换，变换方法可以借鉴遗传算法中的适应度函数变换方法。

6.1.2.4　算法流程

（1）依照初始化过程，对粒子群的随机位置和速度进行初始设定。

（2）计算每个粒子的适应值。

（3）对于每个粒子，将其适应值与所经历过的最好位置 pbest 的适应值进行比较，若较好，则将其作为当前的最好位置。

（4）对于每个粒子，将其适应值与全局所经历的最好位置 gbest 的适应值进行比较，若最好，则将其作为当前的全局最好位置。

（5）根据方程(6.1)和方程(6.2)对粒子的速度和位置进行进化。

（6）如未达到结束条件(通常为足够好的适应值或达到一个预设最大代数)，则返回步骤(2)。算法流程图如图 6.1 所示。

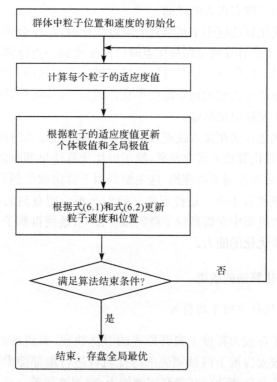

图 6.1　原始粒子群优化算法基本流程图

6.1.2.5　算法的优点和局限性

粒子群优化算法具有以下主要优点：①易于描述；②便于实现；③需要调整的参数很少；④使用规模相对较小的群体；⑤需要评估函数的次数少；⑥收敛速度快。粒子群优化算法很容易实现，计算代价低，对内存和 CPU 速度需求都没有很高要求，而且它不需要目标函数的梯度信息，只依靠函数值，已被证明是解决许多全局优化问题的有效方法，因此，粒子群优化算法得到广泛的应用。

　　虽然粒子群优化算法有其种种优势,但也有其自身的局限性,主要表现在以下几个方面:

　　(1) 粒子群优化算法是一种概率算法,缺乏系统化、规范化的理论基础,从数学上对于它们的正确性与可靠性的证明还比较困难,所做的工作也比较少,特别是全局收敛性研究方面。

　　(2) 粒子群优化算法的实施过程与其所采用的参数取值有较大的关系,这些参数选取仍然是一个有待解决的问题。通常认为,对不同的问题应选取相应的参数。不过,如果能对粒子群优化算法参数选取规律有一个定性的认识,必将对不同的问题域的参数选取有很大的帮助。

　　(3) 粒子群优化算法应用于高维复杂问题优化时,往往会遇到早熟收敛的问题,也就是种群在还没有找到全局最优点时已经聚集到一点停滞不动。这些早熟收敛点,有可能是局部极小点,也有可能是局部极小点领域的一个点。换句话说,早熟收敛并不能保证算法收敛到局部极小点。因而,对算法早熟收敛行为的研究可为算法的进一步发展奠定基础。

　　(4) 粒子群优化算法在接近或进入最优点区域时的收敛速度是比较缓慢的。实际上,对粒子群优化算法的研究发现,粒子群优化算法早期收敛速度较快,但到寻优的后期,其结果改进则不甚理想,这主要归因于算法收敛到局部极小,缺乏有效的机制使算法逃离极小点。这种现象是我们所不希望看到的,因此,大量对粒子群优化算法的改进集中在提高粒子群的多样性上,这使得粒子群在整个迭代过程中能保持进一步优化的能力。

6.1.3　粒子群优化算法的改进

6.1.3.1　惯性权重因子的引入

　　探测是指粒子在较大程度上离开原先的寻优轨程,偏到新的方向进行搜索;开发则指粒子在较大程度上继续原先的寻优轨程进行细部搜索。文献[11]为了更好地控制粒子群优化算法的开发和探测能力,将惯性权重 ω 引入到式(6.1)中,形成现在标准的粒子群优化算法:

$$v_{i,d}^{k+1} = \omega v_{i,d}^{k} + c_1 \mathrm{rand}()(\mathrm{pbest}_{i,d}^{k} - x_{i,d}^{k}) + c_2 \mathrm{rand}()(\mathrm{gbest}_{d}^{k} - x_{i,d}^{k}) \qquad (6.3)$$

并通过实验研究了惯性权重 ω 对算法性能的影响,发现较大的 ω 值有利于跳出局部最优,进行全局寻优;而较小的 ω 值有利于局部寻优,加速算法收敛。这样,在标准粒子群优化算法中有三个权重因子:惯性权重 ω、加速常数 c_1 和 c_2。惯性权重 ω 使粒子保持运动惯性,使其有扩展搜索空间的趋势,有能力探索新的区域;加速常数 c_1 和 c_2 代表将每个粒子推向 pbest 和 gbest 位置的统计加速项的权重。低的值允许粒子在被拉回之前可以在目标区域外徘徊,而高的值则导致粒子突然冲向或越过目标区域。在式(6.3)中,如果没有后两部分,即 $c_1 = c_2 = 0$,粒子将一直以当前的速度飞行,直到到达边界。由于它只能搜索有限的区域,所以很难找到好解。如果没有第一部分,即 $\omega = 0$,则速度只取决于粒子当前位置和其历史最好位置 pbest 和 gbest,速度本身没有记忆性。假设一个粒子位于全局最好位置,它将保持静止,而其他粒子则飞向它本身最好位置 pbest 和全局最好位置 gbest 的加权中心。在这种条件下,粒子群将收缩到当前的全局最好位置,更像一个局部算法。加上第一部分后,粒子有扩展搜索空间的趋势,即第一部分有全局搜索能力,这也使得 ω 的作用为针对不同的搜索问题而调整算法全局和局部搜索能力的平衡。如果没有第二部分,即 $c_1 = 0$,则粒子没有认知能力,也就是“只有社会”的模型。在粒子的相互作用下,有能力到达新的搜索空间。它的收敛速度比标准版本更快,但对复杂问题,则比标准版本更容易陷入局部优值点。如果没有第三部分,即 $c_2 = 0$,则粒子之间没有社会信息共享,也就是“只有认知”的模型。因为个体间没有交互,一个规模为 m 的群体等价于运行了 m 个单个粒子的运行,因而得到解的概率非常小。早期的实验将 ω 固定为 1,c_1 和 c_2 固定为 2。因此,v_{max} 成为唯一需要调节的参数,通常设为每维变化范围的 $10\% \sim 20\%$。引入惯性权重 ω 可消除对 v_{max} 的需要,因为它们的作用都是维护全局和局部搜索能力的平衡。这样,当 v_{max} 增加时,可通过减小 ω 来达到平衡搜索,而 ω 的减小可使得所需的迭代次数变小。从这个意义上看,可以将 v_{max} 固定为每维变量的变化范围,只对 ω 进行调节。

惯性权重是粒子群优化算法中非常重要的一个参数,可以用来控制算法的开发和探测能力。惯性权重的大小决定了对粒子当前速度继承的多少,较大的惯性权重将使粒子具有较大的速度,从而有较强的探索能力;较小的惯性权重将使粒子具有较强的开发能力。为了保持粒子具有均衡的探索和开发能力,惯性权重必须进行合理的选择[12],它的选择主要分为固定权重和时变权重两类。固定权重的选择就是选择某一常数作为权重值,在优化过程中不变;而时变权重则是选定某一个变化范围,在迭代过程中按照某一规律变化。固定的惯性权重使粒子始终具有相同的探索和开发能力,时变权重使粒子可以在优化的不同时期具有不同的探索和开发能力。

6.1.3.2　收缩因子的引入

在 Clerc 等[13,14]的研究中提出了收缩因子的概念,该方法描述了一种选择惯性权重 ω、加速常数 c_1 和 c_2 的值的方法,以确保算法收敛。通过正确地选择这些控制参数,就没有必要将 v_{ij} 的值限制在 $[-v_{max}, v_{max}]$。下面给出一个带有收缩因子 K 的相关方程式:

$$v_{i,d}^{k+1} = K[v_{i,d}^k + \varphi_1 \text{rand}()(p_{i,d}^k - x_{i,d}^k) + \varphi_2 \text{rand}()(p_{g,d}^k - x_{i,d}^k)] \quad (6.4)$$

$$K = \frac{2}{\left|2 - \varphi - \sqrt{\varphi^2 - 4\varphi}\right|} \qquad (6.5)$$

式中，$\varphi = \varphi_1 + \varphi_2, \varphi > 4$。这对应于式（6.3）中一种特殊的参数组合，其中，K 即是一种受 c_1 和 c_2 限制的 ω，而 $c_1 = K\varphi_1$ 和 $c_2 = K\varphi_2$。

设 $\varphi_1 = \varphi_2 = 2.05$，将 $\varphi = \varphi_1 + \varphi_2 = 4.1$ 代入式（6.5），得出 $K = 0.7298$，并代入方程式（6.4）得到

$$v_{i,d}^{k+1} = 0.7298[v_{i,d}^k + 2.05\text{rand}()(p_{i,d}^k - x_{i,d}^k) + 2.05\text{rand}()(p_{g,d}^k - x_{i,d}^k)]$$

$$(6.6)$$

因为 $2.05 \times 0.7298 = 1.4926$，所以，这个方程式同式（6.3）使用 $c_1 = c_2 = 1.4926$ 和 $\omega = 0.7298$ 所得到的方程式等价的。

Eberhart 和 Shi[15] 将分别利用 $v_{\max}$ 和收缩因子 K 来控制粒子速度的两种算法性能作了比较，结果表明，后者比前者通常具有更好的收敛率。然而，在有些测试函数的求解中，使用带有收缩因子的粒子群优化算法在给定的迭代次数内无法达到全局极值点。按照 Eberhart 和 Shi 的观点，这是由于粒子偏离所期望的搜索空间太远而造成的。为了降低这种影响，他们在建议使用收缩因子时首先对算法进行限定，如设参数 $v_{\max} = x_{\max}$，或者预先设置搜索空间的大小，这样，不管是在收敛方面还是在搜索能力方面，几乎可以改进算法对所有测试函数的求解性能。

6.1.3.3　自适应变异算子的引入

粒子群优化算法采用实数编码，由于没有遗传算法中的选择、交叉与变异等操作，算法结构简单，运行速度很快。但由于粒子群优化算法在优化过程中所有粒子都向最优解的方向飞去，粒子趋向同一化，群体的多样性就逐渐丧失，致使后期算法的收敛速度明显变慢，甚至处于停滞状态，难以获得较好的优化结果。如果采用自适应变异的粒子群优化算法[16,17]，在粒子群优化实现过程中加入基于适应度方差自适应变异算子，即不会漫无目的地增加粒子群的规模，还可以有效地避免粒子群优化算法中的早熟收敛问题。

实验证明，粒子群优化算法无论是早熟收敛还是全局收敛，粒子群中的粒子都会出现"聚集"现象。要么所有粒子聚集在某一特定位置，要么聚集在某几个特定位置，这主要取决于问题本身的特性及适应度函数的选择，粒子位置的一致等价于各粒子的适应度相同。因此，研究粒子群中所有粒子适应度的整体变化就可以跟踪粒子群的状态。为了定量描述粒子群的状态，先给出群体适应度方差的定义，同时也给出粒子收敛的定义。

设粒子群的粒子数目为 n，f_i 为第 i 个粒子的适应度，f_{avg} 为粒子群目前的平均适应度，σ^2 为粒子群的群体适应度方差，则 σ^2 可以定义为

$$\sigma^2 = \sum_{i=1}^{n} \left| \frac{f_i - f_{\mathrm{avg}}}{f} \right|^2 \tag{6.7}$$

式中，f 为归一化定标因子，其作用是限制 σ^2 的大小。f 的取值采用如下公式：

$$f = \begin{cases} \max\{|f_i - f_{\mathrm{avg}}|\}, & \max\{|f_i - f_{\mathrm{avg}}|\} > 1 \\ 1, & \text{其他} \end{cases} \tag{6.8}$$

群体适应度方差 σ^2 反映了粒子群中所有粒子的"收敛"程度。σ^2 越小，粒子群趋于收敛；反之，粒子群则处于随机搜索阶段。如果粒子群优化算法陷入早熟收敛或者达到全局收敛，粒子群中的粒子将聚集在搜索空间的一个或几个特定位置，群体适应度方差 σ^2 等于零。

自适应变异机制的基本思想是当算法出现早熟收敛，全局极值 gbest 一定是局部最优解，如果此时通过加入变异操作来改变全局极值 gbest，就可以改变粒子的前进方向，从而让粒子进入其他区域进行搜索，在其后的搜索过程中，算法就可能发现新的个体极值 pbest 及全局极值 gbest。如此循环，算法就可以找到全局最优解。

考虑到粒子在当前 gbest 的作用下可能发现更好的位置，因此，要将变异操作设计成一个随机算子，即对满足变异条件的 gbest 按一定的概率 p_{m} 变异。p_{m} 的计算公式如下：

$$p_{\mathrm{m}} = \begin{cases} k, & \sigma^2 < \sigma_{\mathrm{d}}^2, f(\mathrm{gbest}) > f_{\mathrm{d}} \\ 0, & \text{其他} \end{cases} \tag{6.9}$$

式中，k 可以取 $[0.1, 0.3]$ 的任意数值。σ_{d}^2 的取值与实际问题有关，一般远小于 σ^2 的最大值，f_{d} 可以设置为理论最优值。

对于全局极值 gbest 的变异操作，采用增加随机扰动的方法，设 gbest_k 为 gbest 的第 k 维取值，η 是服从高斯 $(0,1)$ 分布的随机变量，则

$$\mathrm{gbest}_k = \mathrm{gbest}_k (1 + 0.5\eta) \tag{6.10}$$

自适应变异的粒子群优化算法的流程简单如下：

(1) 随机初始化粒子群中粒子的位置和速度。

(2) 评价所有粒子是否满足精度要求而结束，否则，根据式(6.2)和式(6.3)更新粒子的位置和速度。

(3) 根据式(6.7)和式(6.8)计算群体适应度方差 σ^2，如 $\sigma^2 < C$(C 为给定常数)，则先根据式(6.9)计算出变异概率 p_{m}，再随机产生 $\gamma \in [0, 1]$，如果 $\gamma < p_{\mathrm{m}}$，则根据式(6.10)对当前粒子全局极值执行变异操作，否则转向(2)。

自适应变异的粒子群优化算法实际上是在粒子群优化算法中增加了随机变异算子，考察群体适应度方差来反应算法是否陷入早熟收敛，并通过对全局极值的随机变异来提高粒子群优化算法跳出局部最优解的能力。

6.1.3.4　协同粒子群优化算法

所谓协同进化，是指将解空间中的群体划分为若干个子群体，每个子群体代

表求解问题的一个子目标,所有子群体在独立进化的同时,基于信息迁移与知识共享共同进化。协同进化算法中最常见的模型是"孤岛模型"和"邻域模型"。在这两种模型中,直接将群体中的个体划分为若干个子群体,每一个子群体代表解空间的一个子区域(子空间),其中,每一个体均代表问题的解。所有子群体并行展开局部搜索,所搜索到的优良个体将在不同的子群体间进行迁移,作为共享信息指导进化的进行,从而有效地提高算法的全局收敛效率。

1) 粒子群优化算法协同策略一

在协同策略一中,算法的基本思想是利用 $S(S>1)$ 个独立的粒子群进行协同优化,其中,前 $(S-1)$ 子群根据本子群搜索到的当前全局最优位置来修正群中粒子的速度。这样,既利用前 $(S-1)$ 个子群的独立搜索来保证寻优搜索过程可以在搜索空间中的较大范围内进行,又利用第 S 个子群追逐当前全局最优位置来保证算法的收敛性,从而兼顾优化过程的精度和效率。这种算法结构并不要求每个粒子群的粒子数相等,也不要求所有粒子群的粒子状态更新策略相同。当粒子数相同时,该算法和经典粒子群优化算法的计算复杂度是相同的。

2) 粒子群优化算法协同策略二

Potter 等[18,19]提出了另外一种协同进化算法(cooperation coevolutionary genetic algorithm, CCGA)。在 CCGA 中,子群体的构成采用一种截然不同的划分方式。假设一个待求解问题的解空间被映射为一个包含 m 个体的群,而其中的每一个体均由一个 n 维向量表示,则 CCGA 将群体中的所有个体划分为 n 个一维向量个体,然后同一分量方向上的 m 个一维向量相互组合,从而形成 n 个子群体。显而易见,此时每个子群体并不能独立求解优化问题,问题的可行解必须由来自 n 个子群体中的 n 个个体共同组合而构成。因此,在优化过程中,所有子群体必须进行互相协调,共同进化以求取问题的最优解。

在介绍此类协同粒子群优化算法之前,先看一下标准粒子群优化算法的一个弊端。由于标准粒子群优化算法中粒子迭代更新时,每一维一起更新,因此,就有可能出现这样的问题:粒子在某些维上的值向理论最优解接近,而在其他维上的值却是在远离理论最优解。这样,迭代得到的新解虽然在某些维上的值变差了,但总体作为一个解,只要它的适应值比原来的个体历史最优解(甚至是全局历史最优解)更优,那么,也将用它来替换个体历史最优解(甚至是全局历史最优解),造成所谓的"两步向前,一步向后"现象。出现这个问题的原因是函数适应值的计算是在粒子每一维都更新之后进行的,而所有维都更新后,某些维上的优化改进能弥补盖过某一维上的劣化,下面给出的协同粒子群优化算法模型能弥补这个弊端。这种协同粒子群优化算法,其思想类似于 CCGA 的协同模型,同样采用按不同分量划分子群体的原则。粒子群按维划分子群,每个子群各粒子有自己的当前个体最优位置 $Lbest_{ij}$(i 是粒子编号,j 是子群编号,也是维编号),各子群又有各自的当前全局最优位置 $Gbest_j$。各子群通过各自的 $Gbest_j$ 交流信息，所有 $Gbest_j$ 组合成一个完整解，即是总群体的当前全局最优位置 Gbest。各子群内粒子的适应值计算是将该粒子跟其他子群的 $Gbest_j$ 组合成完整解带入适应值函数后计算出来的。另外，由于每个子群的每个粒子都要计算适应值，适应值计算复杂度是划分子群之前的 D（原粒子维数）倍。尤其当适应值函数复杂时，计算量更高。为了平衡算法优化效果和时间效率，可采用折中的办法，即将原粒子群划分为 $K(K<D)$ 个子群，这样，子群的每个粒子是 $[D/K]$ 维的粒子，适应值计算复杂度是划分子群之前的 K 倍。

设粒子维数是 D，即子群维数也为 D，粒子群规模为 M，协同粒子群优化算法首先要初始化粒子群。

（1）对于任意 i,j，在 $[x_{min},x_{max}]$ 上均匀产生 x_{ij}，将适应值最优者 X_g 作为初始的当前全局最优解 Gbest，其初始适应值 Gbestfitness 可设为 ∞。

（2）对于任意 j，用 $\{x_{1j},x_{2j},\cdots,x_{Mj}\}$ 构成第 j 个子群，各子群各粒子的初始当前个体最优解为 $Lbest_{ij}$，其初始适应值 $Lbestfitness_{ij}$ 可设为 ∞。

（3）对于任意 i,j，在 $[x_{min},x_{max}]$ 上均匀产生 v_{ij}。

初始化后，可以按照图 6.2 所示流程进行。

```
while(结束条件不满足)
    for i＝1 to M
        for j＝1 to D
            if  f(Gbest)<Lbestfitnessᵢⱼ   then
                Lbestfitnessᵢⱼ＝f(Gbest)
                Lbestᵢⱼ＝xᵢⱼ
            end
            if  f(Gbest)<Gbestfitness   then
                Gbestfitness＝f(Gbest)
                Gbest＝Gbest
            end
        end
    end
    for i＝1 to M
        for j＝1 to D
                按照式(6.3)和式(6.2)更新 vᵢⱼ 和 xᵢⱼ
        end
    end
end
```

图 6.2　协同粒子群优化算法流程图

6.1.3.5　混沌粒子群优化算法

在解决比较复杂的多峰搜索问题中,粒子群优化算法的早熟收敛现象尤为突出。目前,解决这一问题的主要方法是增加粒子群的规模。虽然对算法性能有一定改善,但同样存在缺陷:①不能从根本上克服早熟收敛问题;②大大增加算法的运算量。利用混沌优化策略和粒子群优化算法结合构成一种新的混合粒子群优化算法——基于混沌搜索解决早熟收敛的混合粒子群优化算法[20,21],其特点是:在不改变粒子群优化算法搜索机制的基础上,通过早熟判断机制来判断当前粒子是否处于早熟状态,若是,则以粒子群搜索到的最优位置决定混沌搜索的空间范围,混沌搜索将在这一缩小的空间范围内做局部搜索,搜索结束后的最优值再作为粒子群最优位置,从而快速引导群体跳出局部最优,不但解决了粒子群优化算法的早熟问题,同时也加快了收敛速度,提高了收敛精度。数值仿真实验结果表明,混合粒子群优化算法在求解高维复杂函数时的性能远远优于单一算法,具有强鲁棒性、高收敛速度和高精度等优点。

为了让群体快速跳出局部最优,从而加快算法的收敛速度,引入早熟收敛判断机制。该机制由早熟收敛的预防与处理两部分组成,二者相互联系、有机结合,贯穿于整个算法。收敛预防与处理的统一框架如图 6.3 所示。

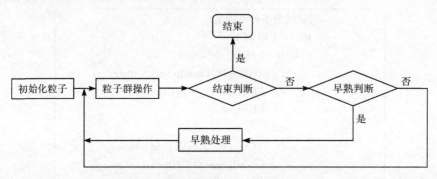

图 6.3　早熟收敛预防与处理统一框架

6.1.4　粒子群优化算法与其他智能算法的比较

6.1.4.1　粒子群优化算法与遗传算法比较

进化算法包含遗传算法、进化规划、进化策略和遗传程序设计 4 种典型方法。它们在进化的原则上是一致的,但是在实施进化的方法上却各有特点,其中,遗传算法是最具代表性的,进化策略侧重于数值分析,进化规划的应用则介于数值分析与人工智能之间,遗传程序设计是对算法的程序进行进化。通过近年来的研究,进化算法各个分支之间相互借鉴,不断融合,它们之间的差别也在不断减小。

粒子群优化算法作为一种仿生技术，与进化算法和群智能有紧密的联系。更多的学者将它归类为进化算法，同时，粒子群优化算法也是一种对群体智能现象的仿真。为更清楚地认识粒子群优化算法和遗传算法，以下对两者作简单比较。

粒子群优化算法和遗传算法的相同点有以下几个方面：

(1) 都属于仿生算法。粒子群优化算法主要模拟鸟类觅食、人类认知等社会行为而提出；遗传算法主要借用生物进化中"适者生存"的规律。

(2) 都属于全局优化方法。在解空间都随机产生初始种群，因而算法在全局的解空间进行搜索，且将搜索重点集中在性能高的部分。

(3) 都属于随机搜索算法。粒子群优化算法中认知项和社会项前都加有随机数；而遗传算法的遗传操作均属随机操作。

(4) 隐并行性。搜索过程是从问题解的一个集合开始的，而不是从单个个体开始，具有隐并行搜索特性，从而减小了陷入局部极小的可能性。并且由于这种并行性易在并行计算机上实现，以提高算法性能和效率。

(5) 根据个体的适应度信息进行搜索，因此，不受函数约束条件的限制，如连续性、可导性等。

(6) 对高维复杂问题，往往会遇到早熟收敛和收敛性能差的缺点，都无法保证收敛到最优点。

粒子群优化算法和遗传算法不同点有以下几个方面：

(1) 粒子群优化算法有记忆，好的解的知识所有粒子都保存；而对于遗传算法，以前的知识随着种群的改变被破坏。

(2) 粒子群优化算法中的粒子仅仅通过当前搜索到的最优点进行共享信息，所以，很大程度上这是一种单项信息共享机制；而遗传算法中，染色体之间相互共享信息，使得整个种群都向最优区域移动。

(3) 遗传算法的编码技术和遗传操作比较简单，而粒子群优化算法相对于遗传算法没有交叉和变异操作，粒子只是通过内部速度进行更新。因此，原理更简单，参数更少，实现更容易。

(4) 在收敛性方面，遗传算法已经有了较成熟的收敛性分析方法，并且可对收敛速度进行估计；而粒子群优化算法这方面的研究还比较薄弱。尽管已经有简化确定性版本的收敛性分析，但将确定性向随机性的转化尚需进一步研究。

(5) 在应用方面，粒子群优化算法主要应用于连续问题，包括神经网络训练和函数优化等，而遗传算法除了连续问题之外，还可应用于离散问题，如旅行商问题、货郎担问题、工作车间调度问题等。

6.1.4.2　粒子群优化算法与蚁群优化算法比较

粒子群优化算法和蚁群优化算法都是群体智能算法，为更清楚地认识粒子群优化算法和蚁群优化算法,下面对两者也作简单比较。

粒子群优化算法和蚁群优化算法的相同点有以下几个方面:

(1) 都属于仿生算法。粒子群优化算法和蚁群优化算法主要模拟觅食、人类认知等社会行为而提出。

(2) 都属于全局优化方法。算法在全局的解空间进行搜索,且将搜索重点集中在性能高的部分。

(3) 都属随机搜索算法。

(4) 都有记忆,好的解的知识所有粒子都保存。

(5) 隐并行性。搜索过程是从问题解的一个集合开始的,而不是从单个个体开始,具有隐并行搜索特性,从而减小了陷入局部极小的可能性。并且由于这种并行性,易在并行计算机上实现,以提高算法性能和效率。

(6) 根据个体的适应度信息进行搜索,因此,不受函数约束条件的限制,如连续性、可导性等。

(7) 对高维复杂问题,往往会遇到早熟收敛和收敛性能差的缺点,都无法保证收敛到最优点。

粒子群优化算法和蚁群优化算法不同点有以下几个方面:

(1) 粒子群优化算法中的粒子通过当前搜索到最优点进行共享信息,所以,很大程度上是一种单项信息共享机制。而蚁群优化算法中,每个个体只能感知局部的信息,不能直接使用全局信息。

(2) 粒子群优化算法的编码技术和蚁群优化算法操作比较简单,而粒子群优化算法相对于蚁群优化算法,粒子只是通过内部速度进行更新,因此,原理更简单,参数更少,实现更容易。

(3) 在收敛性方面,蚁群优化算法已经有了较成熟的收敛性分析方法,并且可对收敛速度进行估计;而粒子群优化算法这方面的研究还比较薄弱。尽管已经有简化确定性版本的收敛性分析,但将确定性向随机性的转化尚需进一步研究。

(4) 在应用方面,粒子群优化算法主要应用于连续问题,包括神经网络训练和函数优化等,而全局蚁群优化算法除了连续问题之外,还可应用于离散问题,如旅行商问题、工作车间调度等。

6.1.5　粒子群优化算法的应用及展望

6.1.5.1　粒子群优化算法的应用

粒子群优化算法的优势在于算法的简洁性,易于实现,没有很多参数需要调整,且不需要梯度信息。粒子群优化算法是非线性连续优化问题、组合优化问题和混合整数非线性优化问题的有效优化工具[2,3]。

（1）函数优化。大量的问题最终可归结为函数的优化问题，通常，这些函数是非常复杂的，主要表现为规模大、维数高、非线性、非凸和不可微等特性，而且有的函数存在大量局部极小。许多传统确定性优化算法收敛速度较快，计算精度高，但对初值敏感，易陷入局部最小。而一些具有全局性的优化算法，如遗传算法、模拟退火算法、进化规划等，受限于各自的机理和单一结构，对于高维复杂函数难以实现高效优化。粒子群优化算法通过改进或结合其他算法，对高维复杂函数可以实现高效优化。

（2）神经网络的训练。粒子群优化算法用于神经网络的训练中，主要包含三个方面：连接权重、网络拓扑结构及传递函数、学习算法。每个粒子包含神经网络的所有参数，通过迭代来优化这些参数，从而达到训练的目的。与 BP 算法相比，使用粒子群优化算法训练神经网络的优点在于不使用梯度信息，可使用一些不可微的传递函数。多数情况下，其训练结果优于 BP 算法，而且训练速度非常快。

（3）参数优化。粒子群优化算法已广泛应用于各类连续问题和离散问题的参数优化。例如，在模糊控制器的设计、机器人路径规划、信号处理和模式识别等问题上均取得了不错的效果。

（4）组合优化。许多组合优化问题中存在序结构如何表达及约束条件如何处理等问题，离散二进制版粒子群优化算法不能完全适用。研究者们根据问题的不同，提出了相应问题的粒子表达方式，或通过重新定义式（6.1）和式（6.2）中的"＋"和"×"算子来解决不同问题，目前已提出了多种解决旅行商问题及车间调度等问题的方案。

除了以上领域外，粒子群优化算法的应用包括系统设计、多目标优化、分类、模式识别、调度、信号处理、决策、机器人应用等。其中，具体应用实例有模糊控制器设计、车间作业调度、机器人实时路径规划、自动目标检测、时频分析等。

6.1.5.2　粒子群优化算法的研究方向

根据国内外关于粒子群优化算法研究的相关文献及进化算法领域的发展趋势的分析，认为目前主要有以下几个研究方向[22]：

（1）粒子群优化算法的改进。标准粒子群优化算法主要适应于连续空间函数的优化问题，如何将粒子群优化算法应用于离散空间优化问题，特别是一类非数值优化问题，将是粒子群优化算法的主要研究方向。另外，充分吸引其他进化类算法的优势，以改进粒子群优化算法存在的不足也是值得研究的问题。

（2）粒子群优化算法的理论分析。到目前为止，粒子群优化算法的分析方法还很不成熟和系统，存在许多不完善和未涉及的问题。如何利用有效的数学工具对粒子群优化算法的运行行为、收敛性及计算复杂性进行分析是目前的研究热点之一。

（3）粒子群优化算法的生物学基础。如何根据群体进化行为完善粒子群优化算法,同时分析群体智能行为,如何将其引入粒子群优化算法中,以充分借鉴生物群体进化的智能性也是目前的研究方向之一。

（4）粒子群优化算法与其他类进化算法的比较研究。

（5）粒子群优化算法的应用。算法研究的目的是应用,如何将粒子群优化算法应用于更多的领域,同时研究应用中存在的问题也是值得关注的热点。

6.2　粒子群神经网络原理及实现

6.2.1　粒子群优化算法与神经网络的融合

人工神经网络发展的一个重要基础是来源于人们对人脑的研究和对细胞神经元学说的认识。正是结合人脑神经网络系统的特点,人们才不断完善人工神经网络的理论,特别是前向神经网络及 BP 算法已经广泛地应用于图像处理、语音识别、非线性优化等领域。然而,基于梯度下降的 BP 算法存在容易陷入局部极值、收敛速度慢等无法克服的缺陷,因此,一个全局优化的算法就自然地被引入到神经网络的训练中。粒子群优化算法是一种全局优化算法,该算法具有容易实现、收敛速度快等优点,所以,正在被逐渐地应用到神经网络的训练中去[22~33]。粒子群优化算法用于神经网络优化主要包括两大方面:一是用于网络学习(也称网络训练),即优化全连接网络结构下的各层之间的连接权值;二是优化网络的拓扑结构。

6.2.2　粒子群优化神经网络的权值

神经网络具有良好的自学习、自组织、容错及模拟非线性关系的能力,使其在科学与技术的广泛领域获得应用。已经证明,采用 Sigmoid 响应函数的三层前馈神经网络能够以任意精度模拟复杂的非线性关系,而神经网络上述性能的实现依赖于对神经网络的充分训练。因此,训练算法对神经网络起着决定性的作用。

神经网络的权值训练问题实际上是一种复杂的连续参数优化问题,即寻找最优的连续权值。目前,广泛研究的前馈网络采用的是 BP 算法。BP 算法虽然具有简单可塑的优点,但它是基于梯度下降的方法,对初始权向量异常敏感,不同的初始权向量可能导致完全不同的结果。另外,在具体计算过程中,学习率、动量系数等参数的选取,只能凭实验和经验来确定,一旦取值不当,又会引起网络的振荡而不能收敛,或者即使能收敛也会因为收敛速度慢而导致训练时间过长,从而易陷入局部极值而得不到最佳权值分布。粒子群优化算法采用实数求解,并且需要调整的参数较少,易于实现,是一种通用的全局搜索算法。粒子群优化算法的优势在于简单容易实现,同时又有深刻的智能背景,既适合科学研究,又特别适合工程应用。目前,已经有一些学者将粒子群优化算法应用于神经网络问题。

6.2.2.1 编码策略

采用粒子群优化算法训练神经网络,首先应将特定结构中所有神经元间的连接权值进行编码。编码方式可以分为向量编码策略和矩阵编码策略两种。为叙述方便,给出一个简单的 2-3-1 结构的前馈神经网络模型,如图 6.4 所示。

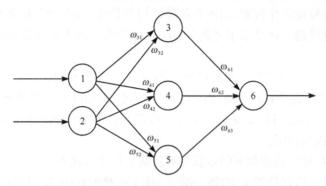

图 6.4 2-3-1 结构的两层前馈神经网络模型

向量编码策略中,每个粒子被编码成一个向量。对于图 6.4 所示的前馈神经网络,每个粒子代表一个神经网络的所有权重,编码方式为

$$\mathrm{particle}(i) = \begin{bmatrix} \omega_{31}\omega_{32}\omega_{41}\omega_{42}\omega_{51}\omega_{52}\omega_{61}\omega_{62}\omega_{63} \end{bmatrix} \tag{6.11}$$

式中,i 代表粒子数,$i=1,2,\cdots,M$。

矩阵编码策略中,每个粒子被编码成一个矩阵。对于图 6.4 所示的前馈神经网络,每个粒子代表一个神经网络的所有权重,编码方式为

$$\mathrm{particle}(i) = \begin{bmatrix} \boldsymbol{W}_1 , \boldsymbol{W}_2 \end{bmatrix} \tag{6.12}$$

式中,$\boldsymbol{W}_1$ 为隐层权重矩阵,$\boldsymbol{W}_1 = \begin{bmatrix} \omega_{31} & \omega_{32} \\ \omega_{41} & \omega_{42} \\ \omega_{51} & \omega_{52} \end{bmatrix}$;$\boldsymbol{W}_2$ 为输出层权重矩阵,$\boldsymbol{W}_2 = \begin{bmatrix} \omega_{61} & \omega_{62} & \omega_{63} \end{bmatrix}^\mathrm{T}$,$[\cdot]^\mathrm{T}$ 为矩阵转置。

编码策略确定后,就可以将神经网络的权值相应地映射成为粒子的维数的形式,并根据式(6.2)和式(6.3)进行寻优过程,在此过程中,可以将神经网络的最小均方误差作为训练准则。

6.2.2.2 粒子群优化算法和 BP 算法相结合

考虑到粒子群优化算法超强的全局搜索特性和 BP 算法快速的局部搜索能

力,将这两种算法有效地结合起来形成两种混合算法来优化神经网络权值。由于混沌系统所具有随机性、遍历性、规律性等特点,以及混沌搜索在小空间具有较强的局部搜索能力,细致搜索的有效性较强,将混沌的概念引入到这种混合算法中,可以丰富种群多样性[34],进一步提高算法的效能。

我们知道,一般由确定性方程所得到的具有随机性的运动状态称为混沌,呈现混沌状态的变量称为混沌变量[35]。混沌是存在于非线性系统中的一种较为普遍的现象,在一定范围内,混沌变量的变化具有随机性、遍历性和规律性。利用混沌变量的这些特征优化搜索,能使算法跳出局部最优,可保持群体多样性,改善算法的全局搜优性能。这里采用经典 Logistic 方程来实现混沌变量的演变,迭代公式如下:

$$cx_i^{k+1} = 4cx_i^k(1 - cx_i^k), \quad k = 1, 2, \cdots, K \tag{6.13}$$

式中,cx_i 为混沌变量;cx_i^k 表示 cx_i 在 k 次迭代后的值;K 为混沌映射的迭代次数。当 $cx_i^1 \in (0, 1.0)$ 且 $cx_i^1 \notin (0.25, 0.5, 0.75)$ 时,系统完全处于混沌状态,cx_i 将在 $(0, 1.0)$ 范围内遍历。

根据映射,粒子按照如下的步骤在可行域中产生混沌点列:

(1) 将粒子所在位置 x_i 的每一维 $x_{i,d}$ 按下式映射到 $[0, 1.0]$ 区间上:

$$cx_{i,d} = \frac{x_{i,d} - a_d}{b_d - a_d} \tag{6.14}$$

式中,$[a_d, b_d]$ 为第 d 维变量 $x_{i,d}$ 的定义域。

(2) 利用式(6.13)迭代 K 次产生混沌序列 $cx_{i,d}^1, cx_{i,d}^2, \cdots, cx_{i,d}^K$。

(3) 按照下式将混沌序列中的点映射回原搜索空间:

$$x_{i,d}^k = a_d + cx_{i,d}^k(b_d - a_d) \tag{6.15}$$

(4) 由这些混沌序列可以得到 x_i,经过 Tent 映射后的混沌点列为 $x_i^k = (x_{i,1}^k, x_{i,2}^k, \cdots, x_{i,n}^k)^T, k = 1, 2, \cdots, K$。

下面讨论混合算法。粒子群优化算法本身固有全局搜索特性,它具有很强的找到全局最优解的能力,但是,在全局最优值附近,搜索过程变得较慢,甚至所有的粒子都陷入一个局部最优值。究其原因,是在搜索的末期粒子群丧失了多样性。当粒子群停滞不前的时候,可以清晰地看到所有粒子非常紧密地聚在一起,并且它们的飞行速度几乎为零。此时,粒子离全局最优值并不远,但是,由于几乎为零的飞行速率,不能产生能使粒子跳出停滞不前状态的解。对于前馈神经网络来说,最常使用的训练算法是传统的 BP 算法,它是一种基于一阶梯度的算法,容易陷入局部极值是该算法存在的主要问题,特别是对于非线性分类问题和复杂的函数逼近问题。所以,可以将粒子群优化算法和 BP 算法相互融合在一起,充分利用粒子群优化算法的全局搜索特性和 BP 算法的局部搜索能力,发挥两个算法的优势,形成两类不同的混合算法。一种融合方式是采用粒子群优化算法训练神经网络,如果相应的能量函数(即对应于粒子群优化算法中的适应度函数)在规定的进化代数内没有发生变化,则采用 BP 算法进行局部寻优,这时得到的能量函数如果低于 BP 算法介入之前的能量函数,则接受 BP 算法训练的结果作为粒子群优化算法中最好的位置,否则,将 BP 算法得到的结果代替粒子群优化算法中最差的位置,重复这一过程直至达到规定的进化代数。另外一种融合方式是首先采用粒子群优化算法训练神经网络,达到规定的进化代数后,采用 BP 算法继续训练神经网络,达到规定的迭代次数。为验证混合算法的效能,同基于粒子群优化算法和基于 BP 算法的神经网络权值优化算法相比较。4 种算法在训练神经网络的过程中,能量函数统一采用均方误差的形式。

混合算法 1 具体描述如下:

Step 1　初始化,设定粒子种群规模 M,惯性权重 ω,学习因子 c_1 和 c_2,粒子群优化算法的最大进化代数 $T_{\text{max-PSO}}$,BP 算法的最大迭代次数 $T_{\text{max-BP}}$,混沌映射的迭代次数 K,粒子群优化算法能量函数变化次数阈值 T_{PSO},置当前进化代数 $t=1$,置能量函数变化次数 flag$=0$,在可行域内随机产生粒子的速度和位置来表征神经网络的权值。

Step 2　评价每个粒子的初始适应度(能量函数)值,pbest$_i$ 设置为当前粒子的位置,gbest 设置为初始化粒子中最好粒子的位置。

Step 3　根据式(6.2)和式(6.3)更新所有粒子的位置和速度,产生一组新的粒子,并应用 Logistic 映射和 Tent 映射产生 K 个点的混沌点列,选择其中能量函数最低的点作为该粒子的新位置。

Step 4　评价每个新粒子的适应度值,如果第 i 个粒子的能量函数值比更新前的能量函数值低,则更新 pbest$_i$ 的值及对应的位置;如果所有新粒子中最好的适应度值优于 gbest,则更新 gbest 和对应的位置,flag$=0$,否则,flag$=$flag$+1$。

Step 5　如果 flag$>T_{\text{PSO}}$,则使用 BP 算法在 gbest 附近进行局部细致搜索。如果搜索结果比 gbest 好,则用此搜索结果代替 pbest 并更新对应的位置,否则,用此搜索结果代替 pbest$_i$ 中性能最差的个体,flag$=0$,$t=t+1$,如果 $t>T_{\text{max-PSO}}$,转到 Step 6,否则转到 Step 3;如果 flag$<T_{\text{PSO}}$,$t=t+1$,如果 $t>T_{\text{max-PSO}}$,转到Step 6,否则转到 Step 3。

Step 6　寻优结束,结果存盘。

混合算法 2 具体描述如下:

Step 1～Step 3　同混合算法 1 中的相应步骤。

Step 4　评价每个新粒子的适应度值,如果第 i 个粒子的能量函数值比更新前的能量函数值低,则更新 pbest$_i$ 的值及对应的位置;如果所有新粒子中最好的适应度值优于 gbest,则更新 gbest 和对应的位置,$t=t+1$,如果 $t>T_{\text{max-PSO}}$,转到 Step 5,否则,转到 Step 3。

Step 5　使用 BP 算法在 gbest 附近进行局部细致搜索,达到最大迭代次数 $T_{\text{max-PSO}}$ 为止。如果搜索结果比 gbest 好,则用此搜索结果代替 gbest 的值,否则输出 gbest 的值。

Step 6　寻优结束,结果存盘。

粒子群优化算法用于训练神经网络具体描述如下:

Step 1~Step 2　同混合算法 1 中的相应步骤。

Step 3　根据式(6.2)和式(6.3)更新所有粒子的位置和速度,产生一组新的粒子。

Step 4　评价每个新粒子的适应度值,如果第 i 个粒子的能量函数值比更新前的能量函数值低,则更新 pbest_i 的值及对应的位置;如果所有新粒子中最好的适应度值优于 gbest,则更新 gbest 和对应的位置,$t=t+1$,如果 $t>T_{\text{max-PSO}}$,转到 Step 5,否则转到 Step 3。

Step 5　寻优结束,结果存盘。

BP 算法用于训练神经网络具体描述略去。

6.2.3　粒子群优化神经网络的结构

狭义的神经网络训练仅训练全连接结构下的连接权值,但是,神经网络需要的信息处理能力根据模式分类问题的规模和复杂度确定,信息处理能力不足或过剩都会影响其分类性能。广义的神经网络训练应包括对连接结构的优化,即在训练权值的同时优化其连接结构,删除冗余连接,因为部分冗余连接由冗余的输入参数导致,所以,冗余连接的删除在一定程度上可以提高神经元的信息处理效率,还可以消除冗余参数对神经网络分类性能的影响。文献[24]提出了基于粒子群优化的神经网络训练算法(称之为 SPSO),该算法在训练神经网络权重的同时训练其连接结构,删除冗余连接,使神经网络获得与给定问题匹配的信息处理能力。实验结果显示,该算法是有效的神经网络训练算法,可用于解决实际的模式分类问题,给出算法的基本定义如下。

定义 6.1　连接结构 $\{c_{\text{ih}}\}$ 和 $\{c_{\text{ho}}\}$。$\{c_{\text{ih}}\}$ 表示输入层与隐层间的连接结构,$\{c_{\text{ho}}\}$ 表示隐层与输出层间的连接结构。$\{c_{\text{ih}}\}$ 和 $\{c_{\text{ho}}\}$ 均为二进制变量矩阵,对应的连接存在则该变量为 1,否则为 0。

定义 6.2　连接阈值 $\{\theta_{\text{ih}}\}$ 和 $\{\theta_{\text{ho}}\}$。连接阈值 $\{\theta_{\text{ih}}\}$ 和 $\{\theta_{\text{ho}}\}$ 为 $[0,1]$ 区间的实数,与连接变量结合用于控制神经网络的连接结构。

定义 6.3　连接变量 $\{\delta_{\text{ih}}\}$ 和 $\{\delta_{\text{ho}}\}$。连接变量 $\{\delta_{\text{ih}}\}$ 和 $\{\delta_{\text{ho}}\}$ 与连接阈值结合决定神经网络的连接结构。若连接变量的值大于连接阈值,连接阀门开启,则连接存在。连接变量一般为 $[0,1]$ 区间的实数。

在上述定义的基础上建立仅优化神经网络连接结构的粒子群优化算法模型。

连接变量速度的迭代公式如下：

$$v_{ih} \leftarrow \omega v_{ih} + c_1 \mathrm{rand}()(\mathrm{pbest}_i - \delta_{ih}) + c_2 \mathrm{rand}()(\mathrm{gbest} - \delta_{ih})$$

$$(6.16)$$

$$v_{ho} \leftarrow \omega v_{ho} + c_1 \mathrm{rand}()(\mathrm{pbest}_i - \delta_{ho}) + c_2 \mathrm{rand}()(\mathrm{gbest} - \delta_{ho})$$

$$(6.17)$$

连接变量位置的迭代公式如下：

$$\delta_{ih} \leftarrow \delta_{ih} + v_{ih} \tag{6.18}$$

$$\delta_{ho} \leftarrow \delta_{ho} + v_{ho} \tag{6.19}$$

连接结构的迭代公式如下：

$$如果 (\theta_{ih}/\theta_{ho} < \delta_{ih}/\delta_{ho}) \ 那么 \ c_{ih}/c_{ho} \leftarrow 1 \ 否则 \ c_{ih}/c_{ho} \leftarrow 0 \tag{6.20}$$

　　仅优化连接结构的粒子群优化算法模型中的连接变量速度-位置迭代公式(6.16)~式(6.19)为粒子群优化算法的基本搜索模型。但是与传统粒子群优化算法不同，该算法中 pbest_i 和 gbest 分别表示连接变量（而非连接结构本身）的个体与全局极值，由连接变量及连接阈值确定的连接结构结合基本粒子群优化算法训练的连接权值由给定样本下的训练误差精度决定。该算法通过间接优化可连续变化的连接变量达到训练二进制表达的连接结构的目的，并由连接结构的迭代式(6.20)体现粒子群优化算法对神经网络结构的更新。该算法在连接结构优化的基础上，同时结合传统粒子群优化算法训练神经网络的连接权值。

6.3　粒子群神经网络应用

6.3.1　函数优化问题

　　应用 6.2.2 节提出的粒子群优化算法同 BP 算法相结合形成的混合算法来训练一个前馈神经网络来逼近一个多峰函数。

$$f(x) = (1 + x + x^2)\exp\left(-\frac{x^2}{4}\right) \tag{6.21}$$

式中，$x \in [-4, +4]$。网络采用单隐层的结构形式，具体为 $1 \times N_{\mathrm{neuron}} \times 1$，这样，最关键的就是确定神经元节点数 N_{neuron}。因为一旦隐层数目决定下来，隐层中的神经元数目就对网络的训练起决定性作用。简单映射仅需较少量神经元，复杂映射需要较多的神经元。但是，过多的神经元也不合适，因为可能会导致数据过拟合，影响网络的泛化能力。在程序设计过程中，将隐层 N_{neuron} 暂定为 3，在此基础上逐步增加到 15，在此过程中寻找一个适合此问题的最佳的神经网络结构，以使神经网络的泛化能力最佳。神经网络训练样本集合为[-4, +4]均匀分布的 101 个数据对，测试样本集合为[-3.96, +3.96]均匀分布的 100 个数据对。为消除随机性造成的影响,对每种结构的神经网络分别进行 10 次重复实验,所得的结果为这 10 次运算的平均值。在程序具体执行过程中,各个相关参数设置如下:混合算法 1 中,$M=100$,惯性权重 ω 随着进化代数从 1 到 0.5 线性递减变化,学习因子 c_1 和 c_2 选取 $c_1=2.8, c_2=1.3, T_{\text{max-PSO}}=500, T_{\text{max-BP}}=1000$ 次,$K=M=100, T_{\text{PSO}}=10$; 混合算法 2 中,$T_{\text{max-BP}}=20000$ 次,其他相关参数同混合算法 1;粒子群优化算法中,$T_{\text{max-PSO}}=700$,其他相关参数同混合算法 1;BP 算法中,$T_{\text{max-BP}}=200000$ 次,其他相关参数同混合算法 1。在几种算法中,凡涉及 BP 算法部分的,除网络训练次数外,均采用 Matlab 语言神经网络工具箱中的默认值,计算结果如图 6.5 和图 6.6 所示。

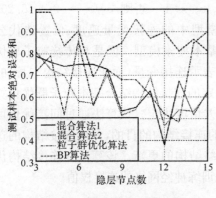

图 6.5　测试样本绝对误差和

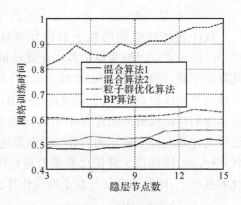

图 6.6　网络训练时间

图 6.5 给出隐层节点数与测试样本绝对误差和之间的关系曲线,图 6.6 给出隐层节点数与平均训练时间之间的关系曲线,图中的数据进行了归一化处理。对于本例所进行的数值实验示例,可以得出如下结论:

(1) 从图 6.5 可见,对于混合算法 1 和混合算法 2,$N_{\text{neuron}}=12$ 时网络泛化能力最好,粒子群优化算法,$N_{\text{neuron}}=13$ 时的泛化性能稍好于 $N_{\text{neuron}}=12$ 情况,但相差不大。总体上讲,隐层神经元节点数 N_{neuron} 取 12 时较为合适,且混合算法 1、混合算法 2 和粒子群优化算法的泛化性能要明显好于 BP 算法。

(2) 从图 6.6 可见,4 种算法的网络训练时间由少到多依次为混合算法 1、混合算法 2、粒子群优化算法和 BP 算法,可见本书所讨论的两种混合算法训练同一网络用时最短。

(3) 综合考虑网络的泛化能力和时间复杂性,混合算法 1 和混合算法 2 要好于粒子群优化算法和 BP 算法,其中,混合算法 1 要好于混合算法 2。

6.3.2　分类问题

应用 6.2.3 节提出的 SPSO 算法解决分类问题,使用 Iris、Ionosphere 及

Breast Cancer 作为模式分类数据集[36]，同时采用 BP 算法及遗传算法训练全连接结构下的神经网络权值，并使用同时训练权值与连接结构的遗传算法与其比较[24]。

算法的参数设置如下：基于粒子群优化的训练算法种群规模 $m=40$，初始惯性权重 $\omega(0)=0.9$ 并随迭代次数线性递减至 0.4，$c_1=c_2=2$，连接权值为 $[-1,1]$ 区间变量。Iris 问题的连接阈值 $\theta_{ih}=\theta_{ho}=0.5$，由经验公式确定神经网络隐层节点数 $n_h=8$，所有模式分类问题均以最大迭代次数 Itermax 为算法停止条件，Iris 数据集中各种算法训练迭代次数为 400（BP 算法为 1000）。Ionosphere问题的连接阈值 $\theta_{ih}=\theta_{ho}=0.4$，$n_h=15$，各种算法训练迭代次数为 800（BP 算法为 2000）。Breast Cancer 数据集 $n_h=12$，其余参数设置同 Iris。SPSO、粒子群优化算法、基本遗传算法、遗传算法及 BP 算法的测试误差、分类正确率、神经网络连接数及训练阶段的 CPU 运行时间如表 6.1 所示。

表 6.1　神经网络训练性能比较

算法	性能指标	Iris	Ionosphere	Breast Cancer
SPSO	误差指标	1.117	1.900	0.627
	分类正确率/%	97.959	97.351	98.995
	连接数	29	265	61
	CPU 时间/s	16.304	198.973	92.490
粒子群优化算法	误差指标	1.613	2.734	0.797
	分类正确率/%	93.877	94.702	98.492
	连接数	56	525	120
	CPU 时间/s	13.439	194.730	91.701
基本遗传算法	误差指标	1.772	4.809	1.168
	分类正确率/%	95.918	93.377	98.995
	连接数	32	272	71
	CPU 时间/s	49.711	899.264	308.424
遗传算法	误差指标	2.929	4.369	1.499
	分类正确率/%	93.877	93.377	98.492
	连接数	56	525	120
	CPU 时间/s	48.369	817.596	286.782
BP	误差指标	2.198	4.037	1.556
	分类正确率/%	95.918	93.377	98.492
	连接数	56	525	120
	CPU 时间/s	55.340	811.477	382.580

结论:SPSO在训练阶段收敛速度快且误差精度高。与基本遗传算法比较,其最优及平均误差具有收敛一致性,从而提高了训练收敛的可靠性。SPSO对结构的优化提高了神经网络的模式分类性能,表明SPSO删除的网络连接为冗余连接,同时也验证了冗余连接对神经网络性能的影响及信息处理能力过剩导致的过度训练问题。由实验结果还可以推出,粒子群优化算法与遗传算法相比,在训练时间接近时分类性能显著提高;若达到同样误差目标,采用粒子群优化算法收敛所需的训练迭代次数明显降低。由此可见,粒子群优化算法不仅使训练的收敛速度大大提高,且其训练的神经网络的性能也显著增强。需要指出,尽管对结构的优化增加了SPSO训练阶段的复杂度,但是,经过连接结构优化的神经网络分类模型在实际应用中信息处理效率提高,经过连接结构优化的神经网络尤其适合大规模数据的实时处理。

6.3.3　基于 GPU 技术的粒子群神经网络

上面给出了粒子群神经网络模型,并应用函数优化和分类问题进行了说明。众所周知,运算时间长是粒子群神经网络的一大问题,并行化加速是解决该问题的有效思路。除了神经网络存储结构和样本训练的并行性,粒子群神经网络还存在粒子群优化算法天然具备的群体中个体行为的并行性。相比用计算机群[37,38]、多核 CPU[39] 或 FPGA 等专业并行设备[40]加速粒子群优化算法,利用图形处理器(graphic processing unit,GPU)并行加速粒子群优化算法[41~44]具备硬件成本低的最显著优势。特别是 2007 年 NVIDIA 公司推出了统一计算设备架构(compute unified device architecture,CUDA),不需要借助复杂的图形学知识,良好的可编程性使其迅速成为当前最为流行的 GPU 编程语言。本节设计并实现了一种基于 CUDA 的并行粒子群神经网络求解方法,并对一简单测试函数进行了数值实验[45],相对于基于 CPU 的串行粒子群神经网络,基于 GPU 的并行粒子群神经网络在保证训练误差的前提下取得了超过 500 倍的计算加速比,这里讨论的粒子群神经网络模型为粒子群优化算法训练神经网络的权值。当然,这种方法也可以用于包括谐振频率计算[46]、DOA 估计[47]等问题中。

6.3.3.1　CUDA 编程架构

CUDA 采用 CPU 和 GPU 异构协作的编程模式,CPU 负责串行计算任务和控制 GPU 计算,GPU 以单指令多线程(single instruction multiple threads,SIMT)执行方式负责并行计算任务。内核函数(kernel)执行 GPU 上的并行计算任务,是整个程序中的一个可以被并行执行的步骤。CUDA 将线程组织成块网格(grid)、线程块(block)、线程(thread)这三个不同的层次,并采用多层次的存储器结构:只对单个线程可见的本地存储器、对块内线程可见的共享存储器、对所有线程可见的全局存储器等。kernel 函数中,块网格内的线程块之间不可通信,能以任意顺序串行或并行地独立执行;线程块内的线程之间可以通信,能通过存储共享和栅栏同步有效协作执行。CUDA 程序流程通常包括以下 6 个步骤:①分配 CPU 内存并初始化;②分配 GPU 内存;③CPU 到 GPU 数据传递;④GPU 并行计算;⑤计算结果从 GPU 传回 CPU;⑥处理传回到 CPU 的数据。CUDA 架构处于不断更新和发展中,总体上版本越新,可编程性越好。目前最新的版本是 2014 年 9 月发布的 CUDA 6.5 架构,本节实验中使用的版本是 2012 年 10 月发布的 CUDA 5.0 架构。

6.3.3.2　基于 CUDA 的并行粒子群神经网络算法设计

常见的神经网络的神经元节点和训练样本数目往往只有十几或几十个,利用神经网络存储结构或样本训练的并行性比较适合计算机集群等并行计算方式[48~50],对于 GPU 来说,其算法并行程度还是不够,因为 GPU 线程数为十几或几十时难以充分发挥其强大的并行计算能力。对于较复杂的问题,粒子群神经网络中的粒子数往往可以达到上百个乃至更多,利用群体中粒子行为的并行性可以比较充分发挥 GPU 的并行计算能力。

2009 年,Veronese 和 Krohling[41]首次应用 CUDA 实现了对粒子群优化算法的加速,掀起了 GPU 加速粒子群优化算法的研究热潮。近几年这种研究趋势集中在以下两个方面:①有 GPU 架构特色的各种粒子群优化算法变种;②解决实际问题。国内对 GPU 加速粒子群优化算法的研究相对较少,张庆科等在文献[43]中概述了 CUDA 架构下包括粒子群优化算法在内的 5 种典型现代优化算法的并行实现过程;蔡勇等在文献[44]中给出了并行粒子群优化算法较详细的设计过程和优化思路,取得了 90 倍的加速比。

本节所述的基于 CUDA 的并行粒子群神经网络算法属于上文所述研究趋势的第二个方面,解决的实际问题是神经网络的加速训练。粒子群神经网络算法非常适合 CUDA 架构的原因有两点:一是可并行部分(神经网络的训练)的执行时间占整个程序执行时间的绝大部分;二是 CPU 和 GPU 之间无需频繁通信,数据传输的时间开销只占整个程序执行时间的极小部分。为简单起见,本节采用粒子与线程一一对应的并行策略,利用粒子群优化算法固有的三大并行性,即速度更新和位置更新的并行性、计算粒子适应度的并行性、更新 Pbest 适应度值和位置的并行性,以及 CUDA 架构特有的并行性,更新 Gbest 时的并行规约算法,将 GPU 端的粒子群神经网络算法流程设计如图 6.7 所示。

GPU 端的粒子群神经网络实现步骤如下:

(1) CPU 端读入训练样本和测试样本,数据预处理。

(2) CPU 端调用 malloc() 函数和 cudaMalloc() 函数,分别在 CPU 端和 GPU

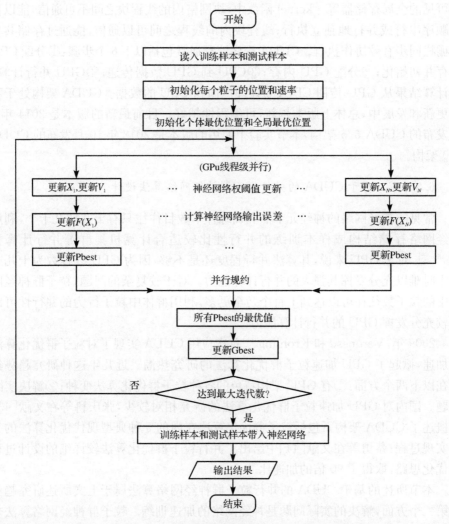

图 6.7　基于 CUDA 架构的并行粒子群神经网络算法流程图

端分配变量空间。

（3）CPU 端初始化粒子的位置、速度等信息。

（4）CPU 端调用 cudaMemcpy() 函数,将 CPU 端粒子信息传至 GPU 全局内存;CPU 端调用 cudaMemcpyToSymbol() 函数,将 CPU 端训练样本传至 GPU 常量内存。

（5）CPU 端调用 kernel 函数,执行 GPU 上的并行计算任务,完成神经网络的训练。

（6）CPU 端调用 cudaMemcpy() 函数,将 GPU 端有用信息回传至 CPU 端。

（7）CPU 端将训练样本和测试样本带入训练好的神经网络，查看结果。

（8）CPU 端调用 free()函数和 cudaFree()函数，释放 CPU 端和 GPU 端已分配的变量空间。

以上步骤中，完成加速训练神经网络的步骤(5)是该算法的核心，其伪代码如下：

```
for(i=0;i<generationsNumber;i++)
{
    <Update Velocity and Position of each Particle>    //kernel 1
    <Compute Fitness of each Particle>                 //kernel 2
    <Update Pbest of each Particle>                    //kernel 3
    <Update Gbest of all Particles>                    //kernel 4
}
```

以上伪代码中的 kernel 4 需要找出适应度值最小的粒子编号，这对单线程算法来说非常简单的任务，在大规模并行架构上实现时却会变成一个复杂的问题。当粒子数大于块内最大线程数 1024（计算能力 2.0 及以上）或 512（计算能力 2.0 以下）时，在 CUDA 架构上需用 2 次并行规约实现，程序具体实现时分为两个 kernel：第 1 个 kernel 启动等于粒子数的线程数，找到各个线程块中的最小值；第 2 个 kernel 启动等于第 1 个 kernel 中线程块数的线程数，找到这些最小值的最小值，即当前全局最优值。当前全局最优值再与旧的全局最优值对比，决定是否需要更新。不能只使用 1 个 kernel 的原因在于：CUDA 架构能通过调用_syncthreads() 使线程块内的线程同步，但不能使所有线程同步，所有线程的同步只能通过 kernel 的结束来保证。当粒子数小于等于块内最大线程数 1024 或 512 时，在 kernel 函数中启动等于粒子数的线程数做 1 次并行规约即可。

6.3.3.3　算法性能优化

（1）粒子（线程）数目和线程块大小的设计。一个线程束（warp）包含索引相邻的 32 个线程，流多处理器（stream multiprocessor，SM）以线程束为单位调度和执行线程，因此，将粒子数目和线程块大小都设计成 32 的倍数值。具体实现时，每个线程块中的线程数目在 kernel 1、kernel 2、kernel 3 中尽量取 128、192、256 这样的典型值，在 kernel 4 中为了充分利用共享内存第 1 个规约时尽量取大（计算能力 2.0 及以上的块内最大线程数为 1024，计算能力 2.0 以下的块内最大线程数为512），第 2 个规约时取第一个规约的线程块数。

（2）最小化线程分支。SIMT 执行模式会导致线程分支（thread divergence）特别耗时，应尽量减少线程束内的分支数目。以 kernel 4 中的并行规约为例（实验中至少有 32 个线程，这里简单起见只列出 8 个线程），图 6.8 的方案具有明显的线程分支,在第一次求 min 中,只有那些索引为偶数的线程才执行求 min,相邻线程行为不同。图 6.9 的方案分支就较少,表现在相邻线程行为相同,都求 min 或者都不求 min。

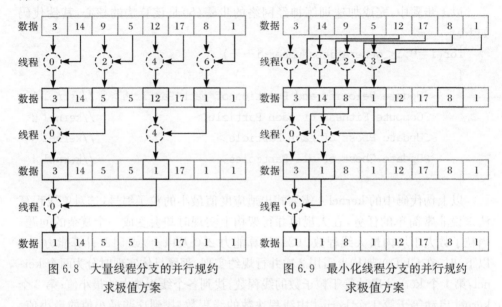

图 6.8　大量线程分支的并行规约　　　　图 6.9　最小化线程分支的并行规约
　　　　求极值方案　　　　　　　　　　　　　　求极值方案

　　(3) 合并访问全局存储器。粒子位置、速度等信息在 CPU 内存中以二维形式存储,如图 6.10($d=D-1,n=N-1$)所示,而 GPU 全局内存是一维形式,将粒子位置、速度等信息在 GPU 全局内存中布局涉及合并访问(coalesced access)的问题。简单地说,相邻的线程访问相邻的数据,即可满足合并访问的要求。合并访问能使传输数据时的速度接近全局存储器带宽的峰值。粒子位置信息在 GPU 全局内存中按粒子顺序存储,如图 6.11 所示,虽然简单直观但不符合合并访问的要求,会造成访存效率大幅下降。这里采用文献[51]所述的存储布局方法,如图 6.12 所示,访存时同时访问各个粒子的同一维,满足合并访问的条件,提高了访存效率。粒子速度信息的存储布局与粒子位置信息类似。

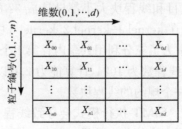

图 6.10　粒子位置信息在 CPU 内存中的存储

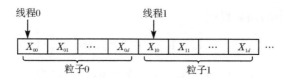

图 6.11　粒子位置信息在 GPU 全局内存中的存储（没有合并访问）

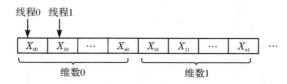

图 6.12　粒子位置信息在 GPU 全局内存中的存储（合并访问）

（4）最大化使用共享存储器。每个 SM 提供最多 48KB 的共享存储器，比全局存储器的访问速度快得多，但只对块内线程可见。应尽量使用共享存储器来保存全局存储器中在 kernel 函数的执行阶段需要频繁使用的那部分数据。以 kernel 4 中的并行规约为例，每次规约时先将全局内存中的数据保存至共享内存，规约时反复使用共享内存上的数据，规约完成后再将共享内存上的结果保存至全局内存。

（5）最大化使用常量存储器。GPU 上共有 64KB 对所有线程可见的常量存储器，以数据"不可变"作为代价换取比全局存储器更快的访问速度。粒子群神经网络用于训练的样本数据量较多（十几、几十乃至上百个数据），都是常量且重复利用。因此，与粒子速度、位置等信息存储在全局内存中不同，将训练样本数据存放在常量内存中，加快访存速度。

（6）最小化 CPU 和 GPU 之间的数据传输。GPU 上执行粒子群优化算法的粒子速度更新需要大量的随机数。早期 GPU 上没有自带的随机数生成库，需要将 CPU 产生的随机数传至 GPU（传输时间降低计算性能），或编写 GPU 随机数生成函数（使用不方便）[52]。目前，可以使用 CURAND 库中的 curand_uniform() 函数在 GPU 上产生随机数，这样使整个迭代过程都在 GPU 上完成，避免在 CPU 和 GPU 之间频繁传输数据带来的时间损耗。

6.3.3.4　数值实验及结果分析

采用一个较为简单的测试函数对 GPU 端的粒子群神经网络和 CPU 端的粒子群神经网络进行加速性能测试，该函数类似于式（6.21），表达式如式（6.22）所示，在定义域[-4,4]内有两个峰值点，如图 6.13 所示。训练函数集和测试函数集分别取 101 和 100 组输入，如式（6.23）和式（6.24）所示，带入式（6.22）可得其理论输出。神经网络训练样本的输出均方误差（MSE），即粒子的适应度值，反映神经网络对测试函数的逼近程度。

$$f(x) = 1.1(1 - x + 2x^2)\exp\left(-\frac{x^2}{2}\right) \tag{6.22}$$

$$x_h = -4 + 0.08h, \quad h = 0, 1, \cdots, 100 \tag{6.23}$$

$$x_h = -3.96 + 0.08h, \quad h = 0, 1, \cdots, 99 \tag{6.24}$$

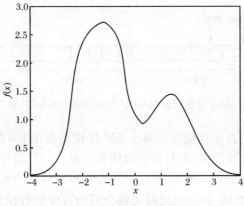

图 6.13　测试函数

　　仿真计算过程中,神经网络结构设定为 1-10-1,即输入层 1 节点、隐层 10 节点、输出层 1 节点,权阈值数目为 31(粒子维数),如图 6.14 所示。隐层激活函数为双极性 S 型函数,输出层激活函数为线性函数。惯性权重 w 取值 0.9 至 0.4 线性递减,学习因子 c_1 和 c_2 均取 2.05,训练次数取值 1000。实验所采用的计算平台如表 6.2 所示。为保证结果的可靠性,实验数据为 20 次实验去掉最大值和最小值之后 18 次的平均值。

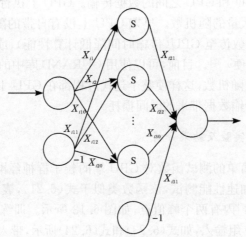

图 6.14　实验所用的 1-10-1 结构的神经网络模型

表 6.2　计算平台

名称	型号
CPU	Intel Core i3-2100,3.1GHz
GPU	NVIDIA Tesla K20c,706MHz,2496 CUDA Cores,计算能力 3.5
操作系统	Windows 7 中文专业版
开发环境	Microsoft Visual C++ 2010,CUDA 5.0

"加速比" $S_{iteration}$ 是最常用的加速性能指标,定义为粒子群神经网络在相同的粒子数和相同的迭代次数下 CPU 程序运行时间 $T_{cpu\text{-}iteration}$ 和 GPU 程序运行时间 $T_{gpu\text{-}iteration}$ 的比值:

$$S_{iteration} = \frac{T_{cpu\text{-}iteration}}{T_{gpu\text{-}iteration}} \tag{6.25}$$

实验结果如表 6.3 所示。下面对表 6.3 中的数据作如下分析:

表 6.3　加速比

粒子数	运行时间/s		训练误差(MSE)		加速比
	CPU	GPU	CPU	GPU	
32	3.769	2.630	1.07×10^{-2}	1.11×10^{-2}	1.433
64	7.440	2.623	2.13×10^{-3}	2.14×10^{-3}	2.836
128	14.720	2.623	1.17×10^{-3}	1.09×10^{-3}	5.611
256	29.001	2.625	3.95×10^{-4}	4.82×10^{-4}	11.048
512	58.541	2.631	3.69×10^{-4}	3.88×10^{-4}	22.250
1024	116.051	2.637	6.95×10^{-5}	7.12×10^{-5}	44.008
2048	231.377	2.951	5.70×10^{-5}	6.23×10^{-5}	78.406
4096	463.012	3.265	3.32×10^{-5}	4.79×10^{-5}	141.810
8192	925.489	3.800	2.40×10^{-5}	3.96×10^{-5}	243.549
16384	1847.978	4.453	1.94×10^{-5}	3.12×10^{-5}	414.996
32768	3704.073	8.204	1.36×10^{-5}	2.32×10^{-5}	451.495
65536	7403.268	13.073	7.86×10^{-6}	1.03×10^{-5}	566.302

(1) 粒子群神经网络完成 1000 次迭代的运行时间,在 CPU 程序中随着粒子数的翻倍大致呈翻倍趋势;在 GPU 程序中当粒子数小于等于 16384 时呈小幅增长趋势,大于等于 32768 时呈大幅增长趋势(其原因见(2))。

(2) 该 GPU 共 13 个 SM,每个 SM 的最大驻留线程数为 2048,总最大驻留线程数为 26624。当粒子数(线程数)小于等于 16384 时,各个粒子执行时间相似,但同步(包括 kernel 函数对应的所有线程的同步,以及_syncthreads()调用对应的线程块内线程的同步)所消耗的时间随着粒子数的增多而小幅增长,造成粒子群神经网络的运行时间呈小幅增长趋势;当粒子数大于等于 32768 时,线程总数已超过 26624,粒子群神经网络的运行时间呈大幅增长趋势(当粒子数翻倍,运行时间增加不到 1 倍是基于以下三个原因的共同作用:①粒子数翻倍对应运行时间翻倍;②粒子数增多对应同步时间增加;③线程切换能掩盖存储器访问延迟,显著减少执行时间)。

(3) 粒子数越多,获得的加速比越高,粒子群神经网络最高获得了 566 倍的加速比。随着粒子数的翻倍,当粒子数小于等于 16384 时,加速比大致翻倍;当粒子数大于等于 32768 时,加速比仍能增加但增速放缓。

(4) GPU 端的粒子群神经网络具有与 CPU 端的粒子群神经网络同样的寻优稳定性。随着粒子数的不断增多,CPU 程序和 GPU 程序的训练误差(即神经网络的 MSE)不断减小;粒子数相同时,CPU 程序和 GPU 程序的训练误差大致相同或相近。

(5) 大幅增加粒子数是适应 GPU 计算架构的特殊方法。若 GPU 端使用比CPU 端多很多的粒子,则可以在运行时间增加极为有限的情况下大幅降低训练误差。

(6) 使用相同实验设备,曾在 CUDA 架构下对 Sphere、Rosenbrock、Rastrigrin、Griewangk 这 4 个基准测试函数进行了数值测试,以比较 GPU 端的粒子群优化算法相对 CPU 端的粒子群优化算法的加速性能。结果表明,当粒子数目小于 100 时,往往不能得到加速[53];而本节的实验,当粒子数目为 32 和 64 时,也得到了加速。粒子群神经网络本质上就是适应度函数为神经网络输出误差的粒子群优化算法,问题维数很多(1-10-1 简单结构的神经网络就已有 31 维),且计算时反复使用,比起一般的基准测试函数计算复杂度高得多。因此,可以推断,用 GPU作并行加速时,粒子群神经网络由于适应度函数计算量大,比起一般的粒子群优化算法能获得更好的加速比,更适应 CUDA 并行计算架构。

(7) 对于该测试函数的神经网络逼近问题,当神经网络训练样本的 MSE 小于 0.001 时,测试样本输出曲线与实际曲线基本拟合,肉眼尚能明显分清差别;当MSE 小于 0.0002 时,测试样本输出曲线与实际曲线基本重合,肉眼不易分清差别;当 MSE 小于 0.0001 时,测试样本输出曲线与实际曲线几乎完全重合,肉眼几乎不能分清差别。根据经验,一般而言,CPU 端粒子数应多于问题维数,以保证种群的多样性,但粒子数过多又会增加计算时间,降低寻优效率,显著恶化 CPU 端粒子群神经网络性能,而造成加速比虚假现象。当粒子数为 128、256、512、1024时,其 CPU 程序对应的 MSE 大致在 0.001 至 0.0001 之间,不妨认为这些 CPU程序是“高效的 CPU 程序”(粒子数过少则逼近精度较差,“不合格”;粒子数过多则浪费计算时间,“不值得”),其对应的 GPU 程序取得了 5.6～44.0 的加速比。

注意到,本实验的测试函数逼近问题所用神经网络只有 1 个输入层节点、1 个输出层节点,网络结构非常简单,问题维数较少,实际问题往往是多输入、多输出、更多的隐层节点数、更多的权阈值数目,带来的直接好处是:"高效的 CPU 程序"对应的粒子数,获得的加速比也会相应增加。因此,可以推断,神经网络解决的问题越复杂,获得的加速比越高。

参 考 文 献

[1] Kennedy J, Eberhart R C. Particle swarm optimization. IEEE International Conference on Neural Networks, 1995:1942-1948.

[2] Clerc M. Particle Swarm Optimization. London:ISTE Publishing Company,2006.

[3] 曾建潮,介婧,崔志华. 粒子群算法. 北京:科学出版社, 2004.

[4] Poli R. Analysis of the publications on the applications of particle swarm optimization. Journal of Artificial Evolution and Applications, 2008,8(2):4.

[5] 田雨波. 粒子群优化算法及电磁应用. 北京:科学出版社, 2014.

[6] 张丽平. 粒子群算法的理论与实践[博士学位论文]. 杭州:浙江大学, 2005.

[7] Zheng Y L, Ma L H, Zhang L Y, et al. On the convergence analysis and parameter selection in particle swarm optimization. Proceedings of the Second International Conference on Machine Learning and Cybernetics, 2003:1802-1807.

[8] Lin C, Feng Q Y. The standard particle swarm optimization algorithm convergence analysis and parameter selection. Proceedings of Third International Conference on Natural Computation, 2007.

[9] Clerc M, Kennedy J. The particle swarm:Explosion stability and convergence in a multi-dimensional complex space. IEEE Trans. on Evolutionary Computation, 2002, 6(1):58-73.

[10] 高尚,杨静宇. 群智能算法及其应用. 北京:中国水利水电出版社, 2006.

[11] Shi Y, Eberhart R C. A modified particle swarm optimizer. Proceedings of the IEEE Conference on Evolutionary Computation, 1998:69-73.

[12] 田雨波,朱人杰,薛权祥. 粒子群优化算法中惯性权重的研究进展. 计算机工程与应用, 2008, 44(23): 39-41.

[13] Clerc M. The swarm and queen: Towards a deterministic and adaptive particle swarm optimization. Proceedings of the IEEE Congress on Evolutionary Computation, 1999:1951-1957.

[14] Clerc M, Kennedy J. The particle swarm explosion, stability, and convergence in a multidimensional complex space. IEEE Trans. on Evolutionary Computation, 2002, 6(1): 58-73.

[15] Eberhart R, Shi Y. Comparing inertia weights and constriction factors in particle swarm optimization. IEEE Congress on Evolutionary Computation, 2000:84-88.

[16] 吕振肃,侯志荣. 自适应变异的粒子群优化算法. 电子学报, 2004, 33(3): 416-419.

[17] Stacey A, Jancic M, Grund Y I. Particle swarm optimization with mutation//The 2003 Congress on Evolutionary Computation,Canbella,2003: 1425-1430.

[18] Potter M A, de Jong K A. Cooperative coevolutionary approach to function optimization. Proceedings of Parallel Problem Solving From Nature III,1995:249-257.

[19] Potter M A, de Jong K A. Cooperative coevolution: An architecture for evolving coadapted subcomponents. Evolutionary Computation, 2000, 8(1): 1-29.

[20] 刘军民，高岳林. 混沌粒子群优化算法. 计算机应用，2008，28(2)：322-325.

[21] 张劲松，李歧强，王朝霞. 基于混沌搜索的混合粒子群优化算法. 山东大学学报(工学版)，2007，37(1)：47-50.

[22] 张静茹. 数值优化技术编码的 PSO 混合算法及其在前馈神经网络训练中的应用研究[硕士学位论文]. 合肥：中国科学技术大学，2007.

[23] Berghf V D, Engelbrecht A P. Cooperative learning in neural networks using particle swarm optimizers. South African Computer Journal, 2000, 26(11)：84-90.

[24] 高海兵，高亮，周驰，等. 基于粒子群优化的神经网络训练算法研究. 电子学报，2004，32(9)：1572-1574.

[25] Carvalho M, Ludermir T B. Particle swarm optimization of neural network architectures and weights// 7th International Conference on Hybrid Intelligent Systems 2007, Kaiserslautern, 2007：336-339.

[26] 唐贤伦，庄陵，李银国，等. 混合粒子群优化算法优化前向神经网络结构和参数. 计算机应用研究，2007，24(12)：91-93.

[27] 田雨波，李正强，王建华. 矩形微带天线谐振频率的粒子群神经网络建模. 微波学报，2009，25(5)：45-50.

[28] Xiang C C, Huang X Y, Huang D R, et al. Wavelets neural network based on particle swarm optimization algorithm for fault diagnosis//Proceedings of the First International Conference on Innovative Computing, Information and Control, Beijing, 2006：320-323.

[29] Zhang J R, Zhang J, Lok T M, et al. A hybrid particle swarm optimization-back-propagation algorithm for feedforward neural network training. Applied Mathematics and Computation, 2007：1026-1037.

[30] Chen G C, Yu J S. Particle swarm optimization neural network and its application in soft-sensing modeling. Lecture Notes in Computer Science, 2005, (3611)：610-617.

[31] Ribeiro P F, Schlansker W K. A hybrid particle swarm and neural network approach for reactive power control. http://www.calvin.edu/~pribeiro/courses/engr302/Samples/ReactivePower-PSO-wks.pdf.

[32] Guerra F A, Coelho L. Radial basis neural network learning based on particle swarm optimization to multistep prediction of chaotic Lorenz system. Fifth International Conference on Hybrid Intelligent Systems, 2005：521-523.

[33] Ma M, Zhang L B, Ma J, et al. Fuzzy neural network optimization by a particle swarm optimization algorithm. Lecture Notes in Computer Science, 2006, (3971)：752-761.

[34] 段晓东，高红橄，张学东，等. 粒子群算法种群结构与种群多样性的关系研究. 计算机科学，2007，34(11)：164-166.

[35] 黄润生，黄浩. 混沌及其应用. 武汉：武汉大学出版社，2005.

[36] http://archive.ics.uci.edu/ml/.

[37] Singhal G, Jain A, Patnaik A. Parallelization of particle swarm optimization using message passing interfaces (MPIs). IEEE World Congress on Nature & Biologically Inspired Computing, 2009：67-71.

[38] Deep K, Sharma S, Pant M. Modified parallel particle swarm optimization for global optimization using message passing interface. 2010 IEEE Fifth International Conference on Bio-Inspired Computing：Theories and Applications, 2010：1451-1458.

[39] Wang D Z, Wu C H. Parallel multi-population particle swarm optimization algorithm for the uncapacitated facility location problem using OpenMP. IEEE Congress on Evolutionary Computation, 2008：1214-1218.

［40］Maeda Y，Matsushita N. Simultaneous perturbation particle swarm optimization using FPGA. IEEE International Joint Conference on Neural Networks，2007：2695-2700.

［41］Veronese L，Krohling R. Swarm's flight：Accelerating the particles using C-CUDA. Proceedings of the IEEE Congress on Evolutionary Computation，2009：3264-3270.

［42］Kromer P，Platos J，Snasel V. A brief survey of advances in particle swarm optimization on graphic processing units. 2013 IEEE World Congress on Nature and Biologically Inspired Computing，2013：182-188.

［43］张庆科，杨波，王琳，等. 基于 GPU 的现代并行优化算法. 计算机科学，2012，39(4)：304-311.

［44］蔡勇，李光耀，王琥. 基于 CUDA 的并行粒子群优化算法的设计与实现. 计算机应用研究，2013，30(8)：2415-2418.

［45］陈风，田雨波，杨敏. 基于 GPU 的并行粒子群神经网络设计与实现. 计算机工程与设计，2014，35(11)：3967-3973.

［46］Chen F，Tian Y B. Modeling resonant frequency of rectangular microstrip antenna using CUDA-based artificial neural network trained by particle swarm optimization algorithm. Applied Computational Electromagnetics Society Journal，2014，29(12)：1025-1034.

［47］陈风，田雨波，张贞凯. 基于 GPU 的 PSO-BP 神经网络 DOA 估计. 计算机应用研究，2014.

［48］Ganeshamoorthy K，Ranasinghe D N. On the performance of parallel neural network implementations on distributed memory architectures. 8th IEEE International Symposium on Cluster Computing and the Grid，2008：90-97.

［49］郭文生，李国和. 人工神经网络在并行计算机集群上的设计研究. 计算机应用与软件，2010，27(5)：12-14.

［50］张代远. 基于分布式并行计算的神经网络算法. 系统工程与电子技术，2010，32(2)：386-391.

［51］Roberge V，Tarbouchi M. Efficient parallel particle swarm optimizers on GPU for real-time harmonic minimization in multilevel inverters. 38th Annual Conference on IEEE Industrial Electronics Society，2012：2275-2282.

［52］Bastos-Filho C，Oliveira M，Nascimento D，et al. Impact of the random number generator quality on particle swarm optimization algorithm running on graphic processor units. IEEE 10th International Conference on Hybrid Intelligent Systems，2010：85-90.

［53］陈风，田雨波，杨敏. 基于 CUDA 的并行粒子群优化算法研究及实现. 计算机科学，2014，41(9)：263-268.

第 7 章 模糊神经网络

模糊神经网络是模糊理论和神经网络相互混合的一种神经网络模型,本章首先讲述模糊理论,继而给出模糊神经网络的概念和实现方法,最后讨论基于模糊神经网络的波导匹配负载设计和微带天线谐振频率计算问题。

7.1 模 糊 理 论

7.1.1 模糊理论概述

社会科学和自然科学中存在大量模糊概念和模糊现象,而这些模糊现象是不能用传统的精确数学理论描述的,必须寻找新的途径来解决模糊性问题,模糊理论和模糊技术就是在这种情况下产生的。模糊技术是以模糊数学为理论基础,把控制专家和操作技师的经验模拟下来,通过模糊控制软件,将最善于处理模糊概念的人脑思维方法体现出来,作出正确的判断。模糊技术作为一门引人注目的应用科学,越来越受到全世界人们的关注,专家们认为它有可能成为21 世纪科学发展的一项基础技术。为了确保 21 世纪的科技竞争力,各国争先恐后地发展模糊技术。目前,它已广泛应用于工农业生产、工程技术、信息、医疗和气象等领域。

对大多数应用系统而言,其主要且重要的信息来源有两种:提供测量数据的传感器和提供系统性能描述的专家。我们称来自传感器的信息为数据信息,来自专家的信息为语言信息。数据信息常用 0.5、2、3、3.50 等数字来表示,而语言信息则用诸如"大"、"小"、"中等"、"非常小"等文字来表示。传统的工程设计应用方法只能利用数据信息,而无法使用语言信息。然而,大家知道,人类在解决问题时所使用的大量知识是经验性的,它们通常是用语言信息来描述的。因此,必须建立起一整套全新的方法来充分利用语言信息和数据信息,从而达到更好地解决应用问题之目的。

模糊集理论为人类提供了能充分利用语言信息和数据信息的有效工具。语言信息通常呈现经验性,是模糊的,其原因大致有三个:①人们发现用模糊术语交流和表达知识既方便又有效;②人们对许多问题的认识在本质上是模糊的,例如,当我们开始学习爱因斯坦相对论时,往往觉得不易理解,从而会说"这一理论基本上不懂"或"这一理论基本上能接受"；③许多实际的应用系统常常很难用准确的术语来进行描述，例如，对一些复杂的化学过程就只能用一些模糊术语来描述，如"温度很高"、"反应骤然加快"等。应该指出，虽然描述系统的语言信息未必十分准确，但却提供了系统的重要信息，有时甚至是了解系统的唯一重要的信息来源。因此，我们很有必要利用这些模糊信息。

自适应模糊系统（或称自适应模糊逻辑系统，或简称模糊系统）的理论与技术是近年发展并渐臻完善的[1,2]，它是指具有学习算法的模糊逻辑系统。这里的模糊逻辑系统是由服从模糊逻辑规则的一系列"IF-THEN"规则所构造的，而学习算法则依靠数据信息来调整模糊逻辑系统的参数。自适应模糊逻辑系统可以被认为是通过学习能自动产生其模糊规则的模糊逻辑系统，它是一个全局逼近器，这就保证它可广泛地用于建模、自动控制等领域。模糊逻辑系统所特有的能将数据信息和语言信息统一起来加以利用之优点使得它有别于其他的逼近器（如神经网络、多项式函数），这一点是至关重要的。

7.1.2　模糊理论特点

模糊逻辑推理规则的一个本质优点就在于它将成员之间的关系表示成普遍的和紧密的集合形式，另一方面，它们不需要有精确的数学模型。我们知道，当变量之间存在非线性的作用关系时，系统的复杂性将会增加，而为现代社会所公认的"模糊逻辑之父"Zadeh 提出："随着系统复杂性的增加，精确地表述将失去其内涵，而内涵丰富的表述则将失去其精确性。"随着某一特定知识领域中的推理系统和推理过程变得越来越复杂，模糊规则在准确性、紧密性和可度量性之间提供了一个有力的权衡之计。模糊规则将分类的概念进行了推广，主要依据是从定义上，即相同的物体可以一定程度地属于任何集合，因而必然也能同时属于多个集合。从这个意义上说，模糊逻辑消除了与临界情况相关的问题，如像数值 1.1 能够触发规则，而数值 1.099 却不能触发规则的这种情况。由此可以得到一个重要结论：模糊逻辑对问题的处理往往要比传统的涉及连续变量的、基于规则的系统更加精确。

1）模糊逻辑系统的优点

模糊逻辑系统已广泛应用于实际中，并存在于现今商业和社会的许多方面，而且它在基于微处理器的电器产品方面的使用也是非常普遍和不容置疑的。抛开模糊逻辑在实际中的应用领域或应用环境，与传统的基于规则的逻辑相比，模糊逻辑主要存在以下几个普遍的优点：

（1）矛盾建模。模糊逻辑允许知识库中存在矛盾，并能对矛盾进行建模。模糊规则彼此之间能够完全相互矛盾，然而它们却能完全和谐地共存于同一系统之中；而对于传统逻辑，相对立的指令的存在则使得计算机不能解决存在矛盾的问题。与传统的逻辑相比,模糊逻辑则允许一定程度的歧义性,并能考虑对这种歧义性进行折中处理。例如,它可以允许一个成员在多个集合中,一个 180cm 高的个体可以同时以 0.80 的隶属度隶属于 TALL_PEOPLE 集合,以 0.45 的隶属度隶属于 MEDIUM_PEOPLE 集合,和以 0.01 的隶属度隶属于 SHORT_PEOPLE集合。使用模糊逻辑,设计者只需仅仅通过增加或减少所需规则的数量和成员的隶属度就能完全对给定的结论或者推理的过程进行控制。

(2) 系统自主性。模糊逻辑系统知识库中的规则彼此之间是完全独立的;而在传统的基于规则的系统中,如果一个规则是错误的,则其结果将导致完全错误的结论,或出现系统根本无法解决问题的情况。然而,在模糊逻辑系统中,假如其中的一个规则是错的,则其余的规则将弥补这个错误。模糊逻辑系统事实上不再需要在系统鲁棒性和系统灵敏性之间进行权衡。与传统的基于规则的系统不同,正确构建的模糊逻辑系统其系统灵敏度实际上是随着系统的鲁棒性的增加而增加的,即使在整个系统完全改变的情况下模糊规则也仍然起作用。

2) 模糊逻辑系统的局限性

尽管模糊推理有其自身的优点,但是,在知识工程和终端用户方面,模糊推理也存在一些局限性。在进行语法分析时,它基本上不能做到比传统的推理方法更好。同时,由于用来解决问题的方法具有各种形式,所以,必须根据模糊推理与给定问题的语境的适合情况来对它进行仔细地评估。

(1) 系统确认上的障碍。模糊推理是确认系统稳定性或可靠性的一个障碍。在极其复杂的情况下,要知道正确的规则是否触发是不可能的。而且,与调整好的模糊逻辑系统有关的成员的重新定义不能简单地遵从固定不变的指导原则。因而设计者可能会发现难于确定自身的行为能否改善系统,或者是距离更好的解决方案越来越远。解决这种局限性的一种方法就是在确认模糊逻辑系统时使用仿真,多个仿真的结果能够用来分析在集合成员中小的改善和它们对从系统输出中获得的结果的相对灵敏度。

(2) 模糊逻辑系统缺乏记忆。基本的模糊推理机制不能从错误中学习,而且也没有记忆功能。除此之外,模糊逻辑也不具备优化系统效率的能力。目前,还没有用以对模糊逻辑系统的正确性进行确认的精确数学方法。对于一个具有高度复杂性的特定问题,模糊推理建模可能会导致多个规则的同时触发,这种现象称为模糊集饱和。模糊集饱和意味着模糊集同时触发了多个推论,从而导致后件模糊集超载,其结果是整个系统丢失了由模糊规则所提供的信息,导致整个模糊区间开始绕着它的中值进行自平衡。目前,正在研究开发具有能从错误中学习并且学会遗忘不再适用于问题语境的系统,这种系统的主要目的就是解决固有的停滞或者饱和问题。

7.1.3　模糊概念

美国加利福尼亚大学 Zadeh 教授于 1965 年发表了"模糊集合"论文,提出用"隶属函数"这个概念来描述现象差异的中间过渡,从而突破了古典集合论中属于或不属于的绝对关系,产生了模糊数学。笼统地说,模糊集合是一种特别定义的集合,它可用来描述模糊现象。有关模糊结合、模糊逻辑等的数学理论,称之为模糊数学[3,4]。

1) 模糊的定量化

人的语言具有多义和不确定的特点,特别是形容词,形容的对象往往不确定,描述的程度也模糊,如"老人"、"体重较重"、"漂亮姑娘"、"头发较少"等。"老"、"较重"、"漂亮"、"较少"都具有模糊性,模糊的定量化就是从量上表示模糊的程度。一般而言,形容词描述的模糊程度定量化时,必须在指定的定义域内进行。大部分的形容词可在体重、高度、年龄等意义的定义域上进行定量化。

2) 隶属函数

隶属函数是模糊数学中最基本和最重要的概念,在模糊理论中,对模糊性的描述就是通过隶属函数才能进行的。Zadeh 对模糊理论的最重大的贡献之一就是引进了隶属函数这一概念。

(1) 特征函数。在普通集合中,描述集合的方法之一是用特征函数。设 A 是论域 X 中的一个子集,则对于 $\forall x \in X$,存在 $x \in A$ 或者 $x \notin A$,两者必居其一。如果把 x 属于 A 这种情况记做"1",把 x 不属于 A 这种情况记做"0",则在论域 X 中,每一个集合 A 都和 X 中的一个二值函数 μ_A 对应。特征函数定义如下。

对于给定论域 X 中的子集 A,存在映射 $\mu_A : X \rightarrow \{0,1\}$,定义

$$\mu_A(x) = \begin{cases} 1, & x \in A \\ 0, & x \notin A \end{cases} \tag{7.1}$$

式中,μ_A 为集合 A 的特征函数。特征函数 μ_A 准确地描述了集合 A,它是一个矩形波。

(2) 隶属函数。一般而言,在不同程度上具有某种特定性质的所有元素的总和叫做模糊集合,它是没有精确边界的集合。在模糊性的事物中,用特征函数来表示其属性是不恰当的。因为模糊事物根本无法断然确定其归属,所以,不能用绝对性的非 0 即 1 这两个值表示。为了能说明具有模糊性事物的归属,把特征函数取值 0、1 的情况改为对闭区间[0,1]取值,则特征函数就可取 0~1 的无穷值,这样,特征函数就成了一个无穷多值的连续逻辑函数,从而得到了描述模糊集合的特征函数——隶属函数。用于描述模糊集合,并在[0,1]闭区间可以连续取值的特征函数叫做隶属函数。隶属函数用 $\mu_A(x)$ 表示,其中,A 表示模糊集合,而 x 是 A 的元素。隶属函数满足

$$0 \leqslant \mu_A(x) \leqslant 1 \tag{7.2}$$

　　隶属函数是模糊数学中最重要的也是最基本的概念。有了隶属函数之后,人们可以把元素对模糊集合的归属程度恰当地表示出来,这种表示能反映出客观世界事物的模糊性。

　　(3) 常用的隶属函数。

　　梯形隶属函数

$$\mu_A(x) = \begin{cases} 0, & x < a \\ \dfrac{x-a}{b-a}, & a \leqslant x < b \\ 1, & b \leqslant x < c \\ \dfrac{x-d}{c-d}, & c \leqslant x < d \\ 0, & x \geqslant d \end{cases} \tag{7.3}$$

　　三角形隶属函数

$$\mu_A(x) = \begin{cases} 0, & x < a \\ \dfrac{x-a}{b-a}, & a \leqslant x < b \\ \dfrac{x-c}{b-c}, & b \leqslant x < c \\ 0, & x \geqslant c \end{cases} \tag{7.4}$$

　　钟形隶属函数

$$\mu_A(x) = \exp\left(-\left(\frac{x-a}{b}\right)^2\right) \tag{7.5}$$

以上三种隶属函数的图形如图 7.1 所示。

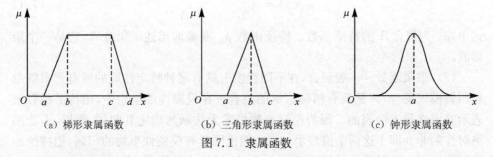

　　(a) 梯形隶属函数　　　　　(b) 三角形隶属函数　　　　　(c) 钟形隶属函数

图 7.1　隶属函数

7.1.4　模糊规则

　　在模糊推理系统中,专家控制知识以模糊规则形式来表示。规则是否正确地反映专家的经验和知识,以及是否反映对象的特性,将直接决定模糊推理系统的性能。

模糊规则也称模糊 IF-THEN 规则、模糊隐含或模糊条件句,其形式为

$$\text{IF } x \text{ 为 } A \text{ THEN } y \text{ 为 } B \tag{7.6}$$

通常称"x 为 A"为前件(或前提),"y 为 B"为后件(或结论)。式(7.6)中,模糊规则在前件和后件中引入了语言变量和语言值的概念,A 和 B 分别为论域 X 和 Y 上的模糊子集定义的语句值。

语言变量又可分为输入语言变量和输出语言变量。输入语言变量是对模糊推理系统输入变量的模糊化描述,通常位于规则的前件;输出语言变量是对模糊推理系统输出变量的模糊化描述,通常位于模糊规则的后件。

在使用 IF-THEN 规则对系统进行建模和分析之前,要将 IF x 为 A,THEN y 为 B 的意义形式化。基本上这个表达式描述的是两变量 x 和 y 之间的关系,这意味着模糊 IF-THEN 规则可以定义为直积空间 $X \times Y$ 上的二元模糊关系 R。

在模糊逻辑系统建模时,常用下面几种条件语言的形式表示:

(1) 简单模糊条件语句。最简单的 IF-THEN 规则的形式如式(7.6)所示。在模糊情形,有命题 $A(x)$,$x \in X$,$B(y)$,$y \in Y$,则 $A \rightarrow B$ 是 $X \times Y$ 上的一个二元模糊关系,其隶属函数为

$$\mu_R(x,y) = \mu_{A \rightarrow B}(x,y) = (1 - \mu_A(x)) \vee (\mu_A(x) \wedge \mu_B(x)) \tag{7.7}$$

(2) 多重简单模糊条件语句。由多个简单模糊条件语句并列组成的语句叫多重简单模糊条件语句,句型为:"IF A THEN B ELSE C"。定义如下 Mamdani 模糊蕴涵关系:

$$R = (A_1 \times B_1) \bigcup (A_2 \times B_2) \bigcup \cdots \bigcup (A_n \times B_n) = \bigcup_{i=1}^n (A_i \times B_i) = \bigcup_{i=1}^n (R_i) \tag{7.8}$$

其隶属函数为

$$\mu_R(x,y) = \bigvee_{i=1}^n (\mu_{A_i}(x) \wedge \mu_{B_i}(y)) \tag{7.9}$$

(3) 多维模糊条件语句。简单模糊条件语句为单输入单输出模型,而实际模糊推理所面对的问题中也有多输入单输出情况,称为多维模糊条件语句,句型为:"IF A AND B THEN C"。若 $A \in F(x)$,$B \in F(y)$,$C \in F(z)$,采用 Mamdani 定义,则有三元模糊关系 R 为

$$R = (A \times B) \rightarrow C \tag{7.10}$$

其隶属函数为

$$\mu_R(x,y,z) = [\mu_A(x) \wedge \mu_B(y)] \wedge \mu_C(z) = \mu_A(x) \wedge \mu_B(y) \wedge \mu_C(z) \tag{7.11}$$

(4) 多重多维模糊条件语句。由多个多维模糊条件语句并列组成的语句叫多重多维模糊条件语句,其句型为:"IF A_i and B_i THEN C_i",其中,$i = 1, 2 \cdots$,

n,表示为 n 重二维模糊条件语句。这种模糊蕴涵关系为 $(A \wedge B) \rightarrow C$,根据 Mamdani蕴涵定义,其关系 R 为

$$R = (A_1 \times B_1 \times C_1) \bigcup (A_2 \times B_2 \times C_2) \bigcup \cdots \bigcup (A_n \times B_n \times C_n) = \bigcup_{i=1}^{n} (A_i \times B_i \times C_i)$$

$$(7.12)$$

7.1.5　模糊逻辑推理

模糊逻辑推理也称作近似推理,是从一组模糊 IF-THEN 规则和已知事实中得出结论的推理过程。在模糊理论中,模糊推理有几十种不同的机理。在模糊控制中,较多应用的只有 4 种,分别是 Mamdani 推理、Larsen 推理、Tsukamoto 推理和 Takagi-Sugeno 推理,这 4 种推理的机制是不相同的。为了简化对推理方法的说明,在这里只考虑两条模糊控制规则,而其结论和采用的方法可以推广到 n 条模糊规则的情况。

对于前三种推理机理,设有模糊控制规则

$$R_1 : \text{IF } x \text{ is } A_1 \text{ and } y \text{ is } B_1 \text{ THEN } z \text{ is } C_1$$

$$R_2 : \text{IF } x \text{ is } A_2 \text{ and } y \text{ is } B_2 \text{ THEN } z \text{ is } C_2 \qquad (7.13)$$

则对于模糊控制规则的前件来说,有推理强度 α_1,α_2,且有

$$\alpha_1 = \mu_{A_1}(x) \wedge \mu_{B_1}(x)$$

$$\alpha_2 = \mu_{A_2}(x) \wedge \mu_{B_2}(x) \qquad (7.14)$$

对于第 i 条控制规则,有控制量 C_i,对于不同的推理机理,它的隶属函数分别如下。

1）Mamdani 推理

$$\mu_{C_1}(z) = \alpha_1 \wedge \mu_{C_i}(z), \quad i = 1, 2$$

最终的模糊控制量 C 的隶属函数为

$$\mu_C(z) = [\alpha_1 \wedge \mu_{C_1}(z)] \vee [\alpha_2 \wedge \mu_{C_2}(z)] \qquad (7.15)$$

这种推理是采用最大最小运算符 $\wedge$ 和 $\vee$,故而也称 Max-Min 推理。

2）Larsen 推理

Larsen 推理和 Mamdani 推理在处理形式上有些类同,不同在于它采用最大-乘运算符,故有时也称 Max-Product 推理。

$$\mu_{C_i}(z) = \alpha_1 \wedge \mu_{C_i}(z), \quad i = 1, 2$$

最终的模糊控制量 C 的隶属函数为

$$\mu_C(z) = [\alpha_1 \cdot \mu_{C_1}(z)] \vee [\alpha_2 \cdot \mu_{C_2}(z)] \qquad (7.16)$$

3）Tsukamoto 推理

这种推理用在控制规则中的模糊量 A、B、C 为单调隶属函数的情况,是

Mamdani推理的一种简化方法,一般前件 A、B 不苛求单调,但要求后件必须单调。

由于后件模糊量 C_i 是单调模糊量,所以把推理强度 α_1 作用于 C_i,则可得出对于 α_1 的元素 z_i,即有 $\alpha_1 = C_1(z)$,$\alpha_2 = C_2(z)$,则有

$$C_1(z) = \mu_{A_1}(x) \wedge \mu_{B_1}(y)$$

$$C_2(z) = \mu_{A_2}(x) \wedge \mu_{B_2}(y)$$

最终的控制作用是由所有的控制规则得出的,故结果控制量由加权平均方法求得

$$Z = \frac{\alpha_1 z_1 + \alpha_2 z_2}{\alpha_1 + \alpha_2} \tag{7.17}$$

4) Takagi-Sugeno 推理

它的后件不是由模糊量表示,而是由一个多项式表示。考虑两条规则

$$R_1 : \text{IF } x \text{ is } A_1 \text{ and } y \text{ is } B_1 \text{ THEN } z = f_1(x, y) \tag{7.18}$$

$$R_2 : \text{IF } x \text{ is } A_2 \text{ and } y \text{ is } B_2 \text{ THEN } z = f_2(x, y)$$

则对于模糊控制规则的前件来说,有推理强度 $\alpha_1 = \mu_{A_1}(x) \wedge \mu_{B_1}(y)$,$\alpha_2 = \mu_{A_2}(x) \wedge \mu_{B_2}(y)$,有推理结果

$$Z_1 = \alpha_1 f_1(x, y)$$

$$Z_2 = \alpha_2 f_2(x, y)$$

最后总结果是精确数 Z,它由所有的控制规则推理结果共同作用产生,并由下式确定:

$$Z = \frac{\alpha_1 f_1(x, y) + \alpha_2 f_2(x, y)}{\alpha_1 + \alpha_2} \tag{7.19}$$

7.1.6　模糊逻辑系统

7.1.6.1　模糊逻辑系统

模糊集打破了传统的分明集只有 0 和 1 的界限,在模糊集的概念中,任一元素可同时部分地属于多个模糊子集,隶属关系用隶属的程度来表示。模糊集将分明集中 0 和 1 的边界平坦化,这种表现方式要比分明集自然,更接近人的表述方式。

模糊规则是定义在模糊集上的规则,可用来表示专家的经验、知识等。由于模糊规则的表现方式自然,比较容易获取专家的经验。同样,计算机的运算结果能表示成模糊规则的形式,也容易被人理解。

模糊逻辑系统是建立在模糊集合理论、模糊 IF-THEN 规则和模糊推理等概念基础上的先进的计算框架,由一组模糊规则构成的模糊逻辑系统,可代表一个输入、输出的映射关系。从理论上说,模糊逻辑系统可以近似任意的连续函数。要表示输入/输出的函数关系,模糊逻辑系统除了模糊规则外,还必须有模糊逻辑推理和非模糊化的部分。模糊逻辑推理就是根据模糊关系合成的方法,从多条同时起作用的模糊规则中按并行处理方式产生对应输入量的输出模糊子集;非模糊

化的过程则是将输出模糊子集转化为非模糊的数字量。

模糊逻辑系统中的输入/输出均为实变量,这使其特别适用于工程应用系统。同时,模糊逻辑系统提供了一种描述专家组织的模糊 IF-THEN 规则的一般化形式,而且模糊产生器、模糊推理机和反模糊化器的选择有很大的自由度。模糊逻辑系统与经典逻辑系统相比,更接近人类思维和自然语言系统,不仅为复杂系统分析和人工智能研究提供了一种很有用的工具,还使计算机应用扩大到了人文、社会和心理学等领域。用模糊逻辑系统进行信息处理的核心问题在于模糊规则的自动提取及模糊变量基本状态隶属函数的自动生成。在某些情况下,提取模糊规则仍是一件十分困难的事情,因而,如何开发一个具有学习功能的模糊逻辑系统已经成为重要的研究方向。

7.1.6.2　模糊逻辑系统框架

模糊逻辑系统是指与模糊概念和模糊逻辑有直接关系的系统,它由模糊产生器、模糊规则库、模糊推理机和反模糊化器等部分组成。常见的模糊逻辑系统有纯模糊逻辑系统、Takagi-Sugeno 模糊逻辑系统(TS 系统)和广义模糊逻辑系统等。一般的模糊逻辑系统构成如图 7.2 所示,考虑多输入单输出系统(MISO),因为一个多输入多输出模糊逻辑系统总能被分解成多个多输入单输出模糊逻辑系统。这里,$U=U_1\times U_2\times\cdots\times U_n\subset\mathbf{R}^n,V\subset\mathbf{R}$。

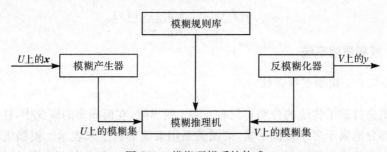

图 7.2　模糊逻辑系统构成

1) 模糊产生器

将论域 $U\subset\mathbf{R}^n$ 上的确定的点 $\boldsymbol{x}=(x_1,x_2,\cdots,x_n)^{\mathrm{T}}$ ——映射为 U 上的模糊子集 A',即将实值输入转换成模糊输入。映射方式有两种,即模糊产生器有两种,分别为单值模糊产生器和非单值模糊产生器。

(1) 单值模糊产生器。若模糊子集 A' 对支撑集 $\boldsymbol{x}$ 为模糊单值,则对某一点 $\boldsymbol{x}'=\boldsymbol{x}$,有 $\mu_{A'}(\boldsymbol{x})=1$,而对其余所有的 $\boldsymbol{x}'\neq\boldsymbol{x}$,有 $\mu_{A'}(\boldsymbol{x}')=0$。

(2) 非单值模糊产生器。当 $\boldsymbol{x}'\neq\boldsymbol{x}$ 时,$\mu_{A'}(\boldsymbol{x})=1$,但当 $\boldsymbol{x}'$ 逐渐远离 $\boldsymbol{x}$ 时,$\mu_{A'}(\boldsymbol{x}')$ 从 1 开始衰败。

非单值模糊产生器能抑制输入信号中的噪声,而单值模糊化则不能。

2) 模糊规则库

模糊规则库是由若干模糊推理规则组成的,过程操作者用 IF-THEN 规则给出信息,主要有以下两种形式的模糊规则。

$$R_l: \text{IF } x_1 \text{ is } A_1^l \text{ and } x_2 \text{ is } A_2^l \text{ and } \cdots \text{and } x_n \text{ is } A_n^l \text{ THEN } y \text{ is } B^l \quad (7.20)$$

或者

$$R_l: \text{IF } x_1 \text{ is } A_1^l \text{ and } x_2 \text{ is } A_2^l \text{ and } \cdots \text{and } x_n \text{ is } A_n^l \text{ THEN } y = f(x_1, \cdots, x_n)$$

$$(7.21)$$

式中,$A_i^l (i=1, 2, \cdots, n)$ 和 B^l 分别为 $U \subset \mathbf{R}$ 中的输入变量 x_i 的输入模糊子集和在 $V \subset \mathbf{R}$ 中的输出变量 y 的模糊子集;$f(x_1, \cdots, x_n)$ 可以为任意的函数。采用式(7.20)模糊规则集的模糊逻辑系统称为 Mamdani 模糊逻辑系统,采用式(7.21)模糊规则集的则称为 Takagi-Sugeno 模糊逻辑系统。

3) 模糊推理机

根据模糊规则库中的模糊推理规则及由模糊产生器产生的模糊子集,采用模糊逻辑操作和推理方法,推理出模糊结论,亦即论域 V 上的模糊子集。常用的模糊推理方法有 Lukasiewicz、乘、最小、Zadeh 和 Dienes-Rescher 等。

4) 反模糊化器

把 $V \subset \mathbf{R}$ 上的一个模糊子集映射为一个确定的点 $y \in V$,即将模糊输出集转换成系统的数值输出。最常用的反模糊化器有最大值反模糊化器、中心平均反模糊化器和改进型中心平均反模糊化器。

(1) 最大值反模糊化器。其定义为

$$y = \arg \sup_{y \in V}[\mu_{B^l}(y)] \quad (7.22)$$

(2) 中心平均反模糊化器。其定义为

$$y = \frac{\sum_{i=1}^{M} \bar{y}^l(\mu_{B^l}(\bar{y}^l))}{\sum_{i=1}^{M} \mu_{B^l}(\bar{y}^l)} \quad (7.23)$$

式中,$\bar{y}^l$ 为模糊子集 G^l 的中心,即 $\mu_{G^l}(y)$ 在 V 上的 $\bar{y}^l$ 点取最大值。

(3) 改进型中心平均反模糊化器。其定义为

$$y = \frac{\sum_{i=l}^{M} \bar{y}^l(\mu_{B^l}(\bar{y}^l)/\delta^l)}{\sum_{i=1}^{M} \mu_{B^l}(\bar{y}^l)/\delta^l} \quad (7.24)$$

式中,δ^l 为决定 $\mu_{G^l}(y)$ 形状的特征参数,如曲线的宽窄等。

7.1.6.3　Takagi-Sugeno 模糊逻辑系统

Takagi-Sugeno 模糊逻辑系统是应用最多的一个模糊逻辑系统,其结构如图 7.3 所示。在此系统中,模糊规则为

$$R^{(l)}: \text{IF } x_1 \text{ is } A_1^l \text{ and } x_2 \text{ is } A_2^l \text{ and} \cdots \text{and } x_n \text{ is } A_n^l \text{ THEN}$$

$$y^l = c_0^l + c_1^l x_1 + \cdots + c_n^l x_n \tag{7.25}$$

式中,A_i^l 为模糊子集;c_i^l 为输入/输出关系的线性参数,是实数;y^l 为系统根据规则 $R^{(l)}$ 所得的输出,也是一个实数,$l = 1, 2, \cdots, M, M$ 为规则数。

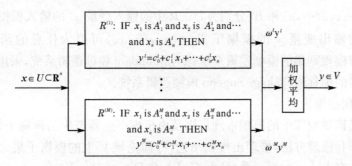

图 7.3　Takagi-Sugeno 模糊逻辑系统

对于一个真值输入向量 $\boldsymbol{x} = (x_1, x_2, \cdots, x_n)^{\mathrm{T}}$,Takagi-Sugeno 模糊逻辑系统的输出 $y(\boldsymbol{x})$ 等于各 y^l 的加权平均,即

$$y(\boldsymbol{x}) = \frac{\sum_{l=1}^{M} \omega^l y^l}{\sum_{l=1}^{M} \omega^l} \tag{7.26}$$

式中,

$$\omega^l = \prod_{i=1}^{n} \mu_{A^i}(x_i) \tag{7.27}$$

为各个模糊集合上取得的隶属度的乘积。

Takagi-Sugeno 模糊逻辑系统可以以任意精度逼近任何函数,其输出能由规则库中变量的诸隶属函数(前提部分)及规则的输出(结论部分)精确确定。因此,能用系统辨识的方法来确定该系统参数 c_i^l,用确定系统阶数的方法来确定规则数 M,但问题是规则的结论部分是非模糊的,只能用于函数逼近类问题。

7.1.6.4　模糊逻辑系统的逼近问题

模糊逻辑系统的主要应用在于它能够作为非线性系统的模型,包括含有人工操作员的非线性系统的模型。因此,从函数逼近意义上考虑,研究模糊逻辑系统

的非线性映射能力显得非常重要。模糊逻辑系统的万能逼近理论告诉我们,模糊逻辑系统可以在任意精度上一致逼近任何定义在一个致密集上的非线性函数。把由中心平均反模糊化器、乘积推理规则、单值模糊产生器及高斯型隶属函数构成的模糊逻辑系统简称为高斯型模糊逻辑系统[5]。

定理 7.1　对于任何定义在致密集 $U \in \mathbf{R}^n$ 上的连续函数 g,任给 $\varepsilon > 0$,一定存在高斯型模糊逻辑系统 f,使得

$$\sup_{x \in U} | f(\boldsymbol{x}) - g(\boldsymbol{x}) | < \varepsilon \tag{7.28}$$

定理 7.1 常被称做模糊逻辑系统的万能逼近定理。万能逼近定理说明了模糊逻辑系统对几乎所有的非线性系统建模的理论基础,同时,也从根本上解释了模糊逻辑系统为什么能在工程实际问题中得到成功的应用。万能逼近定理表明模糊逻辑系统是除多项函数逼近器、神经网络之外的一个新的万能逼近器,较之其他逼近器的优势在于其能够系统而有效地利用语言信息的能力。万能逼近定理仅仅表明一定存在一个高斯模糊逻辑系统,它能在任意精度上逼近任意给定的函数。

在实际工程应用中,模糊子集的隶属函数通常取三角形、梯形或高斯型及其他指数型等。把由中心平均反模糊化器、乘积推理规则、单值模糊产生器及隶属函数取 $\exp(-|a_1 x + a_2|^r)$ 构成的模糊逻辑系统称为广义隶属度型模糊逻辑系统。

定理 7.2　对于任一定义在致密集 $U \in \mathbf{R}^n$ 上的连续函数 g,任给 $\varepsilon > 0$,一定存在广义隶属度型模糊逻辑系统 f,使得

$$\sup_{x \in U} | f(\boldsymbol{x}) - g(\boldsymbol{x}) | < \varepsilon \tag{7.29}$$

广义隶属度型模糊逻辑系统提出的意义在于可以通过调整参数 a_1、a_2、r 来近似各种隶属函数,从而使广义隶属度型模糊逻辑系统具有很强的一般意义。

文献[6]证明了采用高斯隶属函数、乘积推理模糊逻辑和重心解模糊方法的一类模糊逻辑系统是万能逼近器,对其他各类模糊逻辑系统也得到了同样的结论。

7.2　模糊神经网络原理及实现

7.2.1　模糊逻辑系统与神经网络比较

首先考虑一个多输入单输出的模糊系统,它的输入变量为 $x_1, x_2, \cdots, x_n$,用矢量 $\boldsymbol{X} = [x_1, x_2, \cdots, x_n]^T$ 表示,$\boldsymbol{X}$ 的论域是实空间上的紧密集,即 $\boldsymbol{X} \in U \subset \mathbf{R}^n$;模糊逻辑系统的输出变量为 y,y 的论域是实数域上的紧密集,即 $y \in V \subset \mathbf{R}$,模糊规则

的一般形式为

$$R_j: \text{IF } x_1 \text{ is } A_1^j \text{ and } x_2 \text{ is } A_2^j \text{ and} \cdots \text{and } x_n \text{ is } A_n^j \text{ THEN } y \text{ is } B^j$$

式中，$j=1,2,\cdots,M,M$ 为规则数；A_i^j 为 x_i 的模糊集合，隶属函数为 $\mu_{A_i^j}(x_i)$，$i=1$，$2,\cdots,n$；B^j 为 y 的模糊集合，隶属函数为 $\mu_{B^j}(y)$。假设输入变量的模糊集合的隶属函数（简称为输入变量的隶属函数）为高斯函数，即

$$\mu_{A_i^j}(x_i) = \exp\left[-\frac{1}{2}\left(\frac{x-\bar{x}_i^j}{\sigma_i^j}\right)^2\right] \tag{7.30}$$

输出变量的隶属函数为模糊单点，即 $\mu_{B^j} = \begin{cases} 1, & y=\bar{y}^j \\ 0, & y\neq\bar{y}^j \end{cases}$，若采用 Sum-Product 的推理方法和加权平均的解模糊方法，模糊逻辑系统的输出为

$$y = f(x) = \frac{\sum\limits_{j=1}^{M} \bar{y}^j \left(\prod\limits_{i=1}^{n} \mu_{A_i^j}(x_i)\right)}{\sum\limits_{j=1}^{M} \left(\prod\limits_{i=1}^{n} \mu_{A_i^j}(x_i)\right)} \tag{7.31}$$

如果输入变量的隶属函数参数 $\bar{x}_i^j$、σ_i^j 已设计好不变，只调节输出变量的隶属函数参数 $\bar{y}^j$，式（7.31）可改写为

$$y = f(x) = \sum_{j=1}^{M} \bar{y}^j p_j(x) \tag{7.32}$$

式中，

$$p_j(x) = \frac{\prod\limits_{i=1}^{n} \mu_{A_i^j}(x_i)}{\sum\limits_{j=1}^{M} \left(\prod\limits_{i=1}^{n} \mu_{A_i^j}(x_i)\right)} \tag{7.33}$$

称为模糊系统的模糊基函数，式（7.32）称为模糊逻辑系统的模糊基函数展开式。

可以看出，一个模糊基函数对应于一条模糊 IF-THEN 规则，模糊基函数与多项式基函数、RBF 相比，其最大优点在于能很方便地利用语言化的模糊 IF-THEN 规则。为了分析模糊基函数的内在特性，我们考虑最简单的只有一个输入变量 x 的情况。设 x 有 4 个模糊集合 A^1,A^2,A^3,A^4，即 $M=4,n=1$，其隶属函数均为高斯函数，且 $\sigma^j=1,\mu_{A^j}(x)=\exp\left[-\frac{1}{2}(x-\bar{x}^j)^2\right]$，$\bar{x}^1=-3,\bar{x}^2=-1,\bar{x}^3=1,\bar{x}^4=3$，于是，模糊基函数 $p_j(x)$ 的表达式为

$$p_j(x) = \frac{\exp\left[-\frac{1}{2}(x-\bar{x}^j)^2\right]}{\sum\limits_{j=1}^{4} \exp\left[-\frac{1}{2}(x-\bar{x}^j)^2\right]} \tag{7.34}$$

图 7.4 给出了 $p_j(x)$ 的图形。从该图中可以发现模糊基函数的一个有趣且很重要的特性：P_2、P_3 曲线形状酷似高斯函数，P_1、P_4 曲线形状酷似 S 形函数曲线。

从有关 RBF 神经网络知识中我们知道,高斯函数具有良好的局部逼近特性;从有关 BP 神经网络知识中我们知道,S 形曲线(如 Sigmoid 函数)具有良好的全局特性,故模糊基函数似乎综合了 RBF 和 Sigmoid 型函数的优点。亦就是,若输入空间 U 的某些区间内含有采样点(采样内常用于作为模糊基函数的中心点),则模糊基函数的形状类似于高斯函数的形状,从而使得区间上的模糊基函数的展开式有较好的分辨率。反之,如果输入空间 U 的某些区间不含采样点,则模糊基函数的形状类似于 S 形函数的形状,从而导致这些区间上的模糊基函数展开式具有较好的全局特性。

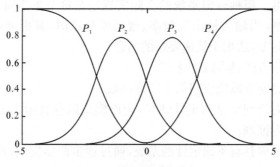

图 7.4　模糊基函数的例子

　　为了对模糊逻辑系统和神经网络有更明确的认识,便于比较,将二者的主要优缺点表述如下。

　　模糊逻辑系统在实际应用中已证明具有下列优点:

　　(1) 无需预先知道被控对象的数学模型,因此,可以对那些数学模型无法求取或难以求取的对象进行有效的控制。

　　(2) 由于控制规则是以操作人员的经验总结出来的条件语句表示的,所以,此方法易于为操作人员掌握。

　　(3) 系统鲁棒性较好,具有较强的非线性控制作用。

　　(4) 适用于多级分层控制,规则可以分层连接,每条规则可以向下连接一个子规则库,从而形成多级控制。

　　(5) 控制规则是以 IF-THEN 的形式,有利于人机对话和系统的知识处理,系统具有一定的灵活性和机动性。

　　模糊逻辑系统尚存在以下不足:

　　(1) 模糊规则的提取和优化问题。模糊规则一般由专家或专业人员给出,但是,由于系统存在不确定性和人类表达能力的局限性,要想获得一个高质量的规则知识并非易事。

　　(2) 控制精度问题。模糊逻辑系统的控制精度受量化等级影响,并与模糊合成算法运算有关,普通模糊逻辑系统控制仅相当于非线性比例控制或比例微分控制,没有积分作用,因此,存在一个非零的稳态误差。

(3) 设计调试问题。在控制规则的结构和覆盖面不恰当时,或者比例因子和量化因子选择不当时,易使系统产生振荡,影响控制品质,因此,模糊逻辑系统的设计最终都要经过模拟、仿真进行测试和调整,而这些工作在实际中都有困难。

(4) 自学习问题。普通模糊逻辑系统都没有规则和参数自调整能力,难以在控制过程中自行优化和得到知识,而现有的具有参数自调整的模糊逻辑系统还有不少欠缺。

(5) 串行问题。模糊逻辑系统的实际实现是在每个采样周期内取得数据后顺序执行每条规则,当输入输出变量多、规则库复杂时,其推理计算任务就很繁重,因此,实时性较差,适用于低速要求的场合。

人工神经网络方法具有以下优点:

(1) 能够任意逼近欧氏空间的非线性函数。

(2) 能够同时处理定量和定性知识,能以模式信息表示系统的知识,并以事例为基础进行学习推理。

(3) 学习和适应具有不确定性的系统,通过逐步调整权值,自动精炼信息,学习新知识。

(4) 采用并行计算推理、分布式存储和处理信息,具有很强的容错能力。

(5) 具有自联想功能,神经元间的相互作用可以体现整体效应,易于实现联想功能。

(6) 人工神经网络可以通过学习正确答案的实例集自动提取合理的求解规则。

人工神经网络也存在不少的缺陷,主要有以下几个方面:

(1) 逻辑分析困难。人工神经网络的权值隐含地表达了系统的知识,但这些知识是如何建立于权值中,而权值又是以何种方式来反映这些知识的机理尚未清楚。

(2) 网络权值的学习时间长。在神经网络学习时,其学习速度取决于网络的构造、学习规律和样本的选取等因素,有时不能得到稳定的权值。

(3) 难以精确分析网络的各项性能指标(如稳定性、收敛性等)。

(4) 难以处理高层次的信息。

模糊逻辑系统是模糊数学在自动控制、信息处理、系统工程等领域的应用,属于系统论的范畴,神经网络是人工智能的一个分支,属于计算机科学,从宏观上做一下比较。

(1) 模糊逻辑系统试图描述和处理人的语言和思维中存在的模糊概念,从而模仿人的智能。神经网络则是根据人脑的生理结构和信息处理过程,来创造人工神经网络,其目的也是模仿人的智能。模仿人的智能是它们共同的奋斗目标和合作基础。此外,遗传算法是一种模仿生物进化过程的优化方法,也属于模仿人的智能的范畴。模糊逻辑系统、神经网络、遗传算法三者被统称为"计算智能",因为三者实际上都是计算方法。

(2) 从知识的表达方式来看,模糊逻辑系统可以表达人的经验性知识,便于理解,而神经网络只能描述大量的数据之间的复杂函数关系,难于理解。

(3) 从知识的存储方式来看,模糊逻辑系统将知识存在规则集中,神经网络将知识存在权系数中,都具有分布存储的特点。

(4) 从知识的运用方式来看,模糊逻辑系统和神经网络都具有并行处理的特点,模糊逻辑系统同时激发的规则不多,计算量小,而神经网络涉及的神经元很多,计算量大。

(5) 从知识的获取方式来看,模糊逻辑系统的规则靠专家提供或设计,难于自动获取,而神经网络的权系数可由输入输出样本中学习,无须人来设置。

综上所述,模糊逻辑系统和神经网络的优缺点具有明显的互补性,这为它们的结合提供了引力。将模糊逻辑系统与神经网络技术相结合而形成的模糊神经网络的出现绝非偶然,现正发展成为一个全新的技术。由于模糊神经网络恰好将模糊逻辑和神经网络的优势结合起来,充分地利用了各自的优点,既能处理模糊信息和定性知识,完成模糊推理功能,又具有神经网络的一些特点,如并行处理、能进行自学习,处理定量数据,因而获得了广泛的应用。

7.2.2　模糊神经网络实现

7.2.2.1　模糊神经网络的概念

通过对模糊逻辑系统和人工神经网络的分析比较,可以发现这两种方法具有许多相似之处。例如,它们均可看成是一种输入输出的非线性映射关系;模糊关系矩阵与人工神经网络的连接权矩阵具有一定的对应关系;神经元输出的非线性映射变换与模糊逻辑系统的隶属函数具有相似性。通过比较模糊逻辑系统与人工神经网络的优缺点,可以知道人工神经网络具有很强的自学习能力和大规模并行处理能力,能生成无需明确表现知识的规则;而模糊逻辑系统则能够充分利用学科领域的知识,以较少的规则来表达知识,并采用最大、最小等简单运算来实现知识的模糊推理。因此,人工神经网络与模糊逻辑系统在技术上各有所长,存在互补性和可结合性,将人工神经网络与模糊逻辑系统交叉综合起来也就成为近年来的一种研究趋势[7,8]。

模糊逻辑系统与人工神经网络的综合主要有以下几种方式[9,10]:

(1) 模糊逻辑用于神经网络。这种结合主要是将模糊集合的概念应用于神经网络的计算和学习,用模糊技术提高神经网络的学习性能。利用模糊逻辑系统的先验知识,将神经网络的初值配置于全局极值点附近,从而克服其陷入局部极值点的问题。这样,就在普通神经网络的基础上发展各种模糊神经网络,典型的有模糊感知器、模糊自适应共振理论网和模糊聚类网等。

（2）神经网络用于模糊逻辑系统。主要表现为两方面:一是利用神经网络的学习能力实时地扩展知识库,在线提取模糊规则或调整检测模糊规则参数,从而改善系统的控制性能。二是用神经网络实现一个已知的模糊逻辑系统,以完成其并行的模糊推理。应用现有的神经模型,结合模糊逻辑系统的经验获取,设计模糊神经网络,它可以将网络参数赋予明确的物理意义,既可表达定性的知识,也具有自学习和处理定量数据的能力,目前已取得了很多的应用研究成果。

（3）模糊逻辑系统和神经网络全面结合,构造完整意义上的模糊神经网络模型和算法。它将模糊逻辑系统与神经网络有机地结合起来,通过神经网络的结构来实现模糊推理,并通过神经网络的自学习能力改善知识的获取和修改,它同时具有神经网络的低层次的学习、计算能力和模糊逻辑系统的高层次的推理决策能力,从而形成具有真正意义的自组织、自适应的模糊神经网络系统。但是,由于其网络的算法在数学上并未形成成熟的理论,所以,现有的水平仅限于研究领域,应用领域也仅限于原神经网络和模糊逻辑系统的应用领域。近年来,有关模糊神经网络的重要研究都集中在这方面,产生了许多理论和应用成果,同时,亦对模糊神经网络提出了挑战。

（4）模糊神经网络和其他理论相结合。将模糊神经网络与自适应控制理论相结合、与遗传算法相结合、与聚类算法相结合等,这些方法的引入为模糊神经网络理论带来了新的发展思路和机遇。

虽然人工神经网络与模糊逻辑系统的交叉综合在20世纪90年代才开始成为研究的一个热点,但是,由于其综合了人工神经网络和模糊逻辑系统的优点,具有良好的性能,现已取得显著的成果。同时,也应该注意到对模糊逻辑系统与人工神经网络交叉综合的研究起步不久,还有许多值得进一步探讨和解决的问题,表现在以下几个方面:

（1）由于模糊逻辑系统和人工神经网络各自的研究还未完善,模糊逻辑系统与神经网络的交叉综合又非简单的组合,因此,对由模糊逻辑系统和神经网络交叉综合系统的稳定性等性能的分析还有待于更深入的研究。

（2）模糊逻辑系统和人工神经网络的交叉综合有望在解决专家系统的知识瓶颈问题——知识表达与获取方面有所作为,这就要对交叉综合系统如何自动获取模糊推理规则做更深入的研究,开发出更有效的知识学习方法。

（3）如何把模糊逻辑系统理论引入到人工神经网络的学习过程中以增强人工神经网络的学习能力、提高学习速度是一个重要的研究课题,现在这方面的研究还不多。

（4）由于基于人工神经网络或模糊逻辑系统的控制是一个非精确的系统，如何进一步提高交叉综合系统的控制精度将成为研究的一个重点。

（5）考虑如何将模糊逻辑系统、人工神经网络与其他控制方法进行进一步综合，如将人工神经网络、模糊逻辑系统与专家系统、自适应控制、混沌等方法进行交叉综合，取众之所长，形成性能更为优越的控制方法[11~13]。

7.2.2.2 模糊神经网络融合形态

神经网络具有并行计算、分布式信息存储、容错能力强、具备自适应学习等一系列优点。但一般来说，神经网络不适合表达基于规则的知识，因此，在神经网络的训练时，由于不能很好地利用先验知识，常常只能将初始权值取为零或随机数，从而增加了网络的训练时间和陷入非要求的局部极值，这是神经网络的不足。另一方面，模糊逻辑也是一种处理不确定性、非线性等问题的有力工具，它比较适合于表达那些模糊或定性知识，其推理方式比较适合于人的思维模式，但是一般说来，模糊逻辑系统缺乏学习和自适应能力。由此可以想到，若能将模糊逻辑和神经网络适当地结合起来，综合两者的长处，应该可以得到比单独的神经网络系统或单独的模糊逻辑系统更好的系统，这样，就诞生了模糊神经网络系统。

与传统的神经网络模型不同，模糊神经网络的结构和权值都有一定的物理含义。在设计模糊神经网络结构时，可以根据问题的复杂程度及精度要求，并结合先验知识来构造相应的模糊神经网络模型。这样，网络的学习速度就会大大加快，并在一定程度上回避了梯度优化算法带来的局部极值问题。

根据模糊和神经网络连接的形式和使用功能，两者的融合形态可归纳成以下五大类[14]：

（1）松散型结合。在同一系统中，对于可用 IF-THEN 规则来表示的部分用模糊逻辑系统描述，而对很难用 IF-THEN 规则表示的部分，则用神经网络，两者之间没有直接联系。

（2）并联型结合。模糊逻辑系统和神经网络在系统中按并联方式连接，即享有共同的输入。按照两系统起的作用的轻重程度，还可分为同等型和补助型。在补助型中，系统的输出主要由子系统 1（FS 或 NN）决定，而子系统 2（NN 或 FS）的输出起补偿作用。

（3）串联型结合。模糊逻辑系统和神经网络在系统中按串联方式连接，即一方的输出成为另一方的输入，这种情形可看成是两段推理，或者看成是串联中的前者作为后者输入信号的预处理部分。

（4）网络学习型结合。整个系统由模糊逻辑系统表示，但模糊逻辑系统的隶属函数等通过神经网络的学习来生成和调整。

（5）结构等价型结合。模糊逻辑系统由一等价结构的神经网络表示,神经网络不再是一黑箱,它的所有节点和参数都具有一定的意义,即对应模糊逻辑系统的隶属函数或推理过程。该种结合方式最为体现神经网络原理与模糊规则的融合,是应用最为广泛的模糊神经网络模型。

7.2.2.3　模糊神经网络模型

模糊神经网络亦是全局逼近器,这已为许多学者所证明[1,2],同时,也奠定了模糊神经网络获得广泛应用的理论基础。模糊神经网络技术已经获得了广泛的应用,主要集中在以下几个领域:模糊回归问题的研究、模糊控制、模糊专家系统、模糊分级分析、模糊矩阵方程、模糊建模和模糊模式识别等。

目前,已经提出了许多种模糊神经网络,比较著名的有模糊联想记忆、模糊自适应谐振理论、模糊认知图和模糊多层感知器等[15]。模糊神经网络的学习算法通常是常规神经网络的学习算法或其推广,其常见的学习算法有 BP 学习算法、模糊 BP 学习算法、基于 α 截集的 BP 学习算法、随机搜索学习算法和遗传学习算法等。

在各种模糊神经网络中,模糊多层感知器是目前研究最多的一种,这是因为常规的模糊逻辑系统与多层感知器在结构上存在相似性,所以,用多层感知器来实现模糊逻辑系统,既方便又易于理解;学习方法主要是 BP 算法。这里简单介绍两类模糊神经网络,这两种类型的模糊神经网络实质上都属于模糊多层感知器神经网络(fuzzy multilayer perception neural network,FMLPNN),只是使用的模型和学习算法稍有不同。

1) 模糊神经网络模型 I[5]

（1）模糊神经网络模型及其全局逼近性质。

模糊神经网络模型 I 为如图 7.5 所示的一个 4 层网络,分别为输入层、隶属度函数生成层、推理层及反模糊化层,其中,推理层节点个数 m 是根据 k-means 方法对样本聚类后而得到的,并可依实际需要调整此参数的值。隶属度生成函数采用

$$\mu_{ij} = \exp\left[-\frac{(x_i - m_{ij})^2}{\sigma_{ij}^2}\right], \quad 1 \leqslant i \leqslant n, 1 \leqslant j \leqslant m \qquad (7.35)$$

式中,μ_{ij},m_{ij},σ_{ij} 与隶属度函数生成层的各节点相对应。在该层中,从上到下与各节点相对应的输出 μ_{ij} 的下标依次表示为 μ_{11},μ_{12},$\cdots$,μ_{1m};μ_{21},μ_{22},$\cdots$,μ_{2m};$\cdots$;μ_{n1},μ_{n2},$\cdots$,μ_{nm},m_{ij},σ_{ij} 的下标表示与 μ_{ij} 完全相同。推理层各节点的输出分别为该节点所有输入的代数乘积,最终的反模糊化输出为

$$y = \omega_1 \pi_1 + \omega_2 \pi_2 + \cdots + \omega_m \pi_m \qquad (7.36)$$

式中,$\pi_j = \mu_{1j}\mu_{2j}\cdots\mu_{nj} = \prod_{i=1}^{n} \mu_{ij} (1 \leqslant j \leqslant m)$。

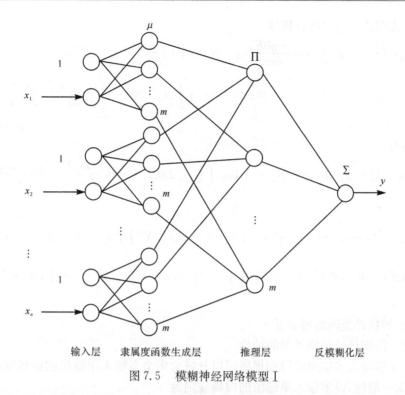

输入层　　　隶属度函数生成层　　　推理层　　　　反模糊化层

图 7.5　模糊神经网络模型Ⅰ

从此模型可以注意到，它有以下特点：①常规的基于模糊逻辑系统的神经网络输出为 $y = \sum_{i=1}^{m} \omega_i \pi_i / \sum_{i=1}^{m} \pi_i$，而该网络模型的输出为 $y = \sum_{i=1}^{m} \omega_i \pi_i$，因而该模型是一个新的改进的模糊神经网络；②不难看出，此模型具有计算简单之优点；③此网络的每层推导均有明显的物理意义，因而较之已有的网络模型，其物理意义更加明显。

该模型的全局逼近性质的证明可参阅文献[5]，这里略去。

（2）网络的学习算法。

模糊神经网络模型Ⅰ的学习算法可基于梯度算法而提出，设 $E_p = \frac{1}{2}(y - Y)^2$，其中，$y$ 为实际输出，Y 为期望输出，E_p 为平方误差函数。那么，学习过程中对 m_{ij}，σ_{ij}，ω_i 的调整量可用以下公式来表示：

$$m_{ij}(n+1) - m_{ij}(n) = -\eta \frac{\partial E_p}{\partial m_{ij}} \tag{7.37}$$

$$\sigma_{ij}(n+1) - \sigma_{ij}(n) = -\eta \frac{\partial E_p}{\partial \sigma_{ij}} \tag{7.38}$$

$$\omega_i(n+1) - \omega_i(n) = -\eta \frac{\partial E_p}{\partial \omega_i} \tag{7.39}$$

首先对式(7.37)进行推导

$$m_{ij}(n+1)-m_{ij}(n)=\frac{-\eta\partial E_p}{\partial m_{ij}}=-\eta(y-Y)\frac{\partial y}{\partial m_{ij}}$$

$$=-\eta(y-Y)\omega_j\prod_{l=1,l\neq i}^{n}\mu_{l_j}2\exp\Big[-\frac{(x_i-m_{ij})^2}{\sigma_{ij}^2}\Big]\frac{x_i-m_{ij}}{\sigma_{ij}^2}$$

$$(7.40)$$

类似地有

$$\sigma_{ij}(n+1)-\sigma_{ij}(n)=-\eta(y-Y)\omega_j\prod_{l=1,l\neq i}^{n}\mu_{l_j}2\exp\Big[-\frac{(x_i-m_{ij})^2}{\sigma_{ij}^2}\Big]\frac{(x_i-m_{ij})^2}{\sigma_{ij}^3}$$

$$(7.41)$$

$$\omega_i(n+1)-\omega_i(n)=-\eta(y-Y)\pi_i=-\eta(y-Y)\prod_{i=1}^{n}\mu_{ij},\quad 1\leqslant j\leqslant m\quad(7.42)$$

以式(7.40)、式(7.41)中的 $\prod\limits_{l=1,l\neq i}^{n}\mu_{l_j}$ 表示 $n-1$ 个 μ 连乘,其中,不含有 $l=i$ 的那个 μ。

2) 模糊神经网络模型Ⅱ[10]

(1) 模糊神经网络模型的结构。

由于多输入多输出的模糊规则可以分解为多个多输入单输出的模糊规则,因此,不失一般性,设多输入单输出的模糊规则为

$R_j:$ IF x_1 is A_1^j and x_2 is $A_2^j\cdots$and x_n is A_n^j THEN y is B^j,$j=1,2,\cdots,M$

式中,$\boldsymbol{x}=(x_1,x_2,\cdots,x_n)^\mathrm{T}\in U$ 和 $y\in V$ 分别为模糊逻辑系统的输入和输出;A_i^j 和 B^j 分别表示 U 和 V 中的模糊集;$i=1,2,\cdots,n$,n 为输入的个数;M 为模糊规则数;m_i 为条件变量 x_i 的模糊集个数。

图7.6所示网络为一个4层的感知器型的模糊神经网络(以2输入为例)。假设每个输入分别对于6个模糊子集,输入隶属函数选用高斯函数,共有36条模糊规则。如用 x_i^k 表示第 k 层的第 i 个输入,net_j^k 表示第 k 层的第 j 个节点的净输入,y_j^k 表示第 k 层的第 j 个节点的输出,即 $y_j^k=x_j^{k+1}$,则模糊神经网络的各层可表示如下。

① 输入层。

$$\mathrm{net}_j^1=x_i^1,\quad j=i,\quad y_j^1=\mathrm{net}_j^1\qquad(7.43)$$

式中,x_i^1 为模糊神经网络的第 i 个输入,$i=1,2$,此层共有两个节点;$j=1,2$。

② 模糊化层。

$$\mathrm{net}_j^2=-\frac{(x_i^2-m_{im})^2}{(\sigma_{im})^2},\quad j=6(i-1)+m,y_j^2=\exp(\mathrm{net}_j^2)\qquad(7.44)$$

式中,$i=1,2$;$m=1,\cdots,6$;$j=1,\cdots,12$;m_{im} 和 σ_{im} 分别表示第 i 个输入对应的第 m 个模糊子集的均值和标准差,它们都是模糊神经网络中的可调参数。此层共有12

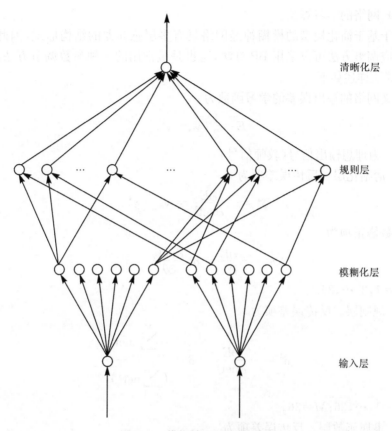

图 7.6　模糊神经网络模型 Ⅱ

个节点。

③ 规则层。

$$\text{net}_j^3 = x_i^3 x_m^3, \quad j = 6(i-1) + (m-6), \quad y_j^3 = \frac{\text{net}_i^3}{\sum\limits_{i=1}^{M} \text{net}_i^3} \tag{7.45}$$

式中，$i=1,\cdots,6; m=7,\cdots,12; , j=1,\cdots,36; M=36$ 为模糊规则数。此层共有 36 个节点。

④ 清晰化层。

$$\text{net}_o^4 = \sum_{i=1}^{M} \theta_i x_i^4, \quad y_o^4 = \text{net}_o^4 \tag{7.46}$$

式中，$i=1,\cdots,36; M=36; \theta_i$ 为对应的权值；y_o^4 为模糊神经网络的输出。此层共有 1 个节点。

（2）网络的学习算法。

由于基于简化模型的模糊神经网络具有多层感知器的结构形式，因此，其参数自适应调整方法可以采用 BP 算法，这也是最常用的一种参数调节方法。基本的 BP 算法详述如下。

定义网络的输出误差的学习函数为

$$E=\frac{1}{2}(y_m-y_o^4)^2$$

式中，y_m 为理想输出信号（教师信号）。

① 清晰化层。反传误差项为

$$\delta^4=-\frac{\partial E}{\partial \mathrm{net}_o^4}=y_m-y_o^4 \tag{7.47}$$

参数修正项为

$$\Delta \theta_i=-\frac{\partial E}{\partial \theta_i}=\delta^4\frac{\partial \mathrm{net}_o^4}{\partial \theta_i}=\delta^4 x_i^4 \tag{7.48}$$

式中，$i=1,2,\cdots,36$。

② 规则层。反传误差项为

$$\delta_i^3=-\frac{\partial E}{\partial \mathrm{net}_i^3}=\delta^4\theta_i\frac{\sum\limits_{j=1,j\neq i}^{M}\mathrm{net}_j^3}{\left(\sum\limits_{j=1}^{M}\mathrm{net}_j^3\right)^2} \tag{7.49}$$

式中，$i=1,\cdots,36;M=36$。

③ 隶属函数层。反传误差项为

$$\delta_i^2=-\frac{\partial E}{\partial \mathrm{net}_i^2}=\left(\sum_j\delta_j^3 y_m^2\right)\exp(\mathrm{net}_i^2) \tag{7.50}$$

式中，当 $i=1,2,\cdots,6$ 时，$m=7,8,\cdots,12,j=6(i-1)+1,\cdots,6(i-1)+6$；而当 $i=7,8,\cdots,12$ 时，$m=1,2,\cdots,6,j=(i-6),6+(i-6),\cdots,30+(i-6)$。

均值的修正值为

$$\Delta m_{in}=-\frac{\partial E}{\partial m_{in}}=\delta_j^2\frac{2(x_i^2-m_{in})}{(\sigma_{in})^2} \tag{7.51}$$

偏差的修正值为

$$\Delta \sigma_{in}=-\frac{\partial E}{\partial \sigma_{in}}=\delta_j^2\frac{2(x_i^2-m_{in})^2}{(\sigma_{in})^3} \tag{7.52}$$

式中，$j=6(i-1)+m;i=1,2;m=1,2,\cdots,6$。

在学习中的第 k 步获得可调参数的修正值后，自参数按下式调整：

$$\theta_i(k)=\theta_i(k-1)+r_1\Delta\theta_i(k),\quad i=1,2,\cdots,36 \tag{7.53}$$

$$m_{in}(k)=m_{in}(k-1)+r_2\Delta m_{in}(k),\quad i=1,2,m=1,2,\cdots,6 \tag{7.54}$$

$$\sigma_{in}(k)=\sigma_{in}(k-1)+r_3\Delta \sigma_{in}(k),\quad i=1,2,m=1,2,\cdots,6 \tag{7.55}$$

式中，r_1、r_2 和 r_3 分别称为各可调参数的学习率，都是大于零的数。

7.3 模糊神经网络应用

7.3.1 波导匹配负载设计

天线阵通常需要大量的终端匹配负载，对于机载雷达系统，终端匹配负载工作带宽内的吸收性能和尺寸、重量是一对矛盾，需要对其进行优化设计，这种优化设计的实质就是对矩形波导的终端短小匹配负载的优化设计。根据不同的结构形式，可以采用相应的如有限元法（FEM）、时域有限差分（FDTD）方法和遗传算法等方法进行反射系数计算和结构优化设计，但是，由于求解过程中需要对匹配结构进行单元剖分或遗传编码，使得计算效率很低，耗时较长。注意到，在一定频率下，该系统的 S 参数或等效电路参数决定于匹配负载的结构形式和结构尺寸，它们构成非线性映射关系；而这种非线性映射关系可以应用神经网络对其进行精确逼近。因此，如果采用神经网络模型替代匹配负载设计软件中的分析程序，不仅可以保证设计精度，而且可以大大提高设计速度。

7.3.1.1 H 面 T 形波导匹配负载设计

对如图 7.7 所示的 BJ-100 矩形波导 H 面 T 形结构终端匹配负载用上面提到的模糊神经网络模型 I 进行了建模和结构设计。网络输入分别为 H 面 T 形结构的按 z 方向的两层厚度 D_1 和 D_2（根据经验选取 $1\sim3$mm 为宜）和按 x 方向的两层宽度 W_1 和 W_2（中心对称，根据经验上下两层分别选取 $4\sim12$mm 和 $8\sim22.86$mm 为宜），输出为系统的反射系数（幅值）$|S_{11}|$。训练和测试用样本的中心频率为 9.6GHz，材料选取 2# 材料，材料参数为 $\varepsilon_r=7.043-j0.451$，$\mu_r=1.153-j0.342$。

训练神经网络必须有一定数量的典型训练数据，其必须有足够的代表性，同时，数据量不能太大，以免建模的网络及其训练太复杂，并可能引起网络的过拟合，影响网络的推广。由于输入向量一般有若干元素，若每个元素在其给定的变化范围内都取很多可能值，则由这些值排列、组合而成的输入向量数目将会很大。数据取得太少又不具有完备的典型性，可能使网络包容性不够。按照实验设计方法确定输入向量的选取，使其能有效地覆盖整个需要考察的范围。网络训练用样本可以通过实验测量得到，也可以通过电磁场理论解析获得，为简便起见，采用商业软件 Ansoft HFSS 8.0 获得。训练过程中选用的训练样本容量为 45，并用 k-means 方法对样本进行数据聚类。样本聚类后，得到的规则数为 5，为了提高精度，取 $m=9$，因为可根据实际需要调整 m 的值。有了详细的网络结构后，可按照模糊神经网络模型 I 的算法编制相应的程序对网络进行训练，达到精度要求即

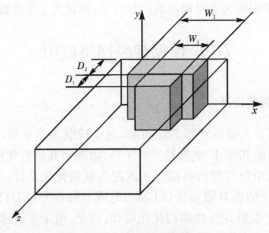

图 7.7　H 面 T 形匹配负载

可。训练结束后,另外取容量为 45 的测试样本对训练后的网络参数进行检验。

图 7.8(a)给出网络训练结果与训练样本(Ansoft HFSS 8.0 的计算结果)的比较图,mse＝0.000021;图 7.8(b)给出网络测试结果与测试样本(Ansoft HFSS 8.0 的计算结果)的比较图,mse＝0.000153。从图 7.8 可以看出,网络的训练精度很高,测试精度也可以达到工程要求。图 7.9 给出 mse 与网络训练次数的关系,曲线基本成指数规律下降,说明该网络稳定,收敛很快。为进行 BJ-100 矩形波导的终端匹配负载的结构设计,可以在感兴趣的结构参数附近进行细化,形成数据文件带入网络后得到其相应的 $|S_{11}|$ 值。本例计算结果,当底层全填充厚度为 2.06mm,上层宽度为 6mm,厚度为 1.017mm 时,$|S_{11}|$ 可以达到 －26dB 以上。

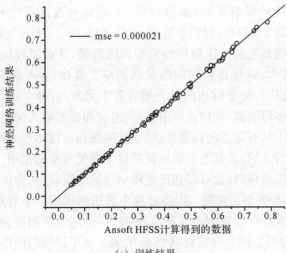

(a) 训练结果

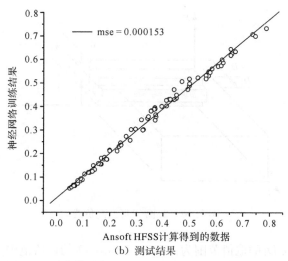

（b）测试结果

图 7.8　网络模型与 Ansoft HFSS 8.0 计算结果的比较

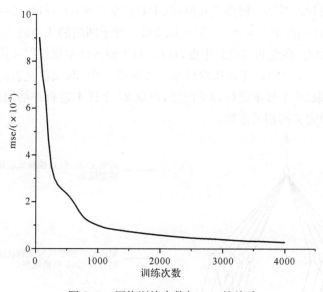

图 7.9　网络训练次数与 mse 的关系

7.3.1.2　E 面 T 形波导匹配负载设计

矩形波导 E 面 T 形匹配负载（图 7.10）场方程的严格理论解分析比较繁琐，下面依据模糊神经网络模型 II 对其进行结构设计，模糊神经网络模型 II 的结构图如图 7.11 所示。在进行模糊神经网络模型 II 的结构设计时，取如图 7.10 所示的 D_1、D_2 和 W_1、W_2 作为神经网络的输入，S_{11} 的大小作为网络的输出。根据工艺性

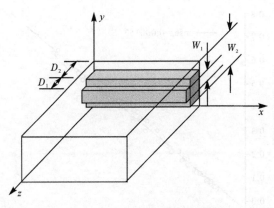

图 7.10   E 面 T 形匹配负载

及实际经验,选取 D_1 的取值范围为 $1.5\sim2.5$mm,D_2 的取值范围为 $2\sim3$mm,W_1 的取值范围为 $4\sim6$mm,W_2 的取值范围为 $8\sim10.16$mm。考虑到网络的规模,频率和材料不再计入网络。模型建立时,取中心频率 9.6GHz,材料选取 2♯材料,参数为 $\varepsilon_r=7.043-j0.451$,$\mu_r=1.153-j0.342$。对于网络的 4 个输入,每个输入取 3 水平,即开始点、终点和对应的中点,这样,对于输入样本就按照 4 因素 3 水平的正交实验的 $L_{27}(3^{13})$ 的正交表选取样本。实际操作中,取该正交表的前 4 列作为取样标准,共取 27 个样本进行训练网络,再取 27 个样本进行评估网络,评估标准选用式(3.15)定义的相关系数。

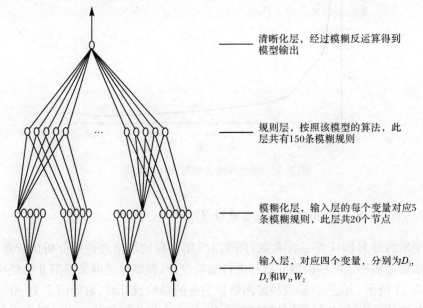

清晰化层,经过模糊反运算得到模型输出

规则层,按照该模型的算法,此层共有150条模糊规则

模糊化层,输入层的每个变量对应5条模糊规则,此层共20个节点

输入层,对应四个变量,分别为 D_1,D_2 和 W_1,W_2

图 7.11   矩形波导 E 面 T 形匹配负载模糊神经网络模型 Ⅱ 结构图

对于选取的输入样本,首先进行数据聚类,本书采用 k-means 方法。聚类后得到的规则数为 3,为提高网络精度,本文取 5。如图 7.11 所示,模糊神经网络模型 Ⅱ 的输入层共有 4 个变量,每个变量对应 5 条模糊规则,在模糊化层就有 20 个节点。按照该模型的算法,在规则层共有 150 条模糊规则,最后在清晰化层进行反模糊运算得到网络的输出。按照相关系数的评价准则,网络训练结束后的相关系数为 0.997,测试得到的相关系数为 0.981,完全可以达到工程要求。

按照输入样本的范围,取 D_1、D_2 的变化间隔为 0.1mm,W_1、W_2 的间隔为 0.2mm,形成一个有 15972 个样本的数据文件带入训练和测试后网络,得到各种结构情况下的系统的反射系数。例如,当 D_1、D_2 和 W_1、W_2 分别为1.7mm、2.2mm 和 5.8mm、8.5mm 时,神经网络的输出为 0.053242,Ansoft HFSS 8.0 的输出为 0.04928,可见两者比较吻合。需要说明的是,在主频为 1.7GHz 的个人计算机上,用软件 Ansoft HFSS 8.0 完成一次矩形波导 E 面 T 形匹配负载结构的反射系数的计算大约需要 70 CPU 秒,这样,如果进行 15972 次计算,共需要 1118040 CPU 秒,而用训练好的神经网络进行计算瞬间即可完成,和 Ansoft HFSS 8.0 所用时间相比可以忽略不计,这也是神经网络的一个重要优点。

7.3.2　微带天线谐振频率计算

微带天线应用范围十分广泛,其贴片形状可以是任意几何图形,矩形、圆形和三角形贴片是最基本、最常用到的。众所周知,由于微带天线的频带较窄,且只有在谐振频率附近才能有效地工作,所以,在微带天线的设计中最重要的就是精确获得其谐振频率,所以,一个合适的模型来决定微带天线的谐振频率在其设计中显得十分有用。已经有很多学者提出了一些具有不同精确度和计算能力的方法来计算矩形、圆形和三角形微带天线的谐振频率[16~27]。这些方法大致分为两类:解析法和数值法。解析法对许多结构并不适用,尤其是介质基片较厚的情况;而数值法对贴片形状、馈电方法、覆盖层的变化等任何几何结构的改变都需要重新计算。

近年,人工神经网络模型在天线设计中的应用逐渐增多,也被用于计算不同形式的微带贴片天线[28~33],这主要是由于其具有很好的学习和泛化能力,且对于被求解问题的信息需求却较少,快速的实时操作和易于应用的特点,通过测量或仿真可以得到的天线的相关数据,用这些数据进行训练后即可获得该问题相关的人工神经网络,而该网络在天线设计中可快速提供解决方案。

为了提高人工神经网络的性能,文献[33]提出了一种混合方法,这种方法是将人工神经网络和自适应网络基模糊推理系统(adaptive-network-based fuzzy inference system,ANFIS)组合在一起,后者在功能上等同于模糊推理系统[34,35]。通常,从人类知识到以规则或隶属函数形式表现的模糊逻辑系统的变化并不能精确给出目标响应,所以,模糊推理系统的参数应该优化确定。自适应网络基模糊推理系统的主要目的就是通过一种学习算法优化模糊推理系统的相关参数,在此过程中使用输入-输出数据集。文献[33]提出的方法是首先用人工神经网络计算为带天线的谐振频率,然后用自适应网络基模糊推理系统矫正人工神经网络的计算误差,下面主要介绍其研究成果。

7.3.2.1　微带天线谐振频率

考虑一宽为W、长为L的矩形贴片,介质基片的厚度为h,相对介电常数ε_r,如图7.12所示,则该微带天线的谐振频率f_{mn}可由式(7.56)～式(7.58)计算[36,37]。

$$f_{mn} = \frac{c}{2\sqrt{\varepsilon_e}} \left[\left(\frac{m}{L_e}\right)^2 + \left(\frac{n}{W_e}\right)^2 \right]^{1/2} \tag{7.56}$$

式中,ε_e为有效相对介电常数;c为电磁波在自由空间的传播速度;m和n为整数;L_e和W_e为有效尺寸。当计算矩形贴片的主模式TM_{10}模的谐振频率时,式(7.56)可写成

$$f_{10} = \frac{c}{2L_e \sqrt{\varepsilon_e}} \tag{7.57}$$

有效长度L_e可定义为

$$L_e = L + 2\Delta L \tag{7.58}$$

式中,ΔL为边界延伸量。

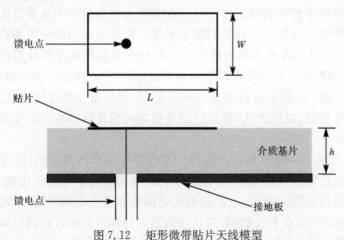

图7.12　矩形微带贴片天线模型

根据式(7.56)～式(7.58),可将圆形微带天线TM_{mn}模的谐振频率表示为

$$f_{mn} = \frac{\alpha_{mn}}{2\pi a \sqrt{\mu_0 \varepsilon}} = \frac{\alpha_{mn}c}{2\pi a \sqrt{\varepsilon_r}} \tag{7.59}$$

式中,α_{mn}为m阶Bessel函数的导数的第n个零点;a为圆形贴片的半径。主要模

式是 TM_{11}，此时，$a_{11}=1.84118$。为了有效计算边缘场，文献[36]、[37]给出了许多建议，大多数是在保持介质有效介电常数不变的情况下，贴片半径 a 用有效值 a_e 来替换。

对三角形微带天线而言，在假设理想磁壁的情况下，由腔模理论可得到谐振频率为[36,37]

$$f_{mn} = \frac{2c}{3s\sqrt{\varepsilon_r}}(m^2 + mn + n^2)^{\frac{1}{2}} \tag{7.60}$$

式中，s 为三角形的边长。考虑到边缘效应，边长 s 应用有效值 s_e 代替。

文献[16]～[27]、[36]、[37]明确指出，矩形、圆形和三角形微带天线的谐振频率取决于 h，ε_r，m，n 及贴片的几何尺寸（矩形微带天线的 W 和 L，圆形微带天线的 a，三角形微带天线的 s）。文献[28]将圆形和三角形贴片的面积换算成矩形贴片的面积，从而使用单一方法可以同时计算矩形、圆形和三角形微带天线的谐振频率。下面的公式给出圆形和三角形贴片换算成矩形贴片的对应公式，参考图 7.13。

$$W = \frac{\pi a}{2}, \quad L = 2a（圆形微带天线） \tag{7.61}$$

$$W = \frac{s}{2}, \quad L = d（三角形微带天线） \tag{7.62}$$

式中，d 为三角形贴片的高。显然，式(7.61)和式(7.62)中的 L 乘以 W 等于相应贴片的面积。

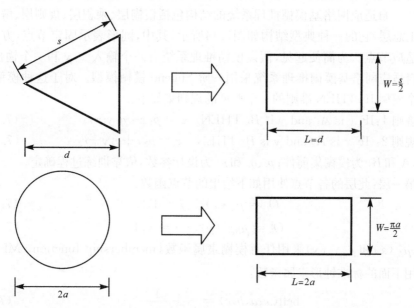

图 7.13　三角形和圆形贴片等效为矩形贴片示意图

通过这种方法计算谐振频率时,首先由式(7.61)和式(7.62)得到圆形和三角形微带天线的等效的 W 和 L,这样,矩形、圆形和三角形微带天线的谐振频率就取决于 $W, L, h, \varepsilon_r, m$ 和 n。矩形和圆形微带天线的主模式分别是 TM_{10} 和 TM_{11},这些模式在微带天线应用中广泛采用。

7.3.2.2 谐振频率计算用神经网络

在人工神经网络应用过程中,网络结构和学习算法是两个最重要的因素。人工神经网络有许多种结构形式[38,39],选用何种结构主要依据要解决的实际问题,本书采用多层感知器神经网络结构形式。在这种神经网络结构形式中,具体采用单层结构,层内神经元全连接,连接权值表征连接的强度。多层感知器可使用多种不同的学习算法来训练,本例采用贝叶斯规则(Bayesian regulation,BR)算法来训练多层感知器[40]。

7.3.2.3 自适应网络基模糊推理系统

模糊推理系统是基于模糊集合理论、模糊 IF-THEN 规则和模糊推理概念上的通用的计算模型。在许多模糊推理系统模型中,Sugeno 模糊模型因其计算效率高及具有自适应技术等优点而广泛采用。Sugeno 模糊模型提供了从一组输入输出数据中形成模糊准则的系统方法。

自适应网络基模糊推理系统作为自适应网络,在功能上等同于模糊推理系统[34,35]。自适应网络基模糊推理系统的结构包括模糊层、乘积层、规则层、解模糊层和汇总层,它的一种典型结构如图7.14所示,其中,圆形表示固定节点,方形表示自适应节点。为简便起见,假设模糊推理系统有两个输入 x, y 和一个输出 z。本例自适应网络基模糊推理系统采用一阶 Sugeno 模糊模型。对于这种模型,具有两个模糊 IF-THEN 准则的一个典型的规则集如下:

规则 1:IF x is A_1 and y is B_1 THEN $z_1 = p_1 x + q_1 y + r_1$ (7.63a)

规则 2:IF x is A_2 and y is B_2 THEN $z_2 = p_2 x + q_2 y + r_2$ (7.63b)

式中,A_i 和 B_i 为模糊集前件;p_i、q_i 和 r_i 为设计参数,依靠训练过程确定。

第一层:此层的各节点使用如下给出的节点函数:

$$O_i^1 = \mu_{A_i}(x), \quad i = 1, 2 \tag{7.64a}$$

$$O_i^1 = \mu_{B_{i-2}}(y), \quad i = 3, 4 \tag{7.64b}$$

式中,$\mu_{A_i}(x)$ 和 $\mu_{B_{i-2}}(y)$ 采用任意模糊隶属函数(membership function,MF),本例使用下面的标准钟形隶属函数:

$$\text{bell}(x; a, b, c) = \frac{1}{1 + \left| \dfrac{x - c}{a} \right|^{2b}} \tag{7.65}$$

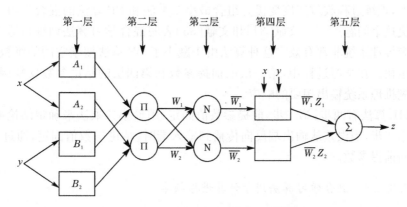

图 7.14 自适应网络基模糊推理系统模型

式中，$\{a_i, b_i, c_i\}$ 控制隶属函数的形状。这一层的参数称为前提参数。

第二层：此层的各节点通过乘法计算规则的激励强度。

$$O_i^2 = \omega_i = \mu_{A_i}(x)\mu_{B_i}(y), \quad i = 1,2 \tag{7.66}$$

第三层：此层的第 i 个节点计算该规则相对于所有规则的激励强度的比例。

$$O_i^3 = \bar{\omega}_i = \frac{\omega_i}{\omega_1 + \omega_2}, \quad i = 1,2 \tag{7.67}$$

式中，$\bar{\omega}_i$ 为标准激励强度。

第四层：此层各节点满足如下函数：

$$O_i^4 = \bar{\omega}_i z_i = \bar{\omega}_i(p_i x + q_i y + r_i), \quad i = 1,2 \tag{7.68}$$

式中，$\bar{\omega}_i$ 为第三层的输出；$\{p_i, q_i, r_i\}$ 为参数集。此层的参数称为结论参数。

第五层：此层为单节点，目的是计算所有输入信号的总输出，可表示为

$$O_i^5 = \sum_{i=1}^{2} \bar{\omega}_i z_i = \frac{\omega_1 z_1 + \omega_2 z_2}{\omega_1 + \omega_2} \tag{7.69}$$

从自适应网络基模糊推理系统的结构可以看出，当前提参数的值给定时，其输出可表示为

$$z = \frac{\omega_1}{\omega_1 + \omega_2} z_1 + \frac{\omega_2}{\omega_1 + \omega_2} z_2 \tag{7.70}$$

把式（7.67）代到式（7.70）中可算出

$$z = \bar{\omega}_1 z_1 + \bar{\omega}_2 z_2 \tag{7.71}$$

把模糊 IF-THEN 规则代到式（7.71）中，则有

$$z = \bar{\omega}_1(p_1 x + q_1 y + r_1) + \bar{\omega}_2(p_2 x + q_2 y + r_2) \tag{7.72}$$

重新整理后，输出可写为结论参数的线性组合形式，即

$$z = (\bar{\omega}_1 x)p_1 + (\bar{\omega}_1 y)q_1 + (\bar{\omega}_1)r_1 + (\bar{\omega}_2 x)p_2 + (\bar{\omega}_2 y)q_2 + (\bar{\omega}_2)r_2 \tag{7.73}$$

可以使用最小二乘法求出结论参数的最佳值。当前提参数不确定时，搜索空

间变大,训练过程收敛速度变慢。组合最小二乘法和 BP 算法的混合学习算法可以解决这个问题[34,35]。文献[34]和文献[35]表明混合学习算法训练自适应网络基模糊推理系统非常有效。这种算法由于减小了 BP 算法搜索空间的维数,使得收敛很快。在学习过程中,第一层的前提参数和第四层的结论参数反复调整,直到模糊推理系统输出想要的响应。

HL 算法有两步:第一步,前提参数值固定,用最小二乘法来确定结论参数的值。第二步,当误差从输出端反向传播到输入端时,结论参数值固定,通过 BP 算法更新前提参数。

7.3.2.4　混合学习算法用于计算谐振频率

计算矩形、圆形和三角形微带天线的谐振频率模型如图 7.15 所示。该模型基于人工神经网络和自适应网络基模糊推理系统,输入是 W、L、h、ε_r、m 和 n,输出的是测量的谐振频率 f_{ME}。在该模型中,首先用人工神经网络计算谐振频率,然后用自适应网络基模糊推理系统纠正人工神经网络计算产生的误差。

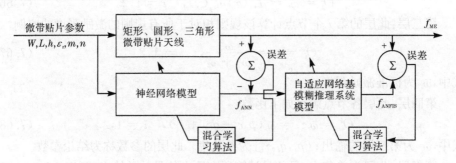

图 7.15　矩形、圆形和三角形微带天线谐振频率计算模型

人工神经网络和自适应网络基模糊推理系统是一种黑箱模型,其精确度依赖于训练数据集合。得到精确模型的最基本的要求是有比较好的训练数据。本例用到的训练和测试数据源于文献[16]～[26]的实验结果,表 7.1～表 7.3 分别给出了矩形、圆形和三角形微带天线的相关数据,共列出了 68 个数据集合,其中,54 个用于训练混合,剩下的标注星号的 14 个用于测试。根据式(7.61)和式(7.62)得到圆形和三角形微带天线的对应的 W 和 L。在训练之前,输入和输出数据集合在 0～1 定标。

表 7.1　矩形微带天线 TM₁₀ 模式下的谐振频率

贴片序号	W/cm	L/cm	h/cm	ε_r	测得 f_{ME}/MHz[25,26]
1	0.850	1.290	0.017	2.22	7740
2*	0.790	1.185	0.017	2.22	8450
3	2.000	2.500	0.079	2.22	3970
4	1.063	1.183	0.079	2.25	7730
5	0.910	1.000	0.127	10.20	4600
6	1.720	1.860	0.157	2.33	5060
7*	1.810	1.960	0.157	2.33	4805
8	1.270	1.350	0.163	2.55	6560
9	1.500	1.621	0.163	2.55	5600
10*	1.337	1.412	0.200	2.55	6200
11	1.120	1.200	0.242	2.55	7050
12	1.403	1.485	0.252	2.55	5800
13	1.530	1.630	0.300	2.50	5270
14	0.905	1.018	0.300	2.50	7990
15	1.170	1.280	0.300	2.50	6570
16*	1.375	1.580	0.476	2.55	5100
17	0.776	1.080	0.330	2.55	8000
18	0.790	1.255	0.400	2.55	7134
19	0.987	1.450	0.450	2.55	6070
20*	1.000	1.520	0.476	2.55	5820
21	0.814	1.440	0.476	2.55	6380
22	0.790	1.620	0.550	2.55	5990
23	1.200	1.970	0.626	2.55	4660
24	0.783	2.300	0.854	2.55	4600
25*	1.256	2.756	0.952	2.55	3580
26	0.974	2.620	0.952	2.55	3980
27	1.020	2.640	0.952	2.55	3900
28	0.883	2.676	1.000	2.55	3980
29	0.777	2.835	1.100	2.55	3900
30	0.920	3.130	1.200	2.55	3470
31*	1.030	3.380	1.281	2.55	3200
32	1.265	3.500	1.281	2.55	2980
33	1.080	3.400	1.281	2.55	3150

*为测试数据集。

表 7.2　　圆形微带天线 TM_{11} 模式下的谐振频率

贴片序号	a/cm	h/cm	ε_r	测得 f_{ME}/MHz
1	6.800	0.08000	2.32	835■
2*	6.800	0.15900	2.32	829■
3	6.800	0.31800	2.32	815■
4	5.000	0.15900	2.32	1128▲
5	3.800	0.15240	2.49	1443▼
6	4.850	0.31800	2.52	1099×
7*	3.493	0.15880	2.50	1570◆
8	1.270	0.07940	2.59	4070◆
9	3.493	0.31750	2.50	1510◆
10	4.950	0.23500	4.55	825
11	3.975	0.23500	4.55	1030
12	2.990	0.23500	4.55	1360
13*	2.000	0.23500	4.55	2003
14	1.040	0.23500	4.55	3750
15	0.770	0.23500	4.55	4945
16	1.150	0.15875	2.65	4425●
17	1.070	0.15875	2.65	4723●
18	0.960	0.15875	2.65	5524●
19*	0.740	0.15875	2.65	6634●
20	0.820	0.15875	2.65	6074●

■频率由 Dahele 和 Lee[19] 测得，▲频率由 Dahele 和 Lee[20] 测得，▼频率由 Carver[18] 测得，×频率由 Antoszkiewicz 和 Shafai[23] 测得，◆频率由 Howell[17] 测得，●频率由 Itoh 和 Mittra[16] 测得，其余的由 Abboud 等[22] 测得。* 为测试数据集。

表 7.3　　三角形微带天线在不同模式下的谐振频率

模式	s/cm	h/cm	ε_r	测得 f_{ME}/MHz
TM_{10}	4.1	0.070	10.5	1519★
TM_{11}*	4.1	0.070	10.5	2637★
TM_{20}	4.1	0.070	10.5	2995★
TM_{21}	4.1	0.070	10.5	3973★
TM_{30}	4.1	0.070	10.5	4439★
TM_{10}	8.7	0.078	2.32	1489★

续表

模式	s/cm	h/cm	ε_r	测得 f_{ME}/MHz
TM$_{11}$	8.7	0.078	2.32	2596★
TM$_{20}$	8.7	0.078	2.32	2969★
TM$_{21}$*	8.7	0.078	2.32	3968★
TM$_{30}$	8.7	0.078	2.32	4443★
TM$_{10}$	10	0.159	2.32	1280
TM$_{11}$	10	0.159	2.32	2242
TM$_{20}$	10	0.159	2.32	2550
TM$_{21}$	10	0.159	2.32	3400
TM$_{30}$*	10	0.159	2.32	3824

★频率由 Chen 等[24]测得,其余的由 Dahele 和 Lee[21]测得。*为测试数据集。

应用一种学习算法训练人工神经网络计算微带天线的谐振频率,输入样本集合为(W,L,h,ε_r,m 和 n),相应测得的谐振频率 f_{ME} 作为输出,训练好的神经网络在微带天线相关参数和实测谐振频率之间建立起关系。目前,没有任何确定的方法可以最佳地决定隐层数和每一隐层的神经元的数量。常见的做法是采取反复实验的方法,经过多次实验发现对于本例两个隐层即可达到精度要求,最合适的网络结构是 $6\times6\times12\times1$。也就是,输入层、第一隐层、第二隐层和输出层神经元的数目分别是 6、6、12 和 1。隐层采用正切 Sigmoid 函数,输出层采用线性活化函数。共训练 381 次,神经网络模型的初始权值随机设置。用混合学习算法训练自适应网络基模糊推理系统,该模型的输入为人工神经网络的输出值 f_{ANN},相应的谐振频率实测值 f_{ME} 作为其输出,目标输出 f_{ME} 和自适应网络基模糊推理系统实际输出之间的差值由混合学习算法来调整,直至满足精度要求为止,也可以是达到最大的迭代步数。选择自适应网络基模糊推理系统的训练参数大多依赖所处理的具体问题,本例自适应网络基模糊推理系统的训练步数是 164,输入的隶属函数是 11,规则数是 11。输入的隶属函数的类型是标准钟形函数,从式(7.65)显见,标准钟形隶属函数由三个参数决定。因此,本例中的自适应网络基模糊推理系统包含了 55 个参数,其中,33 个($11\times3=33$)是前提参数,22 个($2\times11=22$)是结论参数。

表 7.4 列出了使用本例提出的混合学习算法计算的矩形、圆形和三角形微带天线的谐振频率。为便于比较,该表中也给出 Guney 等[31]提出的单一神经元模型及 Sagiroglu 和 Kalinli[41]提出的改进的单一神经元模型得到的结果,表中的 f_{EDBD}、f_{DBD}、f_{BP} 和 f_{PTS} 分别代表使用 EDBD(extended delta-bar-delta)、DBD(delta-bar-delta)和 BP 算法的单一神经元模型及采用 PTS(parallel tabu search)算法的

改进的单一神经元模型的计算结果。表 7.4 也列出了每种方法理论值与实验值之间的绝对误差的总和。从表 7.4 可以看出,混合学习算法的计算结果比单一神经元模型方法更接近于实验结果,实测值和计算结果之间的一致性证明了该方法的有效性。

表 7.4　混合学习算法和单一神经元模型法得到的微带天线的谐振频率及理论值和实测值之间的绝对误差总和

微带天线类型	测得 f_{ME}	混合学习算法	单一神经元模型[31,41]			
			f_{EDBD}[31]	f_{DBD}[31]	f_{BP}[31]	f_{PTS}[41]
	7740	7743.8	7935.5	7890.1	7858.6	7847.4
	8450	8455.5	8328.2	8226.0	8233.1	8148.6
	3970	3971.1	4046.4	4023.0	4075.4	3971.5
	7730	7726.6	7590.1	7567.3	7616.8	7881.6
	4600	4598.8	4604.8	4573.9	4592.4	4603.4
	5060	5057.5	4934.2	4914.0	4930.3	4969.4
	4805	4842.6	4699.2	4684.5	4703.3	4879.0
	6560	6559.8	6528.6	6502.8	6516.5	6635.8
	5600	5594.7	5503.4	5473.3	5449.0	5516.3
	6200	6181.3	6176.6	6142.6	6147.2	6205.7
	7050	7048.9	7099.6	7064.3	7132.9	7113.8
	5800	5800.7	5805.6	5768.8	5765.7	5794.3
矩形	5270	5277.6	5287.7	5260.3	5254.0	5313.0
	7990	7991.6	7975.5	7881.8	8002.2	7776.6
	6570	6570.1	6674.8	6632.8	6682.7	6481.9
	5100	5097.8	5311.8	5293.2	5291.4	5191.4
	8000	7998.0	7911.1	7841.6	7942.5	7893.0
	7134	7134.9	7183.2	7162.1	7215.9	7267.0
	6070	6072.6	6173.0	6155.1	6170.2	6030.4
	5820	5863.2	5931.0	5918.0	5924.5	5780.5
	6380	6380.3	6424.0	6417.5	6430.7	6500.0
	5990	5990.0	5866.1	5873.9	5870.5	6004.0
	4660	4659.2	4699.0	4728.0	4718.9	4562.8
	4600	4606.2	4459.1	4517.1	4519.0	4591.2
	3580	3600.5	3659.8	3655.7	3644.6	3685.2
	3980	3972.0	3952.9	3982.6	3975.9	3948.5

续表

微带天线类型	测得 f_{ME}	混合学习算法	单一神经元模型[31,41]			
			f_{EDBD}[31]	f_{DBD}[31]	f_{BP}[31]	f_{PTS}[41]
矩形	3900	3907.0	3905.4	3930.0	3922.2	3891.4
	3980	3984.5	3938.8	3970.7	3965.3	3969.4
	3900	3894.7	3825.5	3851.1	3845.9	3893.0
	3470	3472.5	3481.4	3466.2	3458.4	3456.9
	3200	3194.9	3230.3	3184.7	3178.0	3167.0
	2980	2979.4	3036.1	2965.6	2961.2	3035.5
	3150	3148.5	3191.2	3140.4	3134.0	3135.3
误差		204	2392	2427	2372	2239
三角形	835	834.6	822.9	793.9	818.4	848.5
	829	823.3	820.2	792.4	817.4	850.4
	815	815.8	814.5	789.4	815.5	857.9
	1128	1128.0	1108.1	1092.1	1034.6	1102.3
	1443	1444.4	1430.4	1452.1	1449.4	1437.0
	1099	1097.7	1109.6	1095.0	1039.6	1128.5
	1570	1570.3	1565.5	1584.6	1623.9	1566.9
	4070	4070.7	4144.3	4149.5	4191.4	4092.4
	1510	1510.0	1561.7	1573.2	1602.6	1506.0
圆形	825	824.8	882.4	892.2	889.1	895.6
	1030	1030.5	1028.0	1064.5	1040.5	1003.5
	1360	1360.3	1312.6	1352.6	1347.8	1330.5
	2003	2034.8	1979.1	1960.6	1975.4	2030.8
	3750	3749.5	3732.2	3716.4	3615.9	3777.1
	4945	4942.9	4965.5	4934.6	5024.6	4927.9
	4425	4424.2	4428.7	4424.1	4457.4	4371.7
	4723	4720.4	4712.3	4700.1	4728.3	4707.2
	5224	5225.3	5198.0	5166.0	5188.2	5256.3
	6634	6671.8	6662.5	6584.8	6636.8	6616.4
	6074	6071.5	6045.0	5983.3	6011.9	6095.7
误差		91	462	727	922	508

微带天线类型	测得 f_{ME}	混合学习算法	单一神经元模型[31,41]			
			f_{EDBD}[31]	f_{DBD}[31]	f_{BP}[31]	f_{PTS}[41]
	1519	1517.5	1527.0	1540.8	1557.6	1510.8
	2637	2635.8	2623.5	2632.3	2609.5	2633.1
	2995	2996.8	2983.3	2990.3	2986.9	2989.7
	3973	3973.0	3992.1	3954.0	4005.6	3974.8
	4439	4438.6	4424.5	4410.7	4410.8	4440.3
	1489	1488.8	1503.7	1541.3	1557.4	1493.2
	2596	2595.8	2600.6	2526.8	2597.7	2609.4
三角形	2969	2969.5	2986.6	3007.1	2995.8	2969.6
	3968	3977.4	3945.6	3891.2	3854.8	3969.1
	4443	4442.3	4440.2	4472.3	4505.0	4443.5
	1280	1280.4	1257.7	1318.2	1250.8	1276.1
	2242	2242.4	2224.1	2194.6	2134.9	2227.7
	2550	2549.4	2500.9	2505.3	2512.2	2553.1
	3400	3398.2	3416.5	3491.5	3497.7	3395.5
	3824	3831.5	3861.2	3768.4	3784.5	3821.6
误差		27	272	622	729	68
三种微带天线的总绝对误差		322	3126	3776	4023	2815

注:谐振频率和误差的单位为 MHz。

　　为了进一步比较,表 7.5～表 7.7 给出了用传统方法[17,18,22,24,42~62]和基于遗传算法的方法[63,64]及基于 TSA 的方法[65,66]计算得到的矩形、圆形和三角形微带天线谐振频率的结果,其中,每种方法的最后一行给出了实验值和理论值之间的绝对误差的总和。表 7.5～表 7.7 可以明显地看出混合学习算法的结果比其他学者得到的结果要好。值得说明的是,传统方法和基于遗传算法、禁忌搜索算法 (Tabu search algorithm,TSA)的方法只能用于计算每种不同形式的微带天线的谐振频率,但混合学习算法可同时用于计算矩形、圆形和三角形三种不同类型的微带天线的谐振频率。

表 7.5　用传统方法得到的矩形微带天线谐振频率及实测值与理论值之间的绝对误差的总和

序号	f_{ME}	[17]	[44]	[18]	[42]	[43]	[46]	[48]	[49]	[54]	[26]	[62]
1	7740	7804	7697	7750	7791	7635	7737	7763	7720	7717	412	7765
2	8450	8496	8369	8431	8478	8298	8417	8446	8396	8389	488	8451

续表

序号	f_{ME}	[17]	[44]	[18]	[42]	[43]	[46]	[48]	[49]	[54]	[26]	[62]
3	3970	4027	3898	3949	3983	3838	3951	3950	3917	3887	510	3977
4	7730	7940	7442	7605	7733	7322	7763	7639	7551	7376	1610	7730
5	4600	4697	4254	4407	4641	4455	4979	4759	4614	4430	113	4618
6	5060	5283	4865	4989	5070	4741	5101	4958	4924	4797	1621	5077
7	4805	5014	4635	4749	4824	4520	4846	4724	4688	4573	1460	4830
8	6560	6958	6220	6421	6566	6067	6729	6382	6357	6114	2550	6563
9	5600	5795	5270	5424	5535	5158	5625	5414	5374	5194	1769	5535
10	6200	6653	5845	6053	6201	5682	6413	5987	5988	5735	2860	6193
11	7050	7828	6566	6867	7052	6320	7504	6682	6769	6433	4792	7030
12	5800	6325	5435	5653	5801	5259	6078	5552	5586	5326	3259	5787
13	5270	5820	4943	5155	5287	4762	5572	5030	5081	4842	3383	5273
14	7990	9319	7334	7813	7981	6917	8885	7339	7570	6822	8674	8101
15	6570	7412	6070	6390	6550	5794	7076	6135	6264	5951	5486	6543
16	5100	5945	4667	4993	5092	4407	5693	4678	4830	4338	5437	5193
17	8000	8698	6845	7546	7519	6464	8447	6889	7160	6367	8067	7948
18	7134	7485	5870	6601	6484	5525	7342	5904	6179	5452	7242	7169
19	6070	6478	5092	5660	5606	4803	6317	5125	5341	4735	6103	6026
20	5820	6180	4855	5423	5352	4576	6042	4886	5100	4513	5875	5817
21	6380	6523	5101	5823	5660	4784	6453	5122	5396	4729	6546	6515
22	5990	5798	4539	5264	5063	4239	5804	4550	4830	4196	5976	6064
23	4660	4768	3746	4227	4141	3526	4689	3770	3949	3479	4600	4613
24	4600	4084	3201	3824	3615	2938	4209	3168	3446	2921	4603	4550
25	3580	3408	2668	3115	2983	2485	3430	2670	2845	2461	3574	3628
26	3980	3585	2808	3335	3162	2590	3668	2790	3015	2572	3955	3956
27	3900	3558	2785	3299	3133	2573	3629	2771	2987	2555	3895	3907
28	3980	3510	2753	3294	3112	2522	3626	2721	2966	2509	3982	3922
29	3900	3313	2608	3147	2964	2364	3473	2554	2823	2356	3903	3747
30	3470	3001	2358	2838	2675	2146	3129	2317	2549	2137	3493	3381
31	3200	2779	2183	2623	2474	1992	2889	2151	2357	1983	3197	3123
32	2980	2684	2102	2502	2370	1936	2752	2086	2259	1924	2982	2972
33	3150	2763	2168	2600	2453	1982	2863	2139	2338	1972	3160	3096
误差		13136	24097	11539	12322	30669	8468	22572	18148	30504	56698	1393

注:谐振频率和总绝对误差的单位为 MHz。

表 7.6　传统方法和基于遗传算法与 TSA 的方法得到的圆形微带天线的
谐振频率及实验值与理论值之间的绝对误差的总和

序号	f_{ME}	[18]	[17]	[45]	[22]	[50]	[53]	[57]	[58]	[66]	[64]	[59]	[60]
1	835	845	849	840	842	844	838	841	840	843	840	842	839
2	829	842	849	833	837	839	831	836	832	838	831	837	833
3	815	834	849	821	826	829	819	826	818	828	815	827	824
4	1128	1141	1154	1127	1133	1136	1124	1132	1125	1135	1123	1133	1129
5	1443	1445	1466	1427	1436	1439	1423	1435	1423	1438	1432	1436	1431
6	1099	1115	1142	1098	1105	1109	1095	1105	1091	1107	1100	1107	1103
7	1570	1565	1580	1545	1555	1559	1541	1554	1539	1558	1550	1556	1550
8	4070	4203	4290	4145	4175	4187	4134	4173	4120	4183	4168	4179	4163
9	1510	1539	1580	1513	1522	1529	1509	1523	1498	1524	1510	1525	1520
10	825	818	833	818	827	827	816	825	817	824	823	827	823
11	1030	1014	1037	1016	1027	1027	1013	1026	1013	1024	1022	1028	1023
12	1360	1339	1379	1344	1358	1360	1340	1359	1336	1355	1352	1361	1355
13	2003	1972	2061	1990	2009	2012	1984	2012	1966	2007	2002	2015	2009
14	3750	3627	3963	3749	3744	3737	3739	3752	3634	3750	3750	3750	3751
15	4945	4722	5353	5001	4938	4922	4987	4943	4817	4948	4945	4932	4944
16	4425	4461	4695	4399	4413	4437	4388	4422	4328	4422	4413	4423	4415
17	4723	4776	5046	4712	4723	4749	4699	4731	4630	4730	4722	4733	4725
18	5224	5289	5625	5223	5226	5257	5209	5237	5121	5231	5224	5237	5231
19	6634	6733	7297	6679	6644	6684	6661	6658	6499	6634	6636	6652	6651
20	6074	6125	6585	6063	6047	6084	6046	6061	5920	6046	6043	6057	6054
误差		965	3341	337	253	383	380	253	1047	253	207	275	235

注:谐振频率和总绝对误差的单位为 MHz。

表 7.7　传统方法和基于遗传算法与 TSA 的方法得到的三角形微带天线的
谐振频率及实验值与理论值之间的绝对误差的总和

模式	f_{ME}	[42]	[47]	[51]	[52]	[24]	[55]	[56]	[63]	[65]	[61]
TM_{10}	1519	1725	1498	1494	1577	1509	1511	1541	1501	1501	1505
TM_{11}	2637	2988	2594	2588	2731	2614	2617	2669	2601	2600	2629
TM_{20}	2995	3450	2995	2989	3153	3018	3021	3082	3003	3002	3013
TM_{21}	3973	4564	3962	3954	4172	3993	3997	4077	3972	3971	3985
TM_{30}	4439	5175	4493	4483	4730	4528	4532	4623	4504	4503	4519

续表

模式	f_{ME}	[42]	[47]	[51]	[52]	[24]	[55]	[56]	[63]	[65]	[61]
TM_{10}	1489	1627	1500	1480	1532	1498	1486	1481	1489	1488	1485
TM_{11}	2596	2818	2599	2564	2654	2595	2573	2565	2579	2577	2580
TM_{20}	2969	3254	3001	2961	3065	2996	2971	2962	2978	2976	2969
TM_{21}	3968	4304	3970	3917	4054	3963	3931	3918	3940	3937	3940
TM_{30}	4443	4880	4501	4441	4597	4494	4457	4443	4468	4464	4456
TM_{10}	1280	1413	1299	1273	1340	1296	1280	1280	1281	1281	1277
TM_{11}	2242	2447	2251	2206	2320	2244	2217	2218	2219	2218	2224
TM_{20}	2550	2826	2599	2547	2679	2591	2560	2561	2562	2562	2555
TM_{21}	3400	3738	3438	3369	3544	3428	3387	3387	3389	3389	3397
TM_{30}	3824	4239	3898	3820	4019	3887	3840	3841	3843	3842	3835
误差		5124	424	326	1834	408	314	590	273	273	233

注:谐振频率和总绝对误差的单位为 MHz。

参 考 文 献

[1] Wang L X, Mendel J M. Fuzzy basis functions, universal approximation, and orthogonal least squares learning. IEEE Trans. on Neural Networks, 1992, 3(5): 807-814.

[2] 王立新. 自适应模糊系统与控制. 北京:国防工业出版社, 1995.

[3] 胡宝清. 模糊理论基础. 武汉:武汉大学出版社, 2004.

[4] 谢季坚, 刘承平. 模糊数学方法及其应用. 武汉:华中理工大学出版社, 2006.

[5] 王士同. 神经模糊系统及其应用. 北京:北京航空航天大学出版社, 1998.

[6] 李士勇. 模糊控制·神经控制和职能控制论. 哈尔滨:哈尔滨工业大学出版社, 1996.

[7] 张建明, 王树青, 王宁. 模糊系统与人工神经网络的交叉综合及应用. 系统工程与电子技术, 1998, 20(9): 55-58.

[8] 闻新, 宋屹, 周露. 模糊系统和神经网络的融合技术. 系统工程与电子技术, 1999, 21(5): 55-58.

[9] 刘增良. 模糊技术与神经网络技术选编. 北京:北京航空航天大学出版社, 1999.

[10] 张乃尧, 阎平凡. 神经网络与模糊控制. 北京:清华大学出版社, 1998.

[11] 张育智. 基于神经网络与数据融合的结构损伤识别理论研究[博士学位论文]. 成都:西南交通大学, 2007.

[12] 张建民. 协作型模糊混沌神经网络研究[博士学位论文]. 哈尔滨:哈尔滨工程大学, 2006.

[13] 郑丽颖. 混沌神经网络及模糊混沌神经网络的研究与应用[博士学位论文]. 哈尔滨:哈尔滨工程大学, 2002.

[14] 钟珞, 饶文碧, 邹承明. 人工神经网络及其融合应用技术. 北京:科学出版社, 2007.

[15] Kosko B. Neural Networks and Fuzzy Systems. New Jersey: Prentice-Hall, 1992.

[16] Itoh T, Mittra R. Analysis of a microstrip disk resonator. Archivfür Electronik und Übertrugungstechnik, 1973, 27, 456-458.

[17] Howell J Q. Microstrip antennas. IEEE Trans. on Antennas and Propagation, 1975, 23(1): 90-93.

[18] Carver K R. Practical analytical techniques for the microstrip antenna//Proc. Workshop Printed Circuit Antenna Tech. , New Mexico State Univ. , Las Cruces,1979.

[19] Dahele J S, Lee K F. Effect of substrate thickness on the performance of a circular-disk microstrip antenna. IEEE Trans. on Antennas and Propagation. 1983, 31(3): 358-364.

[20] Dahele J S, Lee K F. Theory and experiment on microstrip antennas with airgaps. Proc. Inst. Elect. Eng. , 1985, 132: 455-460.

[21] Dahele J S, Lee K F. On the resonant frequencies of the triangular patch antenna. IEEE Trans. on Antennas and Propagation. 1987, 35(1): 100,101.

[22] Abboud F, Damiano J P, Papiernik A. New determination of resonant frequency of circular disc microstrip antenna: Application to thick substrate. Electronics Letters, 1988, 24(17), 1104-1106.

[23] Antoszkiewicz K, Shafai L. Impedance characteristics of circular microstrip patches. IEEE Trans. on Antennas Propagation, 1990, 38(6): 942-946.

[24] Chen W, Lee K F, Dahele J S. Theoretical and experimental studies of the resonant frequencies of the equilateral triangular microstrip antenna. IEEE Transactions on Antennas Propagation, 1992, 40(10): 1253-1256.

[25] Kara M. The resonant frequency of rectangular microstrip antenna elements with various substrate thicknesses. Microwave and Optical Technology Letters, 1996, 11(2): 55-59.

[26] Kara M. Closed-form expressions for the resonant frequency of rectangular microstrip antenna elements with thick substrates. Microwave and Optical Technology Letters, 1996, 12(3): 131-136.

[27] Guha D, Siddiqui J Y. Resonant frequency of equilateral triangular microstrip antenna with and without air gap. IEEE Trans. on Antennas Propagation, 2004, 52(8): 2174-2177.

[28] Sagiroglu S, Guney K. Calculation of resonant frequency for an equilateral triangular microstrip antenna with the use of artificial neural networks. Microwave and Optical Technology Letters, 1997, 14(2): 89-93.

[29] Sagiroglu S, Guney K, Erler M. Resonant frequency calculation for circular microstrip antennas using artificial neural networks. International Journal of RF and Microwave Computer-Aided Engineering, 1998, 8(3): 270-277.

[30] Mishra R K, Patnaik A. Neurospectral computation for complex resonant frequency of microstrip resonators. IEEE Microwave Guided Wave Letters, 1999, 9(9): 351-353.

[31] Guney K, Sagiroglu S, Erler M. Generalized neural method to determine resonant frequencies of various microstrip antennas. International Journal of RF and Microwave Computer-Aided Engineering, 2002, 12(1): 131-139.

[32] Pattnaik S S, Panda D C, Devi S. Tunnel-based artificial neural network technique to calculate the resonant frequency of a thick-substrate microstrip antenna. Microwave. and Optical Technology Letters, 2002, 34(6): 460-462.

[33] Guney K, Sarikaya N. A Hybrid method based on combining artificial neural network and fuzzy inference system for simultaneous computation of resonant frequencies of rectangular, circular, and triangular microstrip antennas. IEEE Trans. on Antennas and Propagation, 2007, 55(3): 659-668.

[34] Jang S R. ANFIS: Adaptive-network-based fuzzy inference system. IEEE Trans. on System, Man, Cybernetics, 1993, 23(3): 665-685.

[35] Jang S R, Sun C T, Mizutani E. Neuro-Fuzzy and Soft Computing: A Computational Approach to

Learning and Machine Intelligence. Upper Saddle River: Prentice-Hall, 1997.

[36] Wong K L. Compact and broadband microstrip antennas. New York: Wiley, 2002.

[37] Kumar G, Ray K P. Broadband microstrip antennas. Norwood: Artech House, 2003.

[38] Zhang Q J, Gupta K C. Neural networks for RF and microwave design. Norwood: Artech House, 2000.

[39] Christodoulou C, Georgiopoulos M. Applications of neural networks in electromagnetics. Norwood: Artech House, 2001.

[40] Mackay D J C. Bayesian interpolation. Neural Computation, 1992, 4(3): 415-447.

[41] Sagiroglu S, Kalinli A. Determining resonant frequencies of various microstrip antennas within a single neural model trained using parallel tabu search algorithm. Electromagnetics, 2005, 25(6): 551-565.

[42] Bahl I J, Bhartia P. Microstrip Antennas. Norwood: Artech House, 1980.

[43] James J R, Hall P S, Wood C. Microstrip Antennas-Theory and Design. London: Peregrinus, 1981.

[44] Hammerstad E O. Equations for microstrip circuits design//Proc. 5th Eur. Microw. Conf., Hamburg, 1975: 268-272.

[45] Derneryd A G. Analysis of the microstrip disk antenna element. IEEE Trans. on Antennas and Propagation, 1979, 27(5): 660-664.

[46] Sengupta D L. Approximate expression for the resonant frequency of a rectangular patch antenna. Electronics Letters, 1983, 19(20): 834-835.

[47] Helszajn J, James D S. Planar triangular resonators with magnetic walls. IEEE Trans. on Microwave Theory and Technology, 1978, 26(2): 95-100.

[48] Garg R, Long S A. Resonant frequency of electrically thick rectangular microstrip antennas. Electronics Letters, 1987, 23(21): 1149-1151.

[49] Chew W C, Liu Q. Resonance frequency of a rectangular microstrip patch. IEEE Trans. on Antennas and Propagation, 1988, 36(8): 1045-1056.

[50] Liu Q, Chew W C. Curve-fitting formulas for fast determination of accurate resonant frequency of circular microstrip patches. Proc. Inst. Elect. Eng., 1988, 135: 289-292.

[51] Garg R, Long S A. An improved formula for the resonant frequency of the triangular microstrip patch antenna. IEEE Trans. on Antennas Propagation, 1988, 36(4): 570.

[52] Gang X. On the resonant frequencies of microstrip antennas. IEEE Transactions on Antennas Propagation, 1989, 37(2): 245-247.

[53] Roy J S, Jecko B. A formula for the resonance frequencies of circular microstrip patch antennas satisfying CAD requirements. International Journal of Microwave and Millimeter-Wave Computer-Aided Engineering, 1993, 3(1): 67-70.

[54] Guney K. A new edge extension expression for the resonant frequency of electrically thick rectangular microstrip antennas. Int. J. Electron., 1993, 75(4): 767-770.

[55] Guney K. Resonant frequency of a triangular microstrip antenna. Microw. Opt. Tech. Lett., 1993, 6(7): 555-557.

[56] Guney K. Comments on the resonant frequencies of microstrip antennas. IEEE Trans. on Antennas Propagation, 1994, 42(9): 1363-1365.

[57] Guney K. Resonant frequency of electrically-thick circular microstrip antennas. Int. J. Electron., 1994, 77(3): 377-386.

[58] Lee K F, Fan Z. CAD formulas for resonant frequencies of TM mode of circular patch antenna with or without superstrate. Microw. Opt. Technol. Lett. , 1994, 7(8): 570-573.

[59] Gurel C S, Yazgan E. Resonant frequency of an air gap tuned circular disc microstrip antenna. Int. J. Electron. , 2000, 87(8): 973-979.

[60] Gurel C S, Yazgan E. New determination of dynamic permittivity and resonant frequency of tunable circular disk microstrip structures. Int. J. RF Microw. Comput. -Aided Eng. , 2000, 10(2): 120-126.

[61] Gurel C S, Yazgan E. New computation of the resonant frequency of a tunable equilateral triangular microstrip patch. IEEE Trans. Microwave Theory Tech. , 2000, 48(3): 334-338.

[62] Guney K. A new edge extension expression for the resonant frequency of rectangular microstrip antennas with thin and thick substrates. J. Commun. Tech. Electron. , 2004, 49(1): 49-53.

[63] Karaboga D, Guney K, Karaboga N, et al. Simple and accurate effective side length expression obtained by using a modified genetic algorithm for the resonant frequency of an equilateral triangular microstrip antenna. Int. J. Electron. , 1997, 83(1): 99-108.

[64] Akdagli A, Guney K. Effective patch radius expression obtained using a genetic algorithm for the resonant frequency of electrically thin and thick circular microstrip antennas. Proc. Inst. Elect. Eng. , 2000, 147(2): 156-159.

[65] Karaboga D, Guney K, Kaplan A, et al. A new effective side length expression obtained using a modified tabu search algorithm for the resonant frequency of a triangular microstrip antenna. Int. J. RF Microw. Millimeter-Wave Comput. -Aided Eng. , 1998, 8(1): 4-10.

[66] Karaboga N, Guney K, Akdagli A. A new effective patch radius expression obtained by using a modified tabu search algorithm for the resonant frequency of electrically thick circular microstrip antenna. Int. J. Electron. , 1999, 86(7): 825-835.

第8章　混沌神经网络

混沌神经网络是混沌理论和神经网络相互混合的一种神经网络模型,本章首先讲述混沌理论,继而给出混沌神经网络的概念和实现方法,最后讨论基于混沌神经网络的移动通信系统信道分配问题和自适应雷达目标信号处理问题。

8.1　混沌理论

8.1.1　混沌理论概述

混沌是一种发生在确定的非线性系统中貌似无规则的运动。混沌理论的基本思想起源于20世纪初,形成于60年代后,发展壮大于80年代。这一理论揭示了有序与无序的统一、确定性与随机性的统一,并成为正确的宇宙观和自然哲学的里程碑。混沌是一种关于过程的科学,而不是一种关于状态的科学,是关于演化的科学,而不是关于存在的科学,混沌中蕴涵着有序,有序过程中也可能出现混沌。

混沌理论被认为是继相对论、量子力学之后,20世纪在科学领域中人类认识世界和改造世界的最富有创造性的第三次大革命[1~6]。与前两次革命相似,混沌也一样冲破了牛顿力学的教规。第一次国际混沌会议主持人之一的物理学家Ford指出,相对论消除了关于绝对空间与时间的幻象,量子力学消除了关于可控测量过程的牛顿式的梦,而混沌则消除了拉普拉斯关于决定论式可预测性的幻想。

在混沌理论提出以前,没有人怀疑过精确的预测能力从原则上讲是能够实现的,一般认为只要能够收集足够的信息就可以达到这一能力。18世纪,法国数学家拉普拉斯宣称,如果已知宇宙中每一个粒子的位置与速度,他就可以预测宇宙在整个未来的状态。这种决定论首先被量子力学所打破。量子力学中的基本原理之一是海森伯测不准原理,该原理指出,对于粒子位置及速度的测量有着一个基本的限度,不可能无限精确,预测能力首先受到了初始信息精度的影响。量子力学虽然在微观上圆满地解决了一些随机现象,但一般认为在宏观尺度上,拉普拉斯的决定论原则上仍然是正确的,可以通过不同精度的初始信息获得精确程度不同的预测结果。然而,混沌现象的发现却使得这种假设完全破灭。由于混沌系统对初始条件的敏感性使得系统在其运动的轨迹上几乎处处不稳定,初始条件的极小误差都会随着系统的演化呈指数式的增加,迅速地达到系统所在空间的大小,使得预测能力完全消失。如今,混沌已成为各学科关注的学术热点。将混沌理论与计算机科学理论等领域相结合,使人们对一些久悬未决的基本难题的研究取得突破性进展,在探索、描述及研究客观世界的复杂性方面发挥了巨大作用。目前,混沌科学正不断地与其他科学相互渗透,无论是在生物学、生理学、心理学、数学、物理学、化学电子学、信息科学,还是在天文学、气象学、经济学,甚至在音乐、艺术等领域,都得到了广泛的应用,开始在现代科学技术中起着十分重要的作用。

电子工程领域中的混沌理论研究自 20 世纪 80 年代起,在近 30 年得到迅速发展,经历了三个重要的突破性进展[7,8]。

第一个进展是在 20 世纪 80 年代初,Chua(蔡少棠)发现简单的电路系统也可以产生复杂的现象,他设计了一系列用于产生混沌现象的简单电路,这些电路后来称为 Chua 电路。Chua 的工作证明了简单的电路系统也可以产生非周期性的复杂现象。由于电路系统的可实现性、可分析性和可预见性,使得混沌在电路系统中的研究迅速展开,产生和控制混沌现象的方法不断被提出。1987 年,Chua 主编了 IEEE 关于混沌系统的专集,该专集对科学界产生了重大影响,标志着复杂性科学和混沌已经从数学的抽象理论进入到电子工程领域的前沿研究中。

第二个进展是在 20 世纪 90 年代初,Peroca 和 Carroll 通过实验证明了相互耦合的混沌系统在一定条件下会出现同步现象,即混沌同步。混沌同步的发现引发了研究人员开始将混沌信号作为一种用来传送信息的载波,并在 20 世纪 90 年代激起了混沌通信的研究热潮。由于混沌信号的表面随机性和不可预测性,使其在保密通信领域得到了进一步的研究与应用。混沌信号在频谱上的宽带特性也使其具有抗频率选择性衰落和窄带干扰的能力。

第三个进展是在工程应用研究中,人们逐渐发现混沌系统同时兼有确定性和随机性的特点,因此,可以同时通过描述确定性的动力学方法和描述随机性的概率统计学方法对混沌系统进行刻画,这为从工程角度分析、研究和设计非线性系统提供了一系列定量的模型和工具。一些曾经被认为是随机运动的系统,有可能通过混沌理论找到新的分析方法和处理手段;而一些被认为是复杂、难以分析的非线性混沌系统,则有望基于其具有的某些统计特征,利用概率统计工具进行分析研究,从而给出一些有益的结果。

8.1.2　非线性和混沌系统

8.1.2.1　非线性

非线性是一种普遍存在于自然界和工程应用中的现象,但是,由于非线性现象的复杂性,目前还没有找到一种统一的、普遍适用的描述方法来对其进行分析和处理。非线性现象来自于非线性系统内在的复杂性。对于一个系统,如果其输出与输入之间不存在线性的比例关系(图 8.1),则该系统是一个非线性系统。

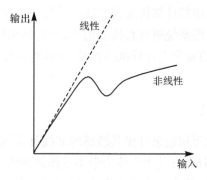

图 8.1　线性与非线性

　　从数学上看,非线性系统是一个不满足叠加性原理的系统,即系统的两个解之和并不是该系统的解,非线性系统不满足叠加性原理的原因主要有两个,如下所述:

　　(1) 系统本身是非线性的。例如,单摆的动力学方程为

$$\frac{\mathrm{d}^2\theta}{\mathrm{d}t^2} + \frac{g}{L}\sin\theta = 0 \tag{8.1}$$

式中,θ 为单摆与垂线之间的夹角;L 为摆长;g 为重力加速度。该方程本身是一个非线性方程,仅在 $\theta=0$ 附近近似满足线性。

　　(2) 系统本身是线性的,但由于边界条件未知或不断变化使其呈现出非线性现象。在满足线性拉普拉斯方程 $\nabla^2 P=0$ 的场中,由于其边界条件的不定,也会出现非线性现象。

　　非线性系统具有很强的奇异性,所以,对于这类系统的分析也变得非常困难,这是由于以下三个原因造成的:

　　(1) 对于一个非线性系统,微小的扰动(如初始条件的微小变化)都会使得整个系统随着时间发生很大的变化,这使得非线性系统变得非常复杂,混沌系统就是具有这种特性的非线性系统。

　　(2) 非线性系统是不可分解的。在分析线性系统时,常常可以将一个线性系统分解为几个级联或并联的子系统。首先分析每个简单的子系统,然后可以获得整个系统的知识,从而简化了线性系统的分析。但在非线性系统中,很难找到这样的分解方法,能够将一个非线性系统分解为简单的子系统。因此,只能从整体上对各个不同的非线性系统进行分析,找不到一种通用的分析方法能够同时对各种非线性系统进行分析和处理。

(3) 在许多情况下,非线性系统的动力学方程描述是无法知道或根本不存在的,例如,复杂的分形结构、一些经济系统(如股票市场)、复杂的互联网流量系统等。

所有这些复杂性都使得计算机成为非线性系统研究中必不可少的工具,通过计算机可以对各种非线性系统进行直接的仿真,并将结果以各种形式展现在人们面前。这也是近年来,随着个人计算机的普及,非线性科学受到人们日益重视、发展迅速的重要原因。

8.1.2.2 混沌系统

混沌系统是一类对于初始条件极其敏感的非线性系统。对于混沌的研究,可以追溯到 19 世纪末 Poincaré 关于天体力学中三体问题的研究。20 世纪 60 年代,Lorenz 在气象学研究中,将大气中的二维流体对流模型简化为三元的常微分方程组,如下:

$$
\begin{cases}
\dot{x} = \sigma(y - x) \\
\dot{y} = rx - xz - y \\
\dot{z} = xy - bz
\end{cases}
\tag{8.2}
$$

该方程组形式非常简单,但在进行数值计算研究中,研究人员发现即使是这样一个简化的系统,仍然对初始条件非常敏感。在这些混沌现象的发现与研究过程中,人们逐渐意识到以下几点:

(1) 确定性的混沌系统会呈现出随机性现象,这使得研究人员不得不重新考察以往的实验和结论,分析其中的随机性是否是由确定性的混沌系统产生的。

(2) 混沌系统可以是非常简单的只有几个自由度的低微系统,这些简单的系统已经足以产生复杂的混沌现象,这一发现使一些原本以为只有复杂系统才能产生的现象有望通过简单的系统加以描述和分析。

对初始条件的敏感性,以及在实际测量中只能得到有限精度的初始条件,使混沌呈现出随机性的现象,因而不可能对实际的混沌系统进行长期的预测。而另一方面,由于这种表面的随机现象本质上是确定性的和混沌性的,其内部是有规律变化的,因此,对一些看似随机的混沌系统仍然可以进行短期的估计和预测。从这点来看,混沌连接了确定性和随机性。在确定性的动力学理论中,系统可以通过确定的动力学方程来描述;而在随机过程理论中,随机系统可以通过统计学的方法进行刻画。作为确定系统的混沌系统,可以利用动力学来进行描述;但混沌系统对初值的敏感性导致的随机性现象和长期的不可预测性也使其可以利用统计学进行描述。在混沌系统的研究中,通常混合使用这两种方法。当对系统的局部、短期现象进行描述时,往往采用动力学方法进行分析和描述;当对系统的全局、长期状态进行描述时，则需要借助统计学的方法分析系统的输出。由于混沌系统内在的非线性，通常所使用的线性统计方法（如相关函数等）并不能有效地描述混沌现象。一个混沌过程的线性相关性可以随着时间迅速消失，但它仍然是一个确定性过程。所以，为了更好地描述混沌系统，一些基于非线性的统计量（如熵、互信息量、维数、Lyapunov 指数等）经常被用来刻画混沌的随机特性。

8.1.2.3　典型混沌系统

在众多的混沌系统中，Logistic 映射和 Lorenz 方程是最为典型的混沌系统，下面对 Logistic 映射（即虫口模型）进行简单的介绍。作为最简单的混沌动力学系统，Logistic 映射是虫口模型的一个特殊情况。设 x_n 是某种昆虫第 n 年内的个体数目，这个数目与年份有关，n 只取整数值，第 $n+1$ 年的数目为 x_{n+1}，二者之间的关系一般可用一个函数关系描述，即

$$x_{n+1} = f(x_n), \quad n = 1, 2, \cdots \qquad (8.3)$$

由于 n 是非负整数，式(8.3)又称为差分方程。最简单的虫口模型是 Logistic 映射，即

$$x_{n+1} = \mu x_n (1 - x_n), \quad n = 1, 2, \cdots \qquad (8.4)$$

系统 n 次迭代表示为 $f^n(x)$，初值 x_1 经过 n 次迭代变为 $x_{n+1} = f^n(x_1)$，从而决定了系统的发展，在这里显然可以限定 Logistic 映射的取值范围在 $[0,1]$ 内。参数 μ 决定了 Logistic 映射的稳定点、周期规律和混沌行为。显然，稳定点 x_e 必须满足 $x_e = f(x_{e-1})$。点集 $x_{e1}, x_{e2}, \cdots, x_{ep}$ 组成周期为 p 的轨道，必须满足 $x_{ep} = f^{p-1}(x_{ep-1})$。实际上，稳定点就是周期为 1 的轨道。稳定和不稳定取决于初始条件接近稳定点或者周期点时映射将它们趋近或者分离。对于 Logistic 映射而言，系统行为取稳定点、p 周期或者混沌中的哪一种取决于参数 μ 的取值。图 8.2 是用计算机得到的变量 x 的值随参数 μ 变化的情况。把这种比较常见的由于参数值变化使变量 x 取值由周期逐次加倍进入混沌状态的过程，称为倍周期分岔通向混沌。

对于离散动力系统(8.4)，根据参数 μ 的取值讨论如下：

(1) 当 $0 \leqslant \mu \leqslant 1$ 时，系统的动力学形态十分简单，除了不动点 $x_0 = 0$ 外，再也没有其他周期点，且 x_0 为吸引不动点。

(2) 当 $1 < \mu < 3$ 时，系统的动力学形态也比较简单，不动点 $0, 1 - 1/\mu$ 为仅有的两个周期点，且 0 是排斥不动点，$1 - 1/\mu$ 为吸引不动点。

(3) 当 $3 \leqslant \mu \leqslant 4$ 时，系统的动力学形态十分复杂，系统由倍周期分岔通向混沌。其中，在 $3 \leqslant \mu \leqslant 3.56994567$ 时，系统呈现稳定的 p 周期行为；在 $3.56994567 \leqslant \mu \leqslant 4$ 时，系统发生混沌。

(4) 当 $\mu > 4$ 时，$x_{n+1} > 1$，系统的动力学形态更加复杂，通常不考虑。

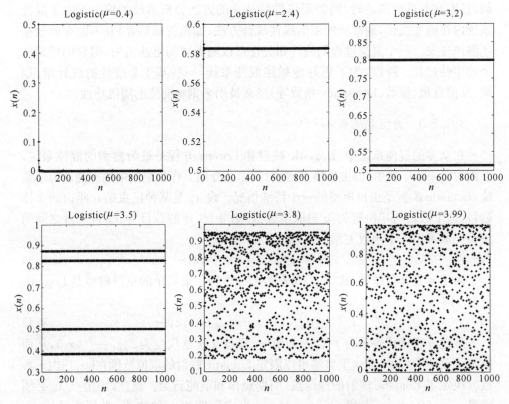

图 8.2　初值为 0.5 时 Logistic 映射的时间序列

图 8.3 是 Logistic 映射的分形图,表明了当 μ 取不同值时,系统由倍周期分岔通向混沌的过程。

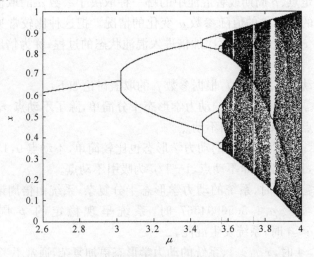

图 8.3　Logistic 映射的倍周期分岔通向混沌的过程

8.1.3　混沌的定义

迄今为止,学术界对"混沌"尚缺乏统一和普遍接受的一般定义,这主要源于混沌现象的复杂性。目前,人们对混沌本身的种种特性还没有完全掌握。下面介绍两个常见的"混沌"的定义。

定义 8.1　若一个非线性系统的行为对初始条件的微小变化具有高度敏感的依赖,则称为混沌运动。该定义描述了混沌运动局部的极度不稳定性,常常被形容为"蝴蝶效应"。这种高度的不稳定性是指在相空间中,初始值极其接近的两条轨道随着时间的演进,轨道间的距离以指数形式迅速分离。这种行为显示了混沌系统局部的不稳定性,但整个混沌系统本身并不会随着轨道间的指数分离特性而变得发散或不稳定,混沌运动总是在一个有限的空间内反复折叠、伸缩,逐渐分布于整个相空间,形成奇异吸引子。当两条轨道间的距离大到可以与混沌运动的空间相比拟时,轨道在相空间中呈现出近似随机的特性,这是确定性系统本身表现出的一种内在的随机性。

定义 8.2　它是基于 Li-Yorke 定理的严格定义。Li-Yorke 定理为:设 $f(x)$ 是 $[a,b]$ 上的连续自映射,若 $f(x)$ 有三周期点,则对任何正整数 n,$f(x)$ 有 n 周期点。混沌的定义如下:闭区间 I 上的连续自映射 $f(x)$(下文简记为 f)。若满足下列条件,则一定出现混沌现象:

(1) f 周期点的周期无上界。

(2) 闭区间 I 上存在不可数子集 S,满足:

① 对任意 $x,y \in S$,当 $x \neq y$ 时,有

$$\limsup_{n \to \infty} \mid f^n(x) - f^n(y) \mid > 0 \tag{8.5}$$

② 对任意 $x,y \in S$,有

$$\liminf_{n \to \infty} \mid f^n(x) - f^n(y) \mid = 0 \tag{8.6}$$

③ 对任意 $x,y \in S$,其中 y 是 f 的任一周期点,则有

$$\limsup_{n \to \infty} \mid f^n(x) - f^n(y) \mid > 0 \tag{8.7}$$

这就是著名的"周期三意味着混沌",即对上述所定义的系统,若存在三周期点,则任何周期都可能拥有,该系统可能出现混沌现象。

上述的定义描述了混沌运动不同于一般周期运动的重要特点。式(8.5)～式(8.7)说明,混沌运动的轨道间总是时而无限接近,时而彼此分离,表现出非周期的混乱性;混沌动力系统的相空间中充满着可数无穷多的周期轨道和不可数无穷多的非周期轨道;在相空间中,总存在着不稳定的周期轨道;随着系统的演化,不稳定周期轨道旁的临近轨道总是与该轨道分离。混沌运动充斥在相空间上的有限区域内,在相空间中形成了混沌吸引子。由于其不同于其他常见的吸引子,

因而也称为奇异吸引子。

8.1.4　混沌的性质

8.1.4.1　Lyapunov 指数

Lyapunov 指数是一种定量描述动力系统轨道局部稳定性的方法,其定义如下:设相空间中一点 $x(0)$ 有半径为 $\varepsilon(0)$ 的邻域,该邻域随着动力系统的演化向相空间的各个方向做伸展或收缩成为一个超椭球,超椭球在各个方向上的轴长为 $\varepsilon_i(t)$,则轨道 $x(t)$ 在第 i 个方向上的 Lyapunov 指数定义为

$$\lambda_i = \lim_{t\to\infty} \lim_{\varepsilon(0)\to 0} \frac{1}{t} \ln \frac{\varepsilon_i(t)}{\varepsilon(0)} \tag{8.8}$$

轨道在各个方向上的 Lyapunov 指数共同组成 Lyapunov 指数谱,其中,最大的 Lyapunov 指数对系统的性质起着决定性的作用,因此,称为该系统的 Lyapunov 指数。Lyapunov 指数刻画了在局部范围里系统轨道间的分离程度,当 Lyapunov 指数大于 0 时,轨道间的距离随着时间成指数分离,系统呈现出对初始状态的极度敏感性。Lyapunov 指数是否大于零,通常作为判断系统是否存在混沌运动的重要判据。

混沌系统对初始条件的敏感性可以被量化为

$$|\varepsilon(t)| \approx e^{\lambda t} |\varepsilon(0)| \tag{8.9}$$

式中,λ 近似为最大 Lyapunov 指数。而对于任何测量精度有限为 $\varepsilon(0) = \delta x$ 的初始条件,该系统可预测的时间不会超过 Lyapunov 时间。

$$T_{\text{lyap}} \approx -\frac{1}{\lambda} \ln \left| \frac{\delta x}{L} \right| \tag{8.10}$$

式中,L 为混沌吸引子所在相空间的大小尺度。Lyapunov 时间决定了在分析动力系统时是否要考虑该系统的混沌特性。当观测时间远小于 Lyapunov 时间时,系统的混沌特性很难观察到;而当观测时间远大于 Lyapunov 时间时,就必须依靠统计方法来考察混沌系统的长期特性。

8.1.4.2　遍历性和混合性

遍历性是一个在物理学中经常使用的概念,在动力学中,系统的轨道具有遍历性表示该轨道具有一定的"回归性",即随着时间的推移,轨道总可以任意地接近它所经过的状态。混合性则表示系统轨道初始状态的选择不影响轨道的统计特性,其定义为:若不变集 S 上的映射 F 是混合的,则对于 S 中的任两个子集 A 和 B,满足

$$\lim_{t\to\infty} \mu(F^t(B) \bigcap A) = \mu(A)\mu(B) \tag{8.11}$$

式中,$\mu(\cdot)$表示测度,或者可以理解为概率。式(8.11)右侧表示在 S 上随机任取两点分别落入集合 A 和 B 的概率;左侧则表示以概率 $\mu(B)$ 落入集合 B 中的点随着时间趋向无穷会以多大的概率落入集合 A 中。若等式成立,则系统是混合的。当系统同时满足遍历性和混合性时,就相当于在信号统计分析中各态历经的概念,此时,可以通过时间平均代替集平均对系统的统计特性进行分析。混沌系统是同时满足遍历性和混合性的系统,因此,可以使用信号统计特性分析中的各种分析工具对其进行分析和处理。

8.1.4.3　随机性特征

由于对初始条件的极端敏感性,确定性的混沌运动会表现出某些随机性现象所具有的特征。

(1) 时域上的随机混乱现象。不同于常见的周期性运动,混沌运动在表面上总是呈现出随机混乱的现象,它虽然不是以固定的周期经过某些状态,但是,也并不发散,而是不定期地无限接近相空间上的各个状态。混沌运动在时域上的随机运动现象可以从图 8.4 中看到,该混沌映射就是著名的 Logistic 映射。从图中可以看到,混沌运动在时域上表现为一种非周期的运动,这种非周期性与随机运动极其相似,因而混沌运动也可以看作是一种伪随机运动。

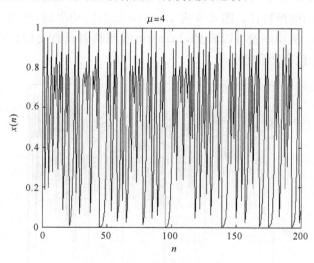

图 8.4　Logistic 映射的时域图

(2) 长期不可预测性。由于混沌系统的 Lyapunov 指数大于 0,因此,相邻很近的轨道间存在着指数分离现象。这种指数分离现象会导致初始条件中很小的测量误差迅速扩大,使得原本确定性的动力系统完全失去长期预测能力。图 8.5 所示的两条初始状态相差 10^{-5} 的 Logistic 映射轨道,迭代 10 多次后,在相空间中完全分离,成为两条看似毫无关系的轨道。关于轨道初始状态的信息随着动力系统的演化迅速丢失,造成了混沌系统长期不可预测。

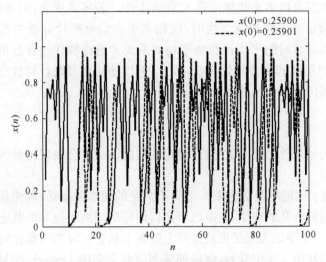

图 8.5　Logistic 映射轨道间的指数分离现象

(3) 频域上的宽带白噪声特性。由于混沌运动的非周期性,使其在频谱上也呈现为宽带的白噪声特性。图 8.6 为 Logistic 映射的功率谱,该功率谱除去了零频分量的影响。从功率谱可以看到,Logistic 混沌映射具有类似白噪声特性的功率谱,频谱图上没有明显的尖峰。

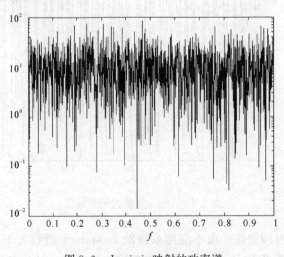

图 8.6　Logistic 映射的功率谱

(4) 自相关特性。混沌序列的自相关特性会随着相关距离迅速衰减,呈现出与随机信号相似的特性。图 8.7 为 Logistic 序列的自相关特性。从图中可见,由于混沌信号与随机信号的特性非常相似,因此,很难使用常规的线性统计分析工具进行有效分析。

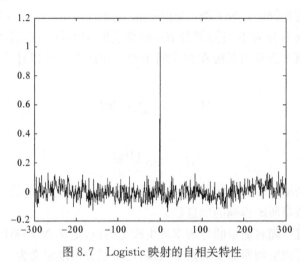

图 8.7 Logistic 映射的自相关特性

8.1.4.4 不变分布

不变分布是动力系统在相空间上的状态分布情况,它不随着动力系统的运动而改变。对于映射 F,若其相空间上的任意子集满足

$$\mu(S) = \mu(F^{-t}(S)) \tag{8.12}$$

则 $\mu(\cdot)$ 为动力系统的不变分布。对于满足遍历性的混沌系统,其不变分布总是存在的。从统计学角度看,它反映了混沌吸引子的轨道在相空间的不同点上出现的概率。对大多数混沌系统的不变分布来说,很难求出封闭的解析表达式,只有几个简单的混沌映射的不变分布是已知的。Logistic 映射的不变分布函数为

$$p(x) = \frac{1}{\pi \sqrt{x(1-x)}}, \quad x \in (0,1) \tag{8.13}$$

8.1.4.5 互信息量

对于非线性系统,线性相关不能很好地描述轨道上状态之间的相关性,而互信息量不依赖于随机变量间的线性特征,因此,可以用来描述非线性系统中变量间的相关性。对于两个随机变量 x 和 y,互信息表示给定 y 能够获得关于 x 的信息量,即

$$I(x; y) = H(x) - H(x/y) \tag{8.14}$$

式中,$H(x)$ 和 $H(x/y)$ 分别表示 x 的熵和相对于 y 的条件熵。

8.1.4.6　信息维、分形维和广义信息维

信息维是一种标度关系,它表达了确定空间中某一点所需要的信息和关于该点位置信息的精确程度。为了确定空间中某一点的位置,首先可以用体积为 ε 的超立方体将空间划分为不同的部分 B_i,则该空间中的任一点落入 B_i 的概率为 $P_i = \mu(B_i)$,该概率由动力系统在相空间中的分布决定。可以计算该概率分布下的熵为

$$H(\varepsilon) = -\sum_i P_i \lg P_i \tag{8.15}$$

则信息维定义为

$$d = \lim_{\varepsilon \to 0} \frac{H(\varepsilon)}{-\lg \varepsilon} \tag{8.16}$$

它表示在测量精度为 ε 的条件下,从测量中获得关于动力系统信息的能力,$-\lg\varepsilon$ 可以看作每次测量所能得到的信息量。

信息不是唯一随着测量的分辨率发生改变的量,定义 $N(\varepsilon)$ 是以大小为 ε 的盒子覆盖一个集合或空间所需的盒子数量,则可把分形维定义为

$$d_0 = \lim_{\varepsilon \to 0} \frac{\lg N(\varepsilon)}{-\lg \varepsilon} \tag{8.17}$$

分形维反映了混沌系统在相空间上的几何分布,具有分形结构的混沌吸引子具有非整数的分形维数,代表了其在相空间上分布的奇异性质。

另一种广义信息维的定义如下:

$$d_q = \frac{1}{q-1} \lim_{\varepsilon \to 0} \frac{\lg \langle u(\varepsilon)^{q-1} \rangle}{\lg \varepsilon} \tag{8.18}$$

式中,$\langle \cdot \rangle$ 表示统计平均。广义信息维是将信息熵的概念推广为 Renyi 熵。

$$H_R = \frac{1}{q-1} \lg \langle u(\varepsilon)^{(q-1)} \rangle \tag{8.19}$$

然后再用这个推广的熵求取其信息维。在 $q = 0,1,2$ 时,广义信息维分别等价于分形维、信息维及另一种维度——关联维。

在混沌系统中引入这些维数的目的主要是为了更好地描述混沌吸引子的复杂程度及其在相空间中的几何形态。系统的维数一般不随坐标的变换而改变,因此,可以在系统外部通过测量手段去获知内部的几何形态和复杂程度。

8.1.4.7　嵌入维数

许多情况下,动力系统的状态所在相空间的维数可能很高,但其吸引子的维数可能十分有限,即吸引子可能仅在高维空间中的一条超曲线或超曲面上运动。因此,可以通过一个低维的模型来简化动力系统的分析,使吸引子仅在该模型中

的低维空间上运动,也即吸引子被"嵌入"到低维空间里,该空间的维数称为嵌入维数。当仅将吸引子的一部分嵌入到低维空间时,可以得到其最小的嵌入维数,记为 m。根据 Whitney 的嵌入定理[9],要将整个吸引子嵌入到低维空间,则该空间的维数 M 满足以下不等式:

$$m \leqslant M \leqslant 2m+1 \tag{8.20}$$

嵌入定理说明,对于一个局部最小维数为 m 的未知动力系统,可以在维数不大于 $2m+1$ 的空间中重新构造该系统,得到关于该系统的全部信息。

8.1.4.8　测度熵

混沌轨道的局部不稳定性使其相邻轨道间以指数速率分离,因此,在初始测量中无法区分的两条轨道,随着时间推移或迭代轨道间出现指数分离现象,使得再次测量时这两条轨道得以区分,也即随着混沌运动,关于轨道的信息会不断地产生出来。从这种意义上说,混沌可以产生信息。从另一个角度看,因为混沌运动可以产生信息,所以,不可能通过一次测量来获得关于混沌系统以后运动的全部信息,即混沌是长期不可预测的,必须通过不断地测量来获取混沌运动所产生的信息。为了衡量混沌运动产生信息流的能力,引入了测度熵的概念。

设以一定的精度对混沌轨道进行测量,相空间在该精度下被划分为不同的区间,记为 s_i。以相同的时间间隔对轨道进行测量,可以得到一串符号序列 $S_m(x_0)=s_{i_1},s_{i_2},\cdots,s_{i_m}$,则该符号串的熵可表示为

$$H_m = -\sum P(S_m) \lg P(S_m) \tag{8.21}$$

测度熵就是熵 H_m 随时间增长的速率,设时间间隔为 Δt,所选择的测量方法为 β,则该速率可定义为

$$h_\mu = \sup_\beta \frac{H_m}{m\Delta t} \tag{8.22}$$

对于可预测的动力系统,由于新的测量不会带来新信息,所以,其测度熵为 0;而对于混沌系统,由于新的测量始终能带来新的信息,所以,其测度熵大于 0。测度熵是否大于 0 是判断动力系统是否处于混沌运动的有力判据。

8.1.5　混沌研究的常用方法

由于混沌不是无序的,它包括既复杂又丰富的内部结构,因此,需要从多个角度来研究其内涵。目前,常用的方法有数值方法、统计描述法、实验方法和解析方法[10]。

8.1.5.1　数值方法

(1)混沌运动的时间历程。可画出时间历程来研究混沌运动。由于混沌运动

具有局部不稳定和整体稳定的特征,取任意初值都可以得到几乎完全相同的长时间定常运动状态行为。

(2) 混沌运动的相图。相图即相轨迹图,对于 n 维常微分方程表示的动力系统,相图即系统的解在 n 维相空间中描述出的曲线,此曲线称为相轨线。

(3) Poincaré 映射和 Poincaré 截面。

① 不要求 q 在周期轨道与横截面 Σ 交点 p 的小领域内,而考虑 q_0 的 Poincaré 映射 $p(q_0)=q_1$ 点及以后各次 Poincaré 映射就成为逐次映射,横截面上的点就称为 Poincaré 截面。

② 保持横截条件 $f(x)n(x)\neq 0$,而不要求轨道 L 是周期的,这样,就可以用 Poincaré 映射来研究准周期轨道及混沌轨道的行为。

(4) 混沌的功率谱。一般来说,设 $x(t)$ 是非周期函数或随机的样本函数,$x(t)$ 的功率谱密度函数为

$$\Phi_x(\omega) = \int_{-\infty}^{\infty} R_x(\tau) \mathrm{e}^{-\mathrm{i}\omega\tau} \mathrm{d}\tau = \lim_{T \to \infty} \frac{1}{T} \mid X_T(\mathrm{i}\omega) \mid^2$$

由于混沌运动是非周期的、复杂的运动,其功率谱不同于周期运动或准周期运动的离散的谱线,而是连续的谱。

(5) 胞映射法。胞映射法的基本思想是将状态空间 $\mathbf{R}^n$ 离散化为胞状态空间 $\mathbf{C}^n$,状态变量 x_j 变为整序标志的胞状态变量(坐标)z_j,点离散成胞(胞向量 z),进而一个动力学系统的演化就从点映射表示 $x(j+1)=F(x(j),\lambda)$ 变为胞映射表示,即 $z(j+1)=F(z(j),\lambda)$。

8.1.5.2 统计描述法

(1) 遍历性。遍历性也称为各态历经性,当一个两自由度系统既含有 KAM 曲线,又含有混沌区域时,它不是遍历的。也就是说,当一个系统是遍历的时候,它却不一定是混沌的。

(2) 分数维数。在耗散系统中,相空间容积的收缩表现为一类维数低于相空间维数的吸引子的出现。把奇异吸引子的无限层次的自相似离散几何机构与数学中的 Canior 集对应起来,就提供了一种分析方法,即通过计算奇异吸引子的空间维数来研究其几何性质。

(3) Lyapunov 特征指数。Lyapunov 指数既适用于 Hamilton 系统,也适用于耗散系统。如果耗散系统的最大 Lyapunov 指数为正,则系统做混沌运动并出现奇异吸引子。这种判断方法准确性高,它给出了一个定量标准。

(4) 测度熵。测度熵是拓扑熵的一个推广,也是动力学系统轨道分裂数目渐进增长率的度量,它与 Lyapunov 指数和 Hausdorff 维数之间存在一定的关系,可以作为衡量混沌性质的尺度。

8.1.5.3　实验方法

实验方法的基本思想是根据实验结果对系统建模,常用的技术是相空间重构法。相空间是由状态空间运动产生的,是最常用的非线性动力系统模型。Takens提出用混沌系统和物理观察量获得动力系统几何信息的思想,并从理论上证明,在某种程度上,用系统的一个观察量可以重构出原动力系统模型,而且重构出的模型与用来重构的信号成分无关[11]。此方法的关键就是处理好延迟时间 τ 与嵌入维数的选择。延迟时间 τ 一般可用自相关函数法和信息维数方法求得。嵌入维数是指完全包含吸引子最小相空间,使重构吸引子在该相空间中没有自相交部分的维数。

8.1.5.4　解析方法

解析方法的实质是在给定动力学方程的前提下,通过判断奇异吸引子来确定混沌运动。Melnikov 方法和 Shilnikov 方法是研究混沌现象的两种解析方法[12,13]。Melnikov 方法就是寻找横截同宿点的方法,该方法是迄今最像样的判定混沌出现的解析方法之一,但由于计算非常复杂和方法本身的原因,使得计算结果与实际值之间常常存在较大的误差。Shilnikov 方法适用于具有鞍焦形同宿轨道的三维系统的讨论。与 Melnikov 方法不同的是,Shilnikov 方法不是去证明横截同宿点的存在性,而是通过估计,来证明这个映射存在 Smale 马蹄变换意义上的混沌。由于 Shilnikov 方法要求判定系统存在鞍焦型同宿轨道,这是一件相当困难的事,因而 Shilnikov 方法尚不如 Melnikov 方法广泛。解析方法在具体的应用时有一定局限性,这是由于必须已知动力学方程的缘故。而且,Melnikov 方法和 Shilnikov 方法只能说明系统可能有奇异吸引子,而不能判定系统一定存在奇异吸引子。

数值法具有简单、直观和计算量非常大等特点。在计算机应用之前,单靠人工计算来运用计算法研究混沌是不可能实现的。随着计算机技术的发展和各种数学软件的出现,运用计算机来仿真混沌系统成为研究混沌高效而准确的方法。计算机高速计算的能力能够迅速完成应用数值法研究混沌时所需要的大量的计算。统计描述法中,求解系统的 Lyapunov 指数方法判断系统状态的准确性高,理论推导简单,可以应用计算机来快速求解。

8.1.6　混沌的判据

对于混沌,目前还没有准确的定义,从而也缺乏准确的判定方法。不过,通常认为以下 5 种特征可以作为识别混沌现象的依据。

8.1.6.1　Lyapunov 指数

Lyapunov 指数用于度量在相空间中初始条件不同的两条相轨迹随时间按指数率吸引或分离的程度,这种轨迹收敛或发散的比率称为 Lyapunov 指数,它从统计特性上反映了系统的动力学特征。Lyapunov 指数的定义为[14]:对于某一平面非自治系统,其相应的 Poincaré 映射为

$$x_{n+1} = X(x_n, y_n)$$
$$y_{n+1} = Y(x_n, y_n) \tag{8.23}$$

它的 Jacobi 矩阵为

$$\boldsymbol{J}(x_n, y_n) = \begin{bmatrix} \dfrac{\partial X}{\partial x_n} & \dfrac{\partial X}{\partial y_n} \\ \dfrac{\partial Y}{\partial x_n} & \dfrac{\partial Y}{\partial y_n} \end{bmatrix} \tag{8.24}$$

假设由初始点 $P_0(x_0, y_0)$ 出发逐次映射而得到的点列为 $P_1(x_1, y_1)$, $P_2(x_2, y_2), \cdots, P_n(x_n, y_n)$,则前 $n-1$ 个点的 Jacobi 矩阵分别为 $\boldsymbol{J}_0(x_0, y_0)$, $\boldsymbol{J}_1(x_1, y_1), \cdots, \boldsymbol{J}_{n-1}(x_{n-1}, y_{n-1})$。令

$$\boldsymbol{J}^{(n)} = \boldsymbol{J}_{n-1}\boldsymbol{J}_{n-2}\cdots\boldsymbol{J}_1\boldsymbol{J}_0 \tag{8.25}$$

并设 $\boldsymbol{J}^{(n)}$ 的特征值为 $j_1^{(n)}, j_2^{(n)}$,且 $j_1^{(n)} > j_2^{(n)}$,则 Lyapunov 指数由下式定义:

$$L_1 = \lim_{n\to\infty} \sqrt[n]{j_1^{(n)}}, \quad L_2 = \lim_{n\to\infty} \sqrt[n]{j_2^{(n)}} \tag{8.26}$$

下面说明 L_1 和 L_2 的意义。设 $J_0, J_1, \cdots, J_{n-1}$ 均为对角阵,即

$$\boldsymbol{J}_0 = \begin{bmatrix} \lambda_1^{(0)} & 0 \\ 0 & \lambda_2^{(0)} \end{bmatrix}, \boldsymbol{J}_1 = \begin{bmatrix} \lambda_1^{(1)} & 0 \\ 0 & \lambda_1^{(1)} \end{bmatrix}, \cdots, \boldsymbol{J}_{n-1} = \begin{bmatrix} \lambda_1^{(n-1)} & 0 \\ 0 & \lambda_1^{(n-1)} \end{bmatrix} \tag{8.27}$$

则

$$\boldsymbol{J}^{(n)} = \begin{bmatrix} \lambda_1^{(n-1)}\lambda_1^{(n-2)}\cdots\lambda_1^{(1)}\lambda_1^{(0)} & 0 \\ 0 & \lambda_2^{(n-1)}\lambda_2^{(n-2)}\cdots\lambda_2^{(1)}\lambda_2^{(0)} \end{bmatrix} \tag{8.28}$$

从而有

$$j_1^{(n)} = \lambda_1^{(n-1)}\lambda_1^{(n-2)}\cdots\lambda_1^{(1)}\lambda_1^{(0)}$$
$$j_2^{(n)} = \lambda_2^{(n-1)}\lambda_2^{(n-2)}\cdots\lambda_2^{(1)}\lambda_2^{(0)} \tag{8.29}$$

由此得

$$L_1 = \lim_{n\to\infty} \sqrt[n]{\lambda_1^{(n-1)}\lambda_1^{(n-2)}\cdots\lambda_1^{(1)}\lambda_1^{(0)}}$$
$$\tag{8.30}$$
$$L_2 = \lim_{n\to\infty} \sqrt[n]{\lambda_2^{(n-1)}\lambda_2^{(n-2)}\cdots\lambda_2^{(1)}\lambda_2^{(0)}}$$

可见,L_1 和 L_2 分别表示点变换时沿 x 方向和 y 方向距离伸长或缩短倍数的平均值,其值大于 1 时伸长,小于 1 时缩短。如果有 $L_1 > 1, L_2 < 1$,就有可能出现 Smale 马蹄映射,从而也就有可能出现混沌。在混沌的判据中,Lyapunov 指数起

着非常重要的作用。一个系统是否是混沌的,可以由它的 Lyapunov 指数是否有正值来确定,这种确定方法比别的方法更准确,它给出了一个定量的标准。Lyapunov指数既使用于 Hamilton 系统,也使用于耗散系统。

8.1.6.2　Poincaré 截面法

在相空间中适当选取一截面,在此截面上,某一对共轭变量取固定值,则称此截面为 Poincaré 截面,而相空间的连续轨迹与 Poincaré 截面的交点称为截点。通过观察 Poincaré 截面上截点的情况可以判断是否发生混沌:当 Poincaré 截面有且只有一个不动点或少数离散点时,运动是周期的;当 Poincaré 截面上是一封闭曲线时,运动是准周期的;当 Poincaré 截面是一些成片的具有分形结构的密集点时,运动便是混沌的。

8.1.6.3　*功率谱法*

谱分析是识别混沌的一个重要手段。根据傅里叶变换分析,周期运动的频谱是离散的谱线,而对于一个非周期运动,不能展开成傅里叶级数,只能展开成傅里叶积分,即非周期运动的频谱是连续的。若某动力系统的频谱定常且连续并可重现,则可确定该系统是混沌的。

8.1.6.4　*非整数维*

按照传统的定义,维数应都是整数。例如,线的维数为 1,面的维数为 2 等。但在混沌研究中,这种传统的定义已显得不足。奇异吸引子的形状极为复杂,既像线又像面,用传统的维数定义很难把它描述清楚,因此,有必要对维数给出新的定义,使它一方面对简单的线、面、体等几何图形所得到的维数与传统的定义所得相一致,另一方面又可对复杂几何图形的维数给出比较精确的描述。维数 k 的计算公式可表示为

$$k = \lim_{\varepsilon \to \infty} \frac{\lg N(\varepsilon)}{\lg \frac{1}{\varepsilon}} \tag{8.31}$$

式中,N 为测量维数 k 的物体的大小所得的数值;ε 为测量所用长度单位。这样,定义的维数称为容量维数。通常,把吸引子的容量维数是非整数维看做是混沌解的一个特征。

8.1.6.5　Melnikov 方法和 Shilnikov 方法

Melnikov 方法和 Shilnikov 方法都是判定相应二维映射系统存在横截同宿点或 Smale 马蹄变换,该方法的核心思想是把所讨论的系统归结为一个二维映射系

统。尤其是 Melnikov 方法，旨在推倒二维映射存在横截同宿点的条件，从而证实映射具有 Smale 马蹄变换意义上的混沌性质。这个方法的优点在于可以直接进行分析计算，以便于进行系统的分析。

8.2　混沌神经网络原理及实现

8.2.1　混沌与神经网络

神经网络理论是巨量信息并行处理和大规模并行计算的基础，神经网络既是高度非线性动力学系统，又是自适应组织系统，可用来描述认知、决策及控制的智能行为，它的中心问题是智能的认知和模拟。从解剖学和生理学来看，人脑是一个复杂的并行系统，它不同于传统的 Neumann 式计算机，更重要的是它具有"认知"、"意识"和"感情"等高级脑功能。然而，由于人类对真实神经系统只了解非常有限的一部分，对于自身脑结构及其活动机理的认识还十分肤浅，当今的神经网络模型实际上是极为简略和粗糙的，并且是带有某种先验的。例如，Boltzmann 机引入随机扰动来避免局部极小，有其卓越之处，然而缺乏必要的脑生理学基础。毫无疑问，人工神经网络的完善与发展有待于神经生理学、神经解剖学的研究给出更加详细的信息和证据。

1952 年，英国生物学家 Hodgkin 和 Huxley 对长枪乌贼的巨大轴突进行了大量实验和分析，建立了描述神经轴突电位变化的微分方程组，简称 H-H 方程[15,16]。他们的著名方程引起了许多学者的关注，有些学者对 H-H 方程研究得到了许多有意义的结果，如发现了神经膜中所发生的非线性现象：自激振荡、混沌及多重稳定性等。经过大量的理论和实验研究，目前科学家们已经发现在大脑的神经系统中，从微观的神经元、神经网络到宏观的脑电波（EEG）和脑磁场（EMG）中都有混沌现象存在，它在人工神经网络的信息处理中起着重要作用[17~19]。例如，Yao 和 Freeman[17]认为如果没有混沌，兔子就不会记住新气味；Tsuda[18]认为皮层的混沌对真实的记忆和记忆搜索的动态联系很有作用。根据文献[18]的说法，混沌作为一种确定动力学系统中的不规则运动，在人类记忆思维过程中主要扮演三个角色，即记忆的媒介物、记忆搜索和存储新的记忆信息。

可见，虽然神经网络和混沌从表面上看具有各自不同的特点，但从本质上来讲，它们之间具有共同的特性，即系统的非线性。因此，科学家们很自然地想到将二者结合起来形成混沌神经网络，它被认为是可实现真实世界计算的智能信息处理系统之一[20,21]。神经网络和混沌相互融合的研究从 20 世纪 90 年代开始，发展很快。其主要研究目标是弄清大脑的混沌现象，建立含有混沌动力学的神经网络模型，并用之于智能信息处理。目前，构造人工混沌神经网络的方法主要有以下两种：①构造混沌神经元或混沌振子，将之连接成混沌神经网络；②利用已有的神经网络模型研究它们发生混沌现象的条件。

由于具有混沌特性的人工神经网络具有十分复杂的动力学特性，因此，其获得了广泛的研究。不同于仅具有梯度下降特性的常规神经网络，具有混沌特性的神经网络具有更加丰富的动力学特性，同时存在各种吸引子，不仅有固定点吸引子和周期点吸引子，而且有奇异吸引子。混沌神经网络的这种复杂的动力学特性使得它在信息处理和优化计算等方面有着广泛的应用前景。由于混沌神经网络自抑制效应的积累，其状态游动仅为相空间上的某种分形结构，这种特性可能是一种避免局部极值寻找全局最优解或近似全局最优解的有效启发式搜索方法。利用神经网络的混沌特性的最大困难就是决定何时结束混沌特性和怎样控制混沌行为，使网络收敛到一个最优的或近似最优的稳定平稳点。

8.2.2　典型的混沌神经网络

目前，人们已提出了各种混沌神经网络模型。如果按照混沌产生的机理，可以将混沌神经网络模型归结为以下 4 类典型的网络模型[15,16,22,23]。

8.2.2.1　振荡子构成的混沌神经网络模型

1) 两个耦合混沌振荡子构成的神经元模型

Inoue 和 Nagayoshi[24]提出用耦合的混沌振荡子作为单个神经元来构造混沌神经网络模型。每个神经元由两个耦合的混沌振荡子组成，耦合的混沌振荡子的同步和异步分别对应神经元的激活和抑制状态。耦合的混沌振荡子的同步来自规则性，而不规则性则可产生随机搜索能力。

设神经元 i 和神经元 j 的连续权值为 ω_{ij}，在时刻 n，神经元 i 中两个混沌振荡子间的耦合系数为 $D_i(n)$，ω_{ij} 与 $D_i(n)$ 间的关系为

$$DD_i(n) = \sum_j \omega_{ij} u_j(n) + S_i - \theta_i \tag{8.32}$$

$$D_i(n) = \begin{cases} DD_i(n), & DD_i(n) > 0 \\ 0, & \text{其他} \end{cases} \tag{8.33}$$

式中，$u_j(n)$ 为阶跃函数；S_i 为外部输入；θ_i 为阈值。

限制 $D_i(n) \geqslant 0$ 是为了避免耦合振荡子产生不合适的运动，当 $D_i(n) < 0$ 时，振荡被中断。当耦合系数 $D_i(n)$ 很大时，两个混沌振荡子可能出现同步；当耦合系数 $D_i(n)$ 很小时，两个混沌振荡子异步。设 λ_L 为同步态最大的 Lyapunov 指数，则当 $D_i(n) > D_0 = -[\exp(\lambda_L) - 1]/2$ 时，可观察到完全同步。

对于离散时间，耦合的振荡子的运动方程由两个映射 $f(x)$ 和 $g(y)$ 描述，即

$$\begin{bmatrix} x_i(n+1) \\ y_i(n+1) \end{bmatrix} = \frac{1}{1+2D_i(n)} \begin{bmatrix} 1+D_i(n) & D_i(n) \\ D_i(n) & 1+D_i(n) \end{bmatrix} \begin{bmatrix} f(x_i(n)) \\ g(y_i(n)) \end{bmatrix} \quad (8.34)$$

单个神经元的反应并不快,但工作速度很快,这是由于同步平行处理的缘故,人们发现在大脑中也存在同样的现象。耦合振荡子系统的瞬变时间造成慢的反应,这说明该模型对脑有较真实的模拟。瞬变时间在同步平行处理中具有重要作用。

2) 一个混沌振荡子构成的神经元模型

Inoue 和 Fukushima[25] 提出用一个混沌振荡子作为单个神经元来构造混沌神经网络模型。使用下列规则确定神经元状态:

$$u_i(n) = \begin{cases} 1(激活), & \Delta_i(n) < \varepsilon \\ 0(抑制), & 其他 \end{cases} \quad (8.35)$$

式中,$\Delta_i(n) = |x_i(n) - x_i(n+3)|$;$u_i(n)$ 为时刻 n 神经元 i 的状态;ε 为周期三状态的临界参数。这里的振荡子混沌态和周期三态分别对应耦合混沌神经网络的异步和同步。在时刻 n,振荡子 i 的控制参数 $a_i(n)(0 < a_i(n) \leqslant 4)$ 每 m 步按下列方程改变其值:

$$aa_i(n) = \sum_k \omega_{ik} u_k(n) + S_i - \theta_i \quad (8.36)$$

$$a_i(n) = \begin{cases} aa_i(n), & a_c - c_1 < aa_i(n) < a_c + c_2 \\ a_c - c_1, & aa_i(n) < a_c - c_1 \\ a_c + c_2, & aa_i(n) > a_c + c_2 \end{cases} \quad (8.37)$$

式中,$n = pm$;$p = 0, 1, \cdots$;c_1 和 c_2 为正参数。

上述 $a_i(n)$ 的限制条件可以避免不合适的运动而引起的振荡。当 $\omega_{ij} = 0$ 和 $S_i = 0$ 时,只有 $\theta_i = -a_c = -(1+2\sqrt{2})$,才能使振荡子处于临界状态。振荡子的运动方程为

$$x_i(n+1) = a_i(n) x_i(n) [1 - x_i(n)] \quad (8.38)$$

当 $a_i(n) = a$ 为常数时,上述运动方程为 Logistic 映射,Logistic 有一个周期三宽窗口。若控制参数大于临界值 $a_c = (1+2\sqrt{2})$,则会出现一个稳定周期三运动;当 $a < a_c$ 时,会产生混沌现象。网络可完成解答的有效随机搜索,其动力学特性复杂,不如耦合振荡子模型有效。

总之,Inoue 的两种混沌神经网络模型具有同步平行处理的功能,这种功能可在一步内以长的汉明距离改变状态,混沌的不规则性可产生随机搜索能力。最近,大脑中真正的神经元的振荡和同步也被实验所证实。模型中没有考虑神经元的疲劳效应,而这种效应在知识解释的变化中具有重要作用。

8.2.2.2　混沌噪声的混沌神经网络模型

在问题优化中，Hopfield 神经网络的能量函数易陷入局部最小值。为增强其全局优化能力，学者们提出了加入混沌噪声来激活状态的混沌神经网络[26,27]。作为模型 Hopfield 神经网络的扩展，混沌神经网络利用混沌噪声来避免局部最小。神经元的连接基本上按修改过的 Hopfield 模型，神经元的状态与时间差值 Δt 的关系为

$$u_i(n+1) = \Delta t\Big[\sum \omega_{ij}(n)V_j(n) + h\Big] + (1 - \Delta t)u_i(n) \tag{8.39}$$

$$V_j(n) = f(u_i(n) + A\eta_i(n)) \tag{8.40}$$

式中，$u_i(n)$ 为时刻 n 神经元 i 的状态；$V_j(n)$ 为时刻 n 神经元 j 的输出；ω_{ij} 为神经元 i 与神经元 j 的连接权值；$\eta_i(n)$ 为幅值归一化噪声；A 为噪声 $\eta_i(n)$ 的幅值；$f(\cdot)$ 为阈值函数，定义为

$$f(y) = \frac{1}{1 + \exp(-y)} \tag{8.41}$$

$\eta_i(n)$ 分配给每个神经元，并且相互独立，网络的性能主要取决于噪声的特性。混沌振荡中含有下列三种常见的噪声源 η：

（1）均匀分布随机数。作为噪声，首先使用系列的 $[0,1]$ 间均匀分布随机数，相邻值无相互关联，即内积 $\langle x_i(n), x_j(m)\rangle = Q\delta_{ij}\delta_{nm}$，$Q$ 为常数。在这种情况下，网络的动力如高斯机，Q 与高斯机中的温度参数相关联。

（2）Logistic 映射。$x_i(n+1) = ax_i(n)[1 - x_i(n)]$，$a \in [0,4]$ 为控制参数，并且所有神经元的 a 值相同，噪声发生器以不同初值进行工作。

（3）带混合噪声的 Logistic 映射。将 1000 步迭代中的 Logistic 映射时间系列存储到内存中，然后逐个地随机选择，因此，混合噪声系列无时间相关性。其他特性同第（2）种情况。

在该模型中，每个神经元有两种不同时间尺度的分开动力：一个是由噪声发生器迭代产生的快速动力；另一个是由普通离散神经网络所表示的较慢动力。分析表明，噪声的相关性对网络系统在寻找最优解时起到重要作用，强相关的噪声系列可帮助系统跳出局部最小状态。

暂态混沌神经网络（TCNN）在 Hopfield 神经网络中引入一个逐渐消失的自反馈项，使网络搜索过程具有复杂的暂态混沌动力学特性。随着自反馈系数的逐渐减小直至消失，网络经过逆向分岔最终收敛到一个稳定的平衡点。在暂态混沌神经网络中，系数 A 代表能量函数对动态特性的影响。在改进的噪声混沌神经网络中，通过不断加大 A 来保持能量函数在搜索过程中的影响。文献[27]将暂态混沌神经网络一般化为非自治 Hopfield 神经网络。

混沌神经网络利用混沌的噪声可以克服 Hopfield 神经网络局部最优的缺点，然而，单纯采用混沌噪声难以实现全局最优。文献[28]提出一种具有加强自反馈的混沌神经网络，以改变自反馈的方式来避免陷入局部最优解。

8.2.2.3　混沌自身响应的混沌神经网络模型

1) Aihara 混沌神经网络模型[29,30]

Aihara 等[29]在 Culloch-Pitts 神经元方程、Caianiello 神经元方程和 Nagumo 神经元模型的基础上提出一种混沌神经网络模型。假设每个神经元 $x_i(t)$ 同时受到外部输入项 $A_j(t)$ 和网络内部反馈项 $h_j(x_j(t))$ 的作用，并且这种作用同不应项 $g_i(x_i(t))$ 一样随时间指数衰减，每个神经元都受到网络中所有神经元的作用，因此，神经元是多输入单输出的。其神经网络模型为

$$x_i(t+1) = f_i\Big[\sum_{j=1}^{N} v_{ij} \sum_{r=0}^{t} K^r A_j(t-r) + \sum_{j=1}^{M} \omega_{ij} \sum_{r=0}^{t} K^r h_j(x_j(t-r))$$

$$-\alpha \sum_{r=0}^{t} K^r g_i(x_i(t-r))\Big] \tag{8.42}$$

式中，$i=1,2,\cdots,m$；$K \in [0,1]$ 为不应性衰减率；α 为抑制神经元兴奋后的激活；N 为外部输入个数；M 为混沌神经元个数；ω_{ij} 和 v_{ij} 为对应的连接权值；$h(\cdot)$ 为内部反馈函数；$A_j(t-r)$ 为离散时间 $t-r$ 第 j 个外部输入的强度；$g(\cdot)$ 为不应性函数；$f(\cdot)$ 为连续输出函数，一般采用具有陡度参数 ε 的 S 形函数，即

$$f(y) = \frac{1}{1 + \exp(-y/\varepsilon)} \tag{8.43}$$

定义混沌神经元的内部状态为 $y_i(t+1)$，则得到 Aihara 的混沌神经模型[29]为

$$x_i(t+1) = f_i(y_i(t+1)) \tag{8.44}$$

$$y_i(t+1) = Ky_i(t) + \sum_{j=1}^{N} v_{ij} A_j(t) + \sum_{j=1}^{M} \omega_{ij} h_j[f_j(y_j(t))]$$

$$-\alpha g_i[f_i(y_i(t))] - \theta_i(1-K) \tag{8.45}$$

式中，$i=1,2,\cdots,m$；θ_i 为阈值。当 K 和 α 趋于零时，有

$$x_i(t+1) = f_i\Big\{\sum_{j=1}^{N} v_{ij} A_j(t) + \sum_{j=1}^{M} \omega_{ij} h_j[f_j(y_j(t))] - \theta_i\Big\} \tag{8.46}$$

在方程(8.44)和方程(8.45)中，令 $x_i(n) = g_i[f_i(y_i(t))]$，$x_j(n) = h_j[f_j(y_j(t))]$，$a_i = \sum_{j=1}^{N} v_{ij} A_j(t)$，$\theta_i = 0$，则上述模型由离散时间和连续空间的方程定义为

$$x_i(n+1) = f_i(y_i(n+1)) \tag{8.47}$$

$$y_i(n+1) = Ky_i(n) + \sum_{j=1}^{M}\omega_{ij}x_j(n) - \alpha x_i(n) + a_i \tag{8.48}$$

式中,a_i 为神经元 i 的外部输入;$\sum_{j=1}^{M}\omega_{ij}x_j(n)$ 是常规 Hopfield 项,其余被引入项是为了在系统中产生混沌动力。可以认为,该混沌神经网络是将混沌动力引入 Hopfield 模型,并作为后者的自然扩展。

混沌神经网络具有联想记忆功能,但其动态联想记忆是在网络的混沌运动中实现的,记忆状态是连续改变的非周期行为,使得混沌神经网络所记忆的信息难以从网络中检索出来,要实现信息的检索和回忆就得改变混沌运动的非周期状态。文献[31]提出一种用于混沌神经元的钉扎控制,在钉扎控制作用期间,混沌神经网络的输出能稳定地收敛于网络的存储模式上,从而实现了混沌神经网络的信息搜索,控制混沌神经网络的混沌特性。

网络的混沌特性由 Lyapunov 指数谱来度量,Lyapunov 指数是吸引子的局部稳定性的度量估计,正 Lyapunov 指数表示轨道附近的平均指数发散,负 Lyapunov 指数表示轨道的平均指数收敛于吸引子。如果最大 Lyapunov 指数至少有一个为正值,则认为网络处于混沌状态。当 K、α、a_i 接近零时,系统从混沌神经网络模型向 Hopfield 模型转化。该混沌神经网络既有可能逃离具有混沌过渡期的伪状态,又有像 Hopfield 模型一样联想目标图案的功能。

混沌神经网络的混沌特性依赖于网络的参数。文献[32]提出了用于计算混沌神经网络最大 Lyapunov 指数的一种算法,并通过最大 Lyapunov 指数的计算研究混沌神经网络混沌区域的分布和特征,讨论有关参数对网络混沌区域的影响,从而指导合理地选择网络参数,使网络处于混沌状态。

2) PWL-N 型混沌神经网络模型

Hsu 等[33]根据 Aihara 的混沌神经网络模型提出变换函数为分段函数 PWL 的一种新型混沌神经网络模型。分段函数 PWL 近似为 N 型,所以该模型称为 PWL-N 型混沌神经网络模型,即

$$x(n+1) = N(y(n)) \tag{8.49}$$

$$y(n+1) = ax(n+1) + c \tag{8.50}$$

式中,a 和 c 为比例参数;$N(\cdot)$ 为分段函数,即

$$N(y) = \begin{cases} m_1 y + b_1, & y \leqslant \delta_1 \\ m_2 y + b_2, & \delta_1 < y \leqslant \delta_2 \\ m_3 y + b_3, & y > \delta_2 \end{cases} \tag{8.51}$$

式中,$m_2 < 0$;$\delta_1 < \delta_2$;$N(\cdot)$ 为一个中间部分有负斜率的 PWL 函数,它有两个临界拐点。在 Aihara 模型中,为了产生新的神经元状态 $y(n+1)$,内部状态 $y(n)$ 被反馈;在 PWL-N 模型中,神经元输出用来产生下一个内部状态。Aibara 模型中,两

个方程都是非线性方程;PWL-N 模型中,一个方程为非线性的,另一个方程为线性的,其中,线性方程称为基线函数,它通过当前输出状态产生下一个内部状态,这个特性在神经分析中特别有用。如果方程在每个周期 $n(n=1,2,\cdots)$ 有一个周期解和无数组有界非周期解,则称该方程表现出混沌。

下面分析许多混沌神经元的集团相互作用。由 M 个神经元组成的神经网络的动力学离散方程组为

$$x_i(n+1) = N(y_i(n)) \tag{8.52}$$

$$y_i(n+1) = \omega_{ij}x_i(n+1) + R_i(n) \tag{8.53}$$

式中,

$$R_i(n) = \sum_{j=1,j\neq i}^{M} \omega_{ij}N[y_j(n)] + \sum_{j=1}^{N} v_{ij}A_j - \theta_i \tag{8.54}$$

表示所有神经元和外部源对神经元 i 的状态的贡献。文献[33]考虑两个相互连接的神经元的相互作用,得到如下结论:

(1) 神经元可由两种方式驱动到混沌态,通过自身(改变自身连接权值 ω_{ij});由神经元相互作用通过其他混沌神经元(相互作用权值 $\omega_{ij}\neq0$)。

(2) 即使神经元为混沌态,两个混沌神经元也可能达到非混沌态。

使用一个 CMOS 换流器和一个线性电阻可以实现混沌神经元。一个理想的 OP 放大器可用来实现混沌神经元模型的变换函数。混沌神经元有以下三部分:PWL-N 型函数、抽样和保持函数、反馈基线函数。文献[33]给出了全部硬件设计和混沌神经模型的实现。

8.2.2.4　非单调转换函数的混沌神经网络模型

在有关混沌神经网络模型的大多数文献中,神经元的输入-输出转换函数均假设为单调函数,通常选用 S 形函数来实现。文献[34]指出,有效的转换函数可取各种形状,并表现出非单调行为。基于这一思想,不少学者提出了非单调转换函数的混沌神经网络模型[34~36],这里以文献[34]提出的混沌奇对称转换函数为例来说明。转换函数为

$$f(x) = \tanh(\alpha x)\exp(-\beta x^2) \tag{8.55}$$

式中,$\alpha,\beta\geqslant0$。设 N 个混沌神经元组成一个混沌神经网络,则神经元 i 的动力为

$$S_i(t+1) = f\left(\sum_{j=1}^{N}\omega_{ij}S_j(t)\right) \tag{8.56}$$

式中,ω 为权值矩阵。神经元的输入空间为 $(-\infty,+\infty)$,而稳定吸引空间为区域 $[-1,+1]$。若 $\beta=0$,则上述模型变为 Hopfield 模型;若 $\alpha\rightarrow\infty,\beta=0$,则变为离散 Hopfield 模型。当 α 和 β 足够大时,可在离散迭代映射式(10.56)中找到混沌吸引子。计算机仿真表明,当 α 和 β 固定时,从 0 开始增加的 β 或 α,将迫使吸引子从不

动点通过分叉点到周期吸引子,最后到混沌的变化[35]。当$|S| \to 1$时,神经元处于激活状态,其中,$S \to +1$表示信号的正激活,$S \to -1$表示信号的负激活。当$|S| \to 0$时,表示处于静止抑制状态。神经网络的平均活性率定义为

$$\rho = \lim_{T \to \infty} \frac{1}{T} \sum_{t=1}^{T} \frac{1}{N} \sum_{i=1}^{N} |S_i(t)| \tag{8.57}$$

对于大的β,神经元的状态由$\exp(-\beta x^2)$来确定,并接近于0,即静止状态。非单调指数β称为平静度。当平静度$\beta = 0$或很小时,网络陷入固定状态。神经元的状态$|S| \to 1$,即网络$\beta = 0$是激活的,它能正确联想输入,像人脑以高激活和合理联想能力处于思考状态一样,网络可理解为处于头脑清醒状态。当β增加时,分叉发生,同时ρ减小,与人脑处于休息状态一样,网络似乎处于稍微休息的状态。当β进一步增加时,出现了混沌解,同时ρ接近于0,可认为网络处于深度休息状态,称为梦时状态。该模型不仅在一定程度上模拟了人脑的混沌行为,而且为模拟人脑的自发展行为奠定了基础。

应用该混沌神经网络模型很容易找到超混沌[35]。超混沌是指具有超过一个正 Lyapunov 指数的高维混沌,它意味着在两个或更多方向上延伸,在相空间造成更复杂的动力轨道。最大超混沌(一般为 4 阶混沌)可应用于保密通信。

8.2.3　两种混沌神经网络

下面介绍基于多层前向神经网络和 Logistic 映射而建立的两种前向混沌神经网络[16]。

8.2.3.1　Ⅰ型前向混沌神经网络

前向神经网络是一种静态输入-输出映射网络,没有延迟项的帮助,不能表示动态系统的映射关系,因而它在许多场合中不便于对动态特性进行学习。为此,引入一种新的神经网络模型——Ⅰ型前向混沌神经网络模型。在这种模型中,隐层的每个神经元都附加了一个基于 Logistic 映射的伴随神经元。为了简单起见,这里仅以只含有一个隐层并且只有一个输出神经元的神经网络为例进行说明,其网络模型如图 8.8 所示。该网络由三层组成:输入层、隐层和输出层。在具体应用时,网络可以含有多个隐层,这里为了简单起见,假设只有一个隐层。其中,输入层神经元只是简单的接收输入,它的输入输出关系是线性的;同样,输出层神经元的激活函数也是一个线性函数。这个模型的特点在于隐层神经元与普通的多层前向神经网络隐层神经元的结构有所不同。该模型的每一个隐层都包括两层,第一层由两组神经元组成:接收前向输入的神经元(F 神经元)和接收反馈输入的神经元(B 神经元);第二层神经元的输出是所需的真正的隐层输出,将这层神经元称为 H 神经元。每一个 F 神经元与所有的输入神经元相连,而每个 B 神经元只

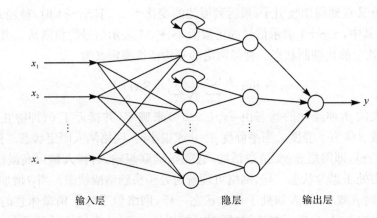

图 8.8   I 型前向混沌神经网络

与一个 B 神经元相连,每个 F 神经元的输出和一个 B 神经元的输出作为 H 神经元的输入,经相加之后作为 H 神经元的输出。由于 B 神经元是一个动态的神经元,因此,使得这种神经网络模型具有模拟动态系统的能力。

设网络输入为 $x(t) = [x_1(t), x_2(t), \cdots, x_n(t)]^{\mathrm{T}}$,$s_i^{\mathrm{B}}$ 和 s_i^{F} 分别表示第 i 个 B 神经元和 F 神经元的输入,h_i^{B} 和 h_i^{F} 分别表示第 i 个 B 神经元和 F 神经元的输出,并且隐层中分别含有 h 个 B 神经元、F 神经元和 H 神经元;$y(t)$ 表示网络在 t 时刻的输出;ω_{ij}^{F} 表示第 j 个输入神经元与第 i 个 F 神经元之间的连接权值;ω_i^{B} 表示第 i 个 B 神经元的连接权值;ω_i^{O} 表示第 i 个 H 神经元与输出神经元之间的连接权值。整个网络的输入输出关系可以表示为

$$s_i^{\mathrm{B}}(t) = h_i^{\mathrm{B}}(t) = \omega_i^{\mathrm{B}}(t) h_i^{\mathrm{B}}(t-1)[1 - h_i^{\mathrm{B}}(t-1)] \qquad (8.58)$$

$$s_i^{\mathrm{F}}(t) = h_i^{\mathrm{F}}(t) = \sum_{j=1}^{n} \omega_{ij}^{\mathrm{F}}(t) x_j \qquad (8.59)$$

$$h_i(t) = f(s_i^{\mathrm{B}}(t) + s_i^{\mathrm{F}}(t)) = f(s_i(t)) \qquad (8.60)$$

$$y(t) = \sum_{i=1}^{h} \omega_i^{\mathrm{O}}(t) h_i(t) \qquad (8.61)$$

式(8.58)是 Logistic 映射,但是,它只能将区间[0,1]的数映射到区间[0,1],因此,将式(8.58)改写为

$$h_i^{\mathrm{B}}(t) = \omega_i^{\mathrm{B}}(t) h_i^{\mathrm{B}}(t-1)[M - h_i^{\mathrm{B}}(t-1)]/M \qquad (8.62)$$

式(8.62)可以将区间[0,M]的数映射到区间[0,M],当控制参数 $\omega_i^{\mathrm{B}} > 3.6$ 时,式(8.62)处于混沌状态。以后将式(8.62)代替式(8.58)作为 B 神经元的输出表达式。

综上,式(8.59)~式(8.62)描述了整个网络的输入输出关系,因为 B 神经元

的激活函数采用的是式(8.62)所表示的 Logistic 映射,它能够产生混沌现象,因此,将这种神经网络称为Ⅰ型前向混沌神经网络。

下面给出Ⅰ型前向混沌神经网络的学习算法。以含有一个隐层和一个输出神经元的网络为例,采用动态 BP 学习算法。设训练样本对为$\{\boldsymbol{x}(p),d(p)\}$,$p=1,2,\cdots,P$,$p$ 表示训练模式,P 表示总的训练模式。取误差代价函数为 $J(t)=\dfrac{1}{2}e^2(t)=\dfrac{1}{2}\left[d(t)-y(t)\right]^2$。

(1) 输出权值 ω_i^{O} 的调整算法。

$$\omega_i^{\mathrm{O}}(t+1)=\omega_i^{\mathrm{O}}(t)+\eta\Delta\omega_i^{\mathrm{O}}(t)=\omega_i^{\mathrm{O}}(t)-\eta\frac{\partial J(t)}{\partial\omega_i^{\mathrm{O}}(t)}=\omega_i^{\mathrm{O}}(t)+\eta e(t)\frac{\partial y(t)}{\partial\omega_i^{\mathrm{O}}(t)}$$

(8.63)

$$\frac{\partial y(t)}{\partial\omega_i^{\mathrm{O}}}=h_i(t)$$

(8.64)

式中,$i=1,2,\cdots,h$。

(2) 反馈权值 ω_i^{B} 的调整算法。

$$\omega_i^{\mathrm{B}}(t+1)=\omega_i^{\mathrm{B}}(t)+\eta e(t)\frac{\partial y(t)}{\partial\omega_i^{\mathrm{B}}(t)}$$

(8.65)

$$\frac{\partial y(t)}{\partial\omega_i^{\mathrm{B}}(t)}=\frac{\partial y(t)}{\partial h_i(t)}\frac{\partial h_i(t)}{\partial s_i(t)}\frac{\partial s_i(t)}{\partial\omega_i^{\mathrm{B}}(t)}=\omega_i^{\mathrm{O}}(t)h_i'(t)\frac{\partial h_i^{\mathrm{B}}(t)}{\partial\omega_i^{\mathrm{B}}(t)}=\omega_i^{\mathrm{O}}(t)h_i'(t)p_i(t)$$

(8.66)

$$p_i(t)=\frac{\partial h_i^{\mathrm{B}}(t)}{\partial\omega_i^{\mathrm{B}}(t)}=\{h_i^{\mathrm{B}}(t-1)[M-h_i^{\mathrm{B}}(t-1)]$$
$$+\omega_i^{\mathrm{B}}(t)p_i(t-1)[M-2h_i^{\mathrm{B}}(t-1)]\}/M$$

(8.67)

式中,$i=1,2\cdots,h$;$p_i(0)=0$。

(3) 输入神经元与隐层神经元之间的连接权值 ω_{ij}^{F} 的调整算法。

$$\omega_{ij}^{\mathrm{F}}(t+1)=\omega_{ij}^{\mathrm{F}}(t)+\eta e(t)\frac{\partial y(t)}{\partial\omega_{ij}^{\mathrm{F}}(t)}$$

(8.68)

$$\frac{\partial y(t)}{\partial\omega_{ij}^{\mathrm{F}}(t)}=\frac{\partial y(t)}{\partial h_i(t)}\frac{\partial h_i(t)}{\partial s_i(t)}\frac{\partial s_i(t)}{\partial\omega_{ij}^{\mathrm{F}}(t)}=\omega_i^{\mathrm{O}}(t)\frac{\partial h_i(t)}{\partial s_i(t)}x_j=\omega_i^{\mathrm{O}}(t)h_i'(t)x_j$$

(8.69)

式中,$i=1,2,\cdots,h$;$j=1,2,\cdots,n$。

8.2.3.2 Ⅱ型前向混沌神经网络

Ⅱ型前向混沌神经网络不同于前面介绍的Ⅰ型前向混沌神经网络模型,这种网络的结构与多层前向神经网络的结构完全相同,网络模型如图 8.9 所示,但是,它并不采用 BP 算法进行训练,而是采用基于 Logistic 混沌映射来训练网络中的各个参数。

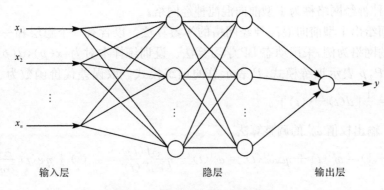

输入层　　　　　　　　隐层　　　　　　　　输出层

图 8.9　Ⅱ型前向混沌神经网格

　　设网络包含 L 层神经元,第 l 层中包含 N_l 个神经元,第 $l-1$ 层中第 j 个神经元与 l 层中第 i 个神经元的连接权值为 ω_{ij}^l,l 层中第 i 个神经元的阈值为 θ_i^l,l 层中第 i 个神经元输出为 y_i^l,神经元的作用函数为 $f(\cdot)$,并设网络输入为 $\boldsymbol{x}(t)=[x_1(t),x_2(t),\cdots,x_n(t)]^{\mathrm{T}}$,输入层为第 0 层,则网络的输入-输出关系为

$$y_i^l = f\Big(\sum_{j=1}^{N_l-1}\omega_{ij}^l y_j^{l-1} - \theta_i^l\Big) \tag{8.70}$$

式中,$l=1,2,\cdots,L;y_j^0=x_j;j=1,2,\cdots,n$。

　　利用混沌方法调整网络权值和阈值的方法如下:

$$x_{\omega_{ij}^l}(t+1) = \mu\, x_{\omega_{ij}^l}(t)\big[1-x_{\omega_{ij}^l}(t)\big] \tag{8.71}$$

$$\omega_{ij}^l(t+1) = c+b\, x_{\omega_{ij}^l}(t+1) \tag{8.72}$$

$$x_{\theta_i^l}(t+1) = \mu\, x_{\theta_i^l}(t)\big[1-x_{\theta_i^l}(t)\big] \tag{8.73}$$

$$\theta_i^l(t+1) = c+b x_{\theta_i^l}(t+1) \tag{8.74}$$

式中,b 为放大倍数;c 为平移倍数;且 $x_{\omega_{ij}^l}(0)\in(0,1)$;$x_{\theta_i^l}(0)\in(0,1)$;$\mu\in(3.6,4)$。

　　由式(8.71)可见,由于控制参数 $\mu\in(3.6,4)$,该 Logistic 映射此时是混沌映射,由于混沌映射对初值十分敏感,因此在实际应用时,赋给式(8.71)i 个微小差别的初值即可得到 i 个混沌变量,这些混沌变量经过平移和放大之后用于调整相应的网络权值 ω_{ij}^l,因此,该权值也是混沌变化的。同样,网络的阈值也是按照混沌规律变化的。正是因为网络参数是混沌变化的,把该类型的网络称为 Ⅱ 型前向混沌神经网络。

8.3　混沌神经网络应用

8.3.1　移动通信系统信道分配问题

8.3.1.1　信道分配问题模型

随着移动通信的迅速发展,飞速增长的用户数量与有限的频率资源这二者之间的矛盾越来越突出,提高现有资源利用率已成为移动通信领域关注的重要课题。所谓信道分配,也称频率分配,即在采用信道利用技术的蜂窝移动通信系统中,在多信道共用的情况下,使通信过程中的相互干扰减到最小,以最有效的频谱利用方式为每个小区的移动通信设备提供尽可能多的可用信道[37]。现有的信道分配方案有三种:信道固定分配算法(FCA)、动态信道分配算法(DCA)和混合信道分配算法(HCA)。这些信道算法或多或少都需要全网及全系统的信息,以频繁的信道重新分配为代价,往往不是很实用。为此,Giortzis 和 Turner[38]根据图形着色问题提出了一种采用兼容矩阵的模型,该模型定义了一个兼容矩阵和一个信道需求矩阵,兼容矩阵中的各项确定了小区 i 和小区 j 之间能够同时使用的信道的最小间隔,信道需求矩阵给出了各小区的信道需求数。当信道总数和各个小区的信道需求确定之后,信道分配实质上就是一个 NP-hard 组合优化问题。

信道分配的关键是频率复用,由于存在同频/邻频干扰等相关干扰因素,使得频率复用的程度必须限定在一定的范围之内,因此,信道分配必须满足同信道约束(cochannel constraint,CCC)、邻信道约束(adjacent channel constraint,ACC)和同小区约束(cosite constraint,CSC)等信道干扰的约束条件。

(1) 同信道约束。两小区除非在距离上足够远,否则不能分配相同的频率。

(2) 邻信道约束。当相邻小区使用相近频率时,仍然存在干扰的可能性。

(3) 同小区约束。分配给同一小区的频率之间应有一定的间隔,如 250kHz 或 5 个频点的间隔。

一个由 n 个小区组成的蜂窝系统,考虑到前面提到的三种信道干扰约束,则可以定义一个 $n \times n$ 维的对称矩阵,称之为约束矩阵 C。例如,7 小区信道分配问题的约束矩阵如图 8.10 所示。其中,非对角线元素 c_{ij} 表示分配给第 i 小区信道与第 j 小区信道之间的最小间隔,而矩阵 C 中的对角线元素 c_{ij} 表示分配给第 i 小区一组信道之间的最小频点间隔。因此,同信道约束可以用 $c_{ij} = 1$ 表示,而邻信道约束和同小区约束可以分别用 $c_{ij} \geqslant 2$ 和 $c_{ij} \geqslant 1$ 表示,$c_{ij} = 0$ 表示小区可以使用相同的信道。通过对系统中每个小区的话务量分析,可以定义一个 n 维的需求矢量 D 来表示每个小区的信道需求,其中,D 中的第 i 个元

素 d_i 表示第 i 个小区需要的信道数。令 f_{ik} 为分配给第 i 个小区的第 k 个信道,则系统所需信道数可表示为 $M=\max\{f_{ik}\}$,且 $|f_{ik}-f_{jl}|>c_{ij}$,其中,$i=1$,$2,\cdots,n,j=1,2,\cdots,n,k=1,2,\cdots,d_i,l=1,2,\cdots,d_i$,且 $i\neq j,k\neq l$。

$$\begin{array}{c}\begin{array}{ccccccc}c_1 & c_2 & c_3 & c_4 & c_5 & c_6 & c_7\end{array}\\\begin{array}{c}c_1\\c_2\\c_3\\c_4\\c_5\\c_6\\c_7\end{array}\left[\begin{array}{ccccccc}5 & 3 & 3 & 3 & 3 & 3 & 3\\3 & 5 & 3 & 0 & 0 & 0 & 3\\3 & 3 & 5 & 3 & 0 & 0 & 0\\3 & 0 & 3 & 5 & 3 & 0 & 0\\3 & 0 & 0 & 3 & 5 & 3 & 0\\3 & 0 & 0 & 0 & 3 & 5 & 3\\3 & 3 & 0 & 0 & 0 & 3 & 5\end{array}\right]\end{array}$$

图 8.10　7 小区信道分配问题的约束矩阵

8.3.1.2　网络模型的确定

由于人工神经网络具有强大的并行运算和非线性逼近能力,在用于求解信道分配这类组合优化问题上得到了深入的研究[39~46]。文献[46]基于暂态混沌神经网络退火过程分段的思想,改进了一种混沌神经网络模型,根据所对应的 Lyapunov 指数变化来确定模型的分段点,使网络既能有效利用混沌态进行全局搜索,又能加快收敛速率;基于该网络模型针对不同规模的信道分配问题进行了仿真分析与研究,并运用 Kunz 基准测试程序面向 25 小区进行了模型测试与分析,下面介绍其研究过程及研究成果。

1) 暂态混沌神经网络模型

Chen 和 Aihara[47] 提出的基于退火策略的暂态混沌神经网络模型如下:

$$v_i(t) = \frac{1}{1+e^{-y_i(t)/b}} \tag{8.75}$$

$$y_i(t+1) = hy_i(t) + \alpha\left[\sum_{j=1,j\neq i}^{n}\omega_{ij}v_j(t) + I_i\right] - z_i(t)\left[v_i(t) - I_0\right] \tag{8.76}$$

$$z_i(t+1) = (1-\gamma)z_i(t) \tag{8.77}$$

式中,$i=1,2,\cdots,n,v_i(t),y_i(t),z_i(t)$ 分别为神经元 i 的输出、内部状态变量(即神经元接受的信息量)和自反馈连接权值,$z_i(t)$ 为可变量,γ 为 $z_i(t)$ 的衰减因子,ω_{ij} 为神经元 j 到神经元 i 的连接权值;I_i 为神经元 i 的输入偏差;b 为 $v_i(t)$ 的陡度参数;h 为神经元的衰减因子;α 为输入的正值缩放因子。

暂态混沌神经网络的动态特性敏感依赖于自反馈连接权值 $z_i(t)$,它类似于随机模拟退火中的温度且动态变化,因此,式(8.75)代表了一种退火方案。实际上,

如果固定 $z_i(t)$,神经元就是混沌神经元,网络具有混沌特性;若 $z_i(t)=0$,网络就成为普通 Hopfield 神经网络,收敛于一个稳定点。因此,$z_i(t)$ 的演化策略对优化性能有很大的影响。

2) $z(t)$ 的演化策略及分段退火暂态混沌神经网络模型

常用的退火策略是指数退火策略,即 $z(t+1)=(1-\gamma)z(t)$,王凌和郑大钟[48]对 $z(t)$ 提出了一种新的控制策略 $z(t+1)=z(t)/\ln(e+\gamma_1(1-z(t)))$,从而使得 $z(t+1)/z(t)$ 随 t 增大而加快,进而来控制 $z(t)$ 的下降速率,这样既可以使混沌动态有足够长的进程以提高粗搜索性能,又可以随混沌动态的减弱使收敛速度加快,该策略可称为对数退火策略;若 $z(t+1)=z(t)-\gamma_2$,则称为线性退火策略,其优点是随着迭代时间的增加,$z(t)$ 线性减小,可以使网络很快地收敛到稳定状态,适合于网络在逆分岔结束后的演变。分析上述退火策略的优缺点,文献[46]给出一种新的分段退火机制,通过将对数退火策略和线性退火策略结合起来,即在逆分岔结束之前采用对数退火策略,之后采用线性退火策略,这样,既能够保证粗搜索阶段有足够长的进程以提高搜索性能,有效避免局部极小值,又可以在细搜索阶段使网络以尽快地速度收敛到稳定状态。模型如下:

$$v_i(t) = \frac{1}{1+e^{-y_i(t)/b}} \tag{8.78}$$

$$y_i(t+1) = hy_i(t) + \alpha \Big(\sum_{j=1, j\neq i}^{n} \omega_{ij} v_j(t) + I_i \Big) - z_i(t)(v_i(t) - I_0) \tag{8.79}$$

$$z_i(t+1) = \begin{cases} z_i(t)/\ln(e+\gamma_1(1-z_i(t))), & z_i \geqslant d \\ z_i(t) - \gamma_2, & z_i < d \end{cases} \tag{8.80}$$

式中,d 为 $z(t)$ 的分断点;γ_1,γ_2 分别为对数退火和线性退火的退火参数。

3) 加入混沌噪声神经网络模型(DCN-HNN)

加入 Logistic 噪声的混沌神经网络模型定义如下:

$$v_i(t) = \frac{1}{1+e^{-y_i^{(t)/b}}} \tag{8.81}$$

$$y_i(t+1) = hy_i(t) + \alpha \Big(\sum_{j=1, j\neq i}^{n} \omega_{ij} v_j(t) + I_i \Big) + \gamma(z_i(t) - h) \tag{8.82}$$

$$z_i(t+1) = a(t)z_i(t)(1-z_i(t)) \tag{8.83}$$

$$a(t+1) = (1-\beta)a(t) + \beta a_0 \tag{8.84}$$

$$h = 1 - 1/a_0 \tag{8.85}$$

式中,$i=1,2,\cdots,n$,v_i,y_i,γ 分别为神经元 i 的输出、内部状态变量(即神经元接受的信息量)和外部噪声权值;ω_{ij} 为神经元 j 到神经元 i 的连接权值;I_i 为神经元 i

的输入偏差；h 为神经元的衰减因子；b 为 v_i 的陡度参数；h 为一偏置值；α 为输入的正值缩放因子；$a(t)$ 为混沌的控制参数；β 为 $a(t)$ 的衰减因子；这里，$0 < a(t) < 4$；$1 \leqslant a_0 \leqslant 2.9$；$0 \leqslant \beta < 1$。

4) 能量函数、网络权值和偏差的确定

对 n 个小区 m 个信道系统来说，共需要 $n \times m$ 个神经元，第 ij 个神经元的输出 v_{ij} 用来表示 j 信道是否分配给了 i 小区；若已分配，则 $v_{ij}=1$，否则，$v_{ij}=0$。根据信道分配的约束条件，网络的能量函数确定如下：

$$E = \frac{A}{2}\sum_{i=1}^{n}\left(\sum_{j=1}^{m}v_{ij}-d_i\right) + \frac{B_1}{2}\sum_{i=1}^{n}\sum_{j=1}^{m}\sum_{\substack{q=j-(c_{ij}-1)\\ q\neq j \\ 1\leqslant q\leqslant m}}^{j+(c_{ij}-1)}v_{iq}v_{ij}$$

$$+ \frac{B_2}{2}\sum_{i=1}^{n}\sum_{j=1}^{m}\sum_{\substack{p=1\\ p\neq i \\ c_{ip}>0}}^{n}\sum_{\substack{q=j-(c_{ip}-1)\\ 1\leqslant q\leqslant m}}^{j+(c_{ip}-1)}v_{pq}v_{ij} \tag{8.86}$$

式中，数 A、B_1、B_2 分别表示信道需求、同小区约束和邻信道约束在能量函数中所占的比重，反映出不同约束对网络能量的影响大小。

考虑 Hopfield 神经网络标准能量函数形式为

$$E = -\frac{1}{2}\sum_{i=1}^{n}\sum_{j=1}^{n}\omega_{ij}v_iv_j - \sum_{i=1}^{n}v_iI_i \tag{8.87}$$

比较式(8.86)和式(8.87)得

$$\omega_{ij} = -A\delta_{ip} - B_1\delta_{ip}(1-\delta_{jp})\alpha_{jq}(c_{ii}-1) - B_2(1-\delta_{ip})\alpha_{jq}(c_{ip}-1) \tag{8.88}$$

$$I_{ij} = Ad_i \tag{8.89}$$

式中，$\delta_{ij}=\begin{cases}1, i=j\\0, i\neq j\end{cases}$；$\alpha_{ij}(x)=\begin{cases}1, |i-j|\leqslant x\\0, |i-j|>x\end{cases}$。至此，改进的分段退火暂态混沌神经网络结构得以确定。

8.3.1.3　实验结果

1) 7 小区 21 信道分配方案

基于包括改进的混沌神经网络在内的三种网络模型，对 7 小区 21 信道分配分别进行了 200 次仿真计算，结果如下：

(1) 暂态混沌神经网络模型。模型参数选取依照文献[47]所确定的参数选取原则，依次确定为 $h=0.9$，$\alpha=0.015$，$z(0)=0.08$；选取需求向量 $\boldsymbol{D}=[2,1,2,3,2,1,2]$。信道分配结果如图 8.11 所示，同时对 200 个不同的初始向量，仿真结果统计如表 8.1 所示。

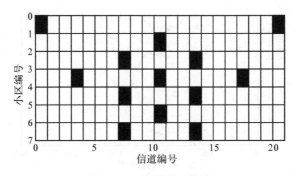

图 8.11　信道分配结果

表 8.1　不同退火参数下暂态混沌神经网络模型求解统计结果

退火参数 γ	最优解比率/%	平均迭代步数
0.0025	92	767.37
0.0035	97	605.73
0.0050	89	491.28

(2) 分段退火暂态混沌神经网络模型。首先选择合适的分段临界点,通过网络运行过程中 Lyapunov 指数的变化状态可知,一般情况下,在 $z=0.02$ 时逆分岔已经结束,所以取这个点为分界点,其他系数选取同上。图 8.12 为网络运行过程中的能量函数的变化曲线,可以看出,能量突跳反映了网络的混沌状态,随着迭代的进行,能量逐渐稳定并趋于 0。图 8.13 为单个神经元细胞的变化状态,可以很清楚地看到,随着 z 的减少由混沌到逆分岔直至混沌结束,进入网络的细搜索阶段。根据约束条件,对同一个需求向量 **D**,信道分配结果同暂态混沌神经网络模型一致,亦如图 8.11 所示,但收敛速度有较大差异。可以看到,指数退火函数迭代了 527 步得出全局最优解,而分段退火只迭代了 393 步就得出了全局最优解,信道的复用率很高,寻优过程也大大加快。对 200 个不同的需求向量,仿真结果统计如表 8.2 所示。

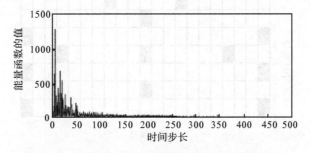

图 8.12　分段退火暂态混沌神经网络能量函数变化

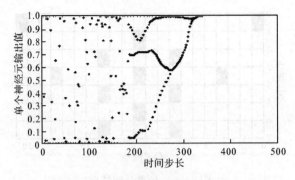

图 8.13　单个神经元输出结果变化

表 8.2　不同退火参数下分段退火暂态混沌神经网络模型求解统计结果

退火参数 γ_1	最优解比率/%	平均迭代步数
0.007	90	631.06
0.010	97	502.43
0.015	95	401.85
0.025	85	320.04

（3）加入混沌噪声 DCN-HNN 网络。亦选取需求向量为 $\boldsymbol{D}=[2,1,2,3,2,1,2]$，其他各参数取值分别为 $\gamma=0.2,\beta=0.006,a(0)=3.95,A=1,B_1=1.3,B_2=1.1,h=0.9,b=1/250,\alpha=0.015,z(0)=0.08$，则信道分配结果如图 8.14 所示。能量函数变化过程如图 8.15 所示。通过与图 8.12 对比可见，对同一个需求向量，分段退火暂态混沌神经网络模型的能量函数变化较之 DCN-HNN 模型更为剧烈和频繁，具体反映在迭代步数上，即虽然分段退火暂态混沌神经网络模型迭代步数要多于 DCN-HNN 模型，但 DCN-HNN 模型的最优解比率不高，统计结果如表 8.3 所示。通过下述规模较大的 25 小区仿真研究可更清晰地看到，分段退火暂态混沌神经网络模型在迭代步数和最优解比率等方面均优于 DCN-HNN 模型。

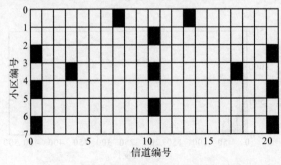

图 8.14　DCN-HNN 信道分配结果图

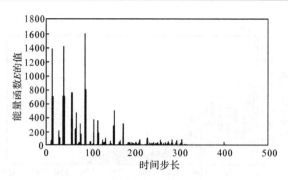

图 8.15　DCN-HNN 能量函数变化

表 8.3　不同退火参数下 DCH-HNN 模型求解统计结果

β	最优解比率/%	平均迭代步数
0.003	60	330.85
0.006	90	233.41
0.009	82.5	168.11

2) 25 小区 73 信道分配方案

25 小区 73 信道的约束矩阵见文献[49]中图 6,在此采用文献[39]提出的一个基准测试程序,该程序由 Kunz 根据在芬兰首都赫尔辛基的一块 24km×21km 区域内话务量的统计信息提出,同时提出了一个具有代表性的需求向量 D=[10,11,9,5,9,4,5,7,4,8,8,9,10,7,7,6,4,5,5,7,6,4,5,7,5]。通过将该基准测试程序和需求向量用于上述几种模型进行性能对比,并采用分段退火网络模型进行仿真实验,信道分配结果如图 8.16 所示。对 200 个不同的需求向量进行仿真,迭代终止条件为能量函数变化值连续 20 次小于 10^{-4},同时设定迭代次数的上限为500 次,则得到能量函数变化如图 8.17 所示。可见,规模较大的 25 小区的信道分配中,能量函数的变化范围明显比 7 小区的大,而且由于约束矩阵规模的增大,每一次迭代所耗费的时间也相应增加,这就要求在满足一定收敛率的前提下,尽可能减少网络运行的迭代步数。

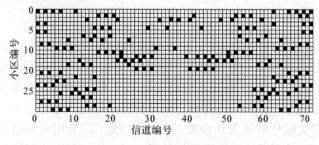

图 8.16　25 小区信道分配结果

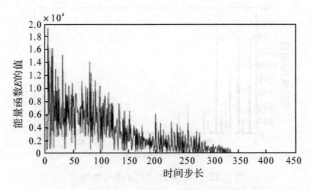

图 8.17　分段暂态混沌神经网络能量函数变化

从表 8.4 可以看出,虽然文献[40]、[41]中的迭代步数少于前三种模型,但其最优解比率太低;分段退火的暂态混沌神经网络模型在保证较少迭代步数的同时,具有较高的最优解比率。这表明分段退火机制具有更高的收敛率,能更好地达到全局最优。文献[50]分析了多种混沌神经网络特性和混沌产生机制后,指出由自反馈引入混沌比外注噪声引入混沌所得的混沌神经网络模型,针对求解 NP 问题时性能更为优越;而通过分段又促使了迭代步数的减少,这也就为分段退火暂态混沌神经网络模型在性能上优于另外两种模型提供了理论上的支持。

表 8.4　多种神经网络模型在解决信道分配问题时的对比结果

神经网络模型	最优解比率/%	平均迭代步数
暂态混沌神经网络	81	381.57
DCN-HNN	70	410.49
分段暂态混沌神经网络	90	327.21
文献[40]结果	9	294.00
文献[41]结果	62	279.90

8.3.2　自适应雷达目标信号处理

8.3.2.1　问题描述

雷达目标信号处理的目的在于获得足够的有关距离和速度等参量的有效信息,相应的信号处理模块应该能够从背景中正确检测出目标信号,滤出杂波和噪声,获得有效的信息,并且能够提高信噪比。不过,噪声和杂波会随着环境特性的变化而变化,如地形、天气等,而这种变化给目标信号处理带来了极大的困难。近来,已经有很多文献分析了雷达杂波[51~54]。文献[51]采用奇异值分解方法和经典的匹配滤波器,并用混沌神经网络代替了 RBF 神经网络;文献[52]和文献[53]

利用自回归模型来逼近杂波谱的频率响应,并且设计了自适应移动目标识别(adaptive moving target indication,AMTI)滤波器;文献[52]也介绍了改进的下三角和上三角矩阵分解(modified lower and upper triangular matrix decomposition,MLUD)算法。文献[54]将混沌神经网络与 Burg 算法和 AMTI 滤波器组合起来,通过 Burg 算法设计 AMTI 滤波器,获得目标的距离信息和速度信息。由于混沌神经网络复杂的动力学特性,与其他神经网络相比,它具有更强的联想记忆能力和容错能力。文献[54]给出的混沌神经网络模型不仅能检测目标信号,而且能够修复被噪声污染的频谱,下面主要介绍其研究成果。

8.3.2.2　系统模型

图 8.18 给出了自适应雷达目标信号处理方法框图,它的信号处理流程如下。

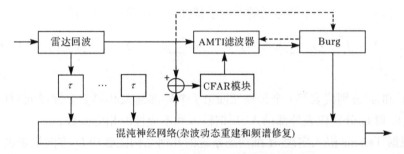

图 8.18　自适应雷达目标信号处理框图

当雷达远离目标时,在雷达回波中只有杂波信号,信号处理方法首先工作于学习阶段。在此阶段,杂波信号的时间序列经过延迟线,并把得到的延迟的杂波序列输入到混沌神经网络用以训练,混沌神经网络建立起杂波信号中隐藏的内在函数关系,并重建杂波动态特性的相空间。杂波信号的时间序列也通过 Burg 模块(图中虚线所示),AMTI 滤波器的参数能够通过基于 Burg 算法的自回归谱估计方法获得(图中虚线所示)。

在系统成功训练之后便可工作于检测阶段,混沌神经网络的输出与真实的雷达回波相比,如果在雷达回波中没有目标信号,则预测误差的均方值小于阈值;如果超过了阈值,表明雷达回波中包含了目标信号。

CFAR 模块(信号检测结果)控制 AMTI 滤波器是否工作,如果成功检测到目标信号,系统就进入处理阶段,雷达回波通过 AMTI 滤波器,滤除杂波。通过谱估计(如 Burg 算法),滤波器的输出就获得目标的距离信息和速度信息。除了杂波外,雷达回波中或许还有诸如热噪声之类的噪声,导致目标信号的频谱峰值被展开,混沌神经网络的联想记忆特性可用于修复频谱。

8.3.2.3　理论分析

1) 混沌神经网络作为检测模块

混沌神经元模型可以表示如下：

$$y(t+1) = f\Big[A(t) - \alpha \sum_{d=0}^{t} k^d g(y(t-d)) - \Theta\Big] \tag{8.90}$$

式中，$y(t)$ 代表混沌神经元的输出；t 代表离散时间步长，$t=1,2,\cdots$；f 代表输出函数；$A(t)$ 代表在 t 时刻的外部激励；g 代表不应性函数；α、k、Θ 分别代表不应性定标参数、不应性衰减参数和阈值。

在图 8.18 所示的雷达目标信号处理方法中，$g(y)=y$，$\theta(t)=a$，f 采用函数 $\varphi_j(x_j(n))=a\tanh(bx_j(n))$，$a>0$，$b>0$。Aihara 混沌神经元作为混沌神经网络模块的组元，其第 i 个混沌神经元的动力学特性可以简单表示如下[29]：

$$y_i(t+1) = f\Big[\sum_{j=1}^{M}\varepsilon_{ij}\sum_{d=0}^{t}k_e A_j(t) + \sum_{j=1}^{N}\omega_{ij}\sum_{d=0}^{t}k_f y_j(t) - \alpha\sum_{d=0}^{t}k_r g(y_i(t)) - \Theta_i\Big] \tag{8.91}$$

式中，ε_{ij} 和 ω_{ij} 分别代表第 i 个神经元同第 j 个外部输入和第 j 个神经元对应的权值；k_e、k_f 和 k_r 分别代表外部输入、反馈输入和不应性的相应参数。

根据 Takens 嵌入定理，d 维动态系统的几何结构能够用 D 维向量来表示

$$Y_R(n) = [y(n), y(n-\tau), \cdots, y(n-(D-1)\tau)]^T \tag{8.92}$$

式中，τ 为整数，代表嵌入延迟。对于给定的 $y(n)$，它与未知的动力系统的可观测变量有关。如果 $D \geqslant 2d+1$，能够从 $Y_R(n)$ 获得重建。

混沌神经网络由三层构成，即输入层、隐层和输出层，如图 8.19 所示。根据最小二乘算法，权值调整规则如下：

$$\nabla\,\omega_{ji}(n) = -\frac{\partial E(n)}{\partial\omega_{ji}(n)} = e_j(n)\cdot\varphi_j{}'(x_j(n))\cdot y_j(n) = \delta_j(n)y_j(n) \tag{8.93}$$

$$\nabla\,\varepsilon_{ji}(n) = -\frac{\partial E(n)}{\partial\varepsilon_{ji}(n)} = e_j(n)\varphi_j{}'(x_j(n))\cdot y_i(n) = \delta_j(n)y_i(n) \tag{8.94}$$

式中，$\delta_j(n)=\dfrac{-\partial E(n)}{\partial x_j(n)}$；$y_j(n)$ 代表隐层中第 j 个神经元的输出；$x_j(n)$ 代表隐层中第 j 个神经元的内部状态。

对于输出层

$$\delta_j(n) = e_j(n)\cdot\varphi_j'(x_j(n)) = \frac{b}{a}[d(n)-o(n)][a-o(n)][a+o(n)] \tag{8.95}$$

式中，$o(n)$ 代表预测值；$d(n)$ 代表了真实的杂波值；a 和 b 为输出函数 $\varphi_j(x_j(n))=$

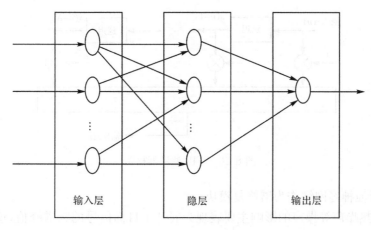

输入层　　　　　　隐层　　　　　　输出层

图 8.19　混沌神经网格框图

$a\tanh(bx_j(n))$ 的参数。

对于隐层

$$\delta_j(n) = \varphi'_j(x_j(n)) \sum_k \delta_k(n)\omega_{kj}(n)$$

$$= \frac{b}{a}[a - y_j(n)][a + y_j(n)] \sum_k \delta_k(n)\omega_{kj}(n) \tag{8.96}$$

2) 基于 Burg 算法的 AMTI 滤波器

自回归模型的系数由杂波和环境决定,谱估计的最大熵方法有如下的功率谱表达式:

$$P(\omega) = \sigma^2 / |A(\mathrm{e}^{\mathrm{j}\omega})|^2, \quad A(z) = \sum_{i=0}^{N} a(i)z^{-i} \tag{8.97}$$

Burg 算法是最大熵方法中的一种,它相当于当 $a(0)=1$ 时的自回归模型。

为了滤除杂波,设计了一种 FIR 滤波器,如图 8.20 所示,它的系数正是 Burg 算法得到的系数 $a_1, a_2, \cdots, a_N$。滤波器的输出是 $y(n) = \sum_{k=0}^{N} a_k x(n-k)$,系统方程是 $H(z) = \sum_{k=0}^{N} a_k z^{-k}$,频率响应为

$$H(\mathrm{e}^{\mathrm{j}\omega}) = \sum_{k=0}^{N} a_k \mathrm{e}^{-\mathrm{j}\omega k} \tag{8.98}$$

比较式(8.97)和式(8.98),可以看出 FIR 滤波器频率响应的系数正是 Burg 谱表达式的系数,因此,滤波器有理想的频率响应,即正是反转的杂波谱。因为在实际的学习阶段,杂波的中心频率和带宽可由 Burg 算法估计,故滤波器能够根据特定的杂波谱特性而自适应调整。

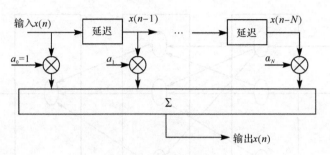

图 8.20　FIR 滤波器框图

3）混沌神经网络作为谱修复模块

诸如热噪声等噪声的影响主要表现为展开了目标信号的频谱峰值，这给距离和速度的估计带来困难和误差。混沌神经网络最有效的功能之一是它的联想记忆特性，由于它的复杂的动力学行为，混沌神经网络比 Hopfield 神经网络具有更强的记忆能力和容错能力，可以采用混沌神经网络记忆理想的频谱峰值，再联想展开的频谱峰值。混沌神经网络的表达式如式（8.91）所示，但此时输出函数采用 Sigmoid 函数：

$$f(y) = [1 - \exp(-\lambda y)]/[1 + \exp(-\lambda y)] \tag{8.99}$$

式中，λ 为增益系数。混沌神经网络记忆 T 个理想谱峰值，它的学习规则采用 Hebb 方法。

$$\omega_{ij} = \sum_{p=1}^{T} (x_i^p - \overline{x_i^p})(x_j^p - \overline{x_j^p}) \tag{8.100}$$

式中，x_i^p 为第 p 个记忆峰值的第 i 个元素。

8.3.2.4　仿真结果

1）混沌神经网络检测模块仿真

对杂波和目标信号的中心频率对应的频谱峰值进行仿真，结果如图 8.21 所示，其中，实线代表实际信号，虚线代表预测信号。对于图 8.21(a)、(b)，在雷达回波中仅有中心频率的杂波，预测误差很小，这说明混沌神经网络能够成功地对杂波进行学习和重建。对于图 8.21(c)、(d)，在雷达回波中既有中心频率的杂波，又有中心频率的目标，预测错误要比上述情况高得多。这说明混沌神经网络能够学习杂波，并能够成功的检测出目标信号。

2）AMTI 滤波器仿真

通过设计的 AMTI 滤波器可以滤除杂波，图 8.22 给出了雷达回波与目标信号的谱估计结果，杂波与目标信号的功率相等，即信号与杂波比是 0dB。对于图 8.22(a)，雷达回波中没有目标信号仅有杂波（中心频率是 6kHz），滤波后杂波

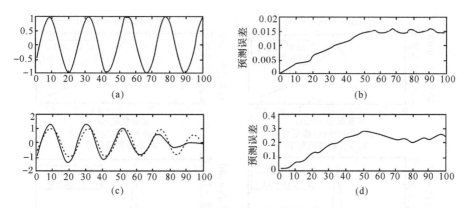

图 8.21　中心频率谱峰值分的检测

的谱峰值被滤除掉。对图 8.22(b)，在雷达回波中既有杂波(中心频率是 6kHz)又有目标信号(中心频率是 12kHz)，滤波后杂波的谱峰值被滤除掉，目标信号的谱峰值保留下来。对图 8.22(c)，目标信号的中心频率是 48kHz，可以得到类似的结果。

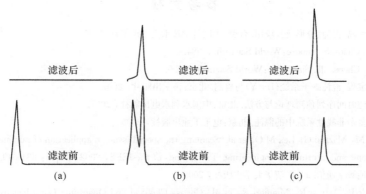

图 8.22　雷达回波和目标信号的频谱

3) 混沌神经网络谱修复模块仿真

应用混沌神经网络的联想记忆功能修复展开的频谱，图 8.23 表明了这种效果。对于图 8.23(a)，混沌神经网络记忆了一个频率为 26.6kHz 的理想峰值，并且通过其联想记忆特性修复了展开的频谱。对于图 8.23(b)，混沌神经网络记忆了 8.9kHz、17.8kHz、26.6kHz、35.5kHz、44.4kHz、53.3kHz 6 个频率的理想峰值，并且通过其联想记忆特性修复了展开的频谱。

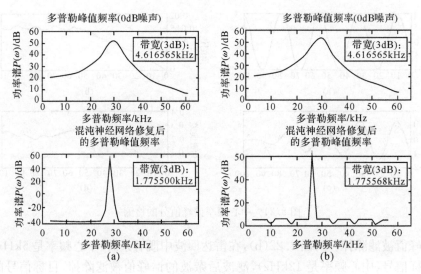

图 8.23 混沌神经网络的频谱修复效果

参考文献

[1] 王东生,曹磊. 混沌、分形及其应用. 合肥:中国科学技术大学出版社,1995.

[2] Hao B L. Chaos. Singapore:World Scientific,1984.

[3] Hao B L. Chaos. Ⅱ. Singapore:World Scientific,1990.

[4] 李月,杨宝俊. 混沌振子系统(L−Y)与检测. 北京:科学出版社, 2007.

[5] 韩敏. 混沌时间序列预测理论与方法. 北京:中国水利水电出版社,2007.

[6] 王兴元. 复杂非线性系统中的混沌. 北京:电子工业出版社,2003.

[7] Hashler M, Mazzini G, Lek M O, et al. Scanning the special issue on application of nonlinear dynamics to electronic and information engineering. Proceedings of the IEEE, 2002,90(5): 631-640.

[8] 李辉. 混沌数字通信. 北京:清华大学出版社,2006.

[9] Cvitanovic P, Artuso R, Mainieri R, et al. Chaos:Classical and Quantum. Copenhagen:Niels Bohr Institute, 2003.

[10] 陈予恕,唐云. 非线性动力学中的现代分析方法. 北京:科学出版社,2000.

[11] Kantz H, Schreiber T. Nonlinear Time Series Analysis. 北京:清华大学出版社, 2001.

[12] Güngör Gündüz. Ancient and current chaos theories. Interdisciplinary Description of Complex Systems, 2006,4(1): 1-18.

[13] Melnikov V K. On the stability of the center for time periodic perturbation. Transactions Moscow Math. Soc., 1963,12: 1-57.

[14] Wolf A, Swift J B, Swinney H L, et al. Determining Lyapunov exponents from a time series. Physica, 1985, 16D: 285-317.

[15] 徐耀群. 混沌神经网络研究及应用[博士学位论文]. 哈尔滨:哈尔滨工程大学,2002.

[16] 郑丽颖. 混沌神经网络及模糊混沌神经网络的研究与应用[博士学位论文]. 哈尔滨:哈尔滨工程大学,2002.

[17] Yao Y, Freeman W J. Model of biological pattern recognition with spatially chaotic dynamics. Neural Networks,1990, 3(2): 153-170.

[18] Tsuda I. Dynamic link of memory: Chaotic memory map in non-equilibrium neural networks. Neural Networks,1992, 5(2): 313-326.

[19] Nara S, Davis P, Totsuji H. Memory search using complex dynamics in a recurrent neural model. Neural Networks, 1992, 6(7): 963-973.

[20] 焦李成. 神经网络的应用与实现. 西安: 西安电子科技大学出版社, 1996.

[21] Du K L, Swamy M N S. Neural Networks in a Softcomputing Framework. Secaucus: Springer, 2006.

[22] 刘勋, 马义德, 袁敏, 等. 混沌神经网络研究及其应用. 广西师范大学学报(自然科学版), 2005, 23(1): 88-91.

[23] 王耀南, 余群明, 袁小芳. 混沌神经网络模型及其应用研究综述. 控制与决策, 2006, 21(2): 121-128.

[24] Inoue M, Nagayoshi A. A chaos neuro-computer. Physics Letters-A, 1991, 158(8): 373-376.

[25] Inoue M, Fukushima S. A neural network of chaotic oscillators. Progress Theoretical Physics, 1992, 87(3): 771-774.

[26] Hayakawa Y, Marumoto A, Sawada Y. Effects of the chaotic noise on the performance of a neural network model for optimization problems. Physical Review-E, 1995, 51(4): 2693-2696.

[27] Ding Z, Leung H, Zhu Z W. A study of the transiently chaotic neural network for combinatorial optimization. Mathematical and Computer Modelling, 2002, 36 (9,10): 1007-1020.

[28] Masaya O. Chaotic neural networks with reinforced self-feedbacks and its application to N-queen problem. Mathematics and Computers in Simulation, 2002, 59 (4): 305-317.

[29] Aihara K, Takabe T, Toyoda M. Chaotic neural networks. Physics Letters-A, 1990, 144 (6,7): 333-340.

[30] Adachi M, Aihara K. Associative dynamics in a chaotic neural network. Neural Networks, 1997, 10(1): 83-98.

[31] He G G, Cao Z T, Zhu P, et al. Controlling chaos in a chaotic neural network. Neural Networks, 2003, 16(8): 1195-1200.

[32] 何国光, 朱萍, 曹志彤, 等. 混沌神经网络的 Lyapunov 指数与混沌区域. 浙江大学学报(自然科学版), 2004, 31(7): 387-390.

[33] Hsu C C, Gobovic D, Zaghloul M E, et al. Chaotic neuron models and their VLSI circuit implementation. Neural Networks, 1996, 7(6): 1339-1350.

[34] Shuai J W, Chen Z X, Liu R T, et al. Self-evolution neural model. Physics Letters-A, 1996, 221(5): 311-316.

[35] Shuai J W, Chen Z X, Liu R T, et al. Maximum hyperchaos in chaotic nonmonotonic neuronal networks. Physical Review-E, 1997, 56(1): 890-893.

[36] Caroppo D, Mannarelli M, Nardulli G, et al. Chaos in neural networks with a nonmonotonic transfer function. Physical Review-E, 1999, 60(2): 2186-2192.

[37] 党安红, 张敏, 朱世华, 等. 一种新的优化动态信道分配策略及建模分析. 电子学报, 2004, 32(7): 1152-1155.

[38] Giortzis A I, Turner L F. Application of mathematic programming to the fixed channel assignment problem in mobile radio networks. IEE Proc. Commun. , 1997, 144(4): 257-264.

[39] Kunz D. Channel assignment for cellular radio using neural networks. IEEE Trans. on Vehicle Technology, 1991, 40(1): 188-193.

［40］Funabiki N，Takefuji Y. A neural network parallel algorithm for channel assignment problems in cellular radio networks. IEEE Trans. on Vehicle Technology, 1992, 41(4)：430-437.

［41］Kim J. Cellular radio channel assignment using a modified Hopfield network. IEEE Trans. on Vehicle Technology, 1997, 46(4)：957-967.

［42］Farahmand A M，Yazdanpanah M J. Channel assignment using chaotic simulated annealing enhanced Hopfield neural network. 2006 International Joint Conference on Neural Networks,2006：4491-4497.

［43］Wang L. Noisy chaotic neural networks with variable thresholds for the frequency assignment problem in satellite communications. IEEE Trans. on System, Man, and Cybernetics,2008, 38(2)：209-217.

［44］Hayakawa Y. Effects of the chaotic noise on the performance of neural-network model for optimization problems. Physical Review-E, 1995, 51(4)：2693-2696.

［45］Wang L. A gradual noisy chaotic neural network for solving the broadcast scheduling problem in packet radio networks. IEEE Trans. on Neural Networks, 2006, 17(4)：989-1000.

［46］朱晓锦,陈艳春,邵勇,等. 面向信道分配的分段退火混沌神经网络模型. 通信学报，2008，29(5)：122-127.

［47］Chen L，Aihara K. Chaotic simulated annealing by a neural network model with transient chaos. Neural Networks, 1995, 8(6)：915-930.

［48］王凌,郑大钟. 一种基于退火策略的混沌神经网络优化算法. 控制理论与应用，2000，17(1)：139-142.

［49］Battiti R. A randomized saturation degree heuristic for channel assignment in cellular radio networks. IEEE Trans. on Vehicle Technology, 2001, 5(2)：364-374.

［50］Kwok T，Smith A. A unified framework for chaotic neural network approaches to combinatorial optimization. IEEE Trans. on Neural Networks, 1999, 10(4)：978-981.

［51］Xiong Z L，Shi X Q. A novel signal detection subsystem of radar based on HA-CNN. Lecture Notes in Computer Science,2004, 3174：344-349.

［52］Huang Y，Peng Y N. Design of airborne adaptive recursive MTI filter for detecting targets of slow speed. Proceedings of IEEE National Radar Conference, 2000：215-218.

［53］Xiang Y，Ma X Y. AR model approaching-based method for AMTI filter design. Systems Engineering and Electronics,2005, 27：1826-1830.

［54］Ren Q S，Wang Jian，Meng H L，et al. An adaptive radar target signal processing scheme based on AMTI filter and chaotic neural network. Lecture Notes in Computer Science,2007, 4492：88-95.

第 9 章 小波神经网络

小波神经网络(wavelet neural network,WNN)是小波分析理论和神经网络相互混合的一种神经网络模型,本章首先讲述小波分析理论,继而给出小波神经网络的概念和实现方法,最后讨论基于小波神经网络的飞机图像识别问题和微带不连续性建模问题。

9.1 小波分析概述

小波分析属于时频分析的一种,传统的信号分析是建立在傅里叶变换的基础上的。由于傅里叶分析使用的是一种全局的变换,要么完全在时域,要么完全在频域,因此,无法表述信号的时频局域性质,而这种性质恰恰是非平稳信号最根本和最关键的性质。为了分析和处理非平稳信号,人们对傅里叶分析进行了推广乃至根本性的革命,提出并发展了一系列新的信号分析理论:短时傅里叶变换、Gabor变换、时频分析、小波变换、分数阶傅里叶变换、线调频小波变换、循环统计量理论和调幅-调频信号分析等。小波变换是其中比较成功,应用也比较广泛的一种[1~7]。作为非线性分析的有利工具,其主要应用之一是非平稳或时变信号的分析,小波变换可将信号分解成多个具有不同时间分辨率和频率分辨率的信号,从而揭示信号在不同尺度上的时域行为特征,小尺度的变换对于高频信号将有较好的时间分辨率,大尺度的变换对于低频信号有较高的频率分辨率,从而反映信号从细节到大轮廓的变化过程。

9.1.1 小波分析常用记号

(1) $\mathbf{N}$:自然数集合;$\mathbf{Z}$:整数集合;$\mathbf{Z}^+$:正整数集合;$\mathbf{R}$:实数集合;$\mathbf{C}$:复数集合。

(2) $\mathbf{R}^n$:对于 $\forall f, g \in \mathbf{R}^n$,定义 $\rho(x, y) = \left[\sum_{i=1}^{n} (x_i - y_i)^2 \right]^{1/2}$,则 $\mathbf{R}^n$ 按照 $\rho(x, y)$ 为一个距离空间,称此集合 $\mathbf{R}^n$ 为 n 维欧氏空间。

(3) $L^1(\mathbf{R})$:$\mathbf{R}$ 上的所有可测且具有 $\int_{-\infty}^{+\infty} |f(x)| \mathrm{d}x < \infty$, $x \in \mathbf{R}$ 的函数集合。

(4) $L^2(\mathbf{R})$:$\mathbf{R}$ 上的所有可测且具有 $\int_{-\infty}^{+\infty} |f(x)|^2 \mathrm{d}x < \infty$,$x \in \mathbf{R}$ 的函数集合,称为 $\mathbf{R}$ 上的平方可积函数空间。

（5）$L^2(\mathbf{R}^n)$：n 维 $\mathbf{R}$ 上的所有可测且具有 $\int_{-\infty}^{+\infty}|f(x)|^2\mathrm{d}x<\infty$，$x\in\mathbf{R}^n$ 的函数集合。

（6）L^2：具有 $\sum_{i=-\infty}^{+\infty}|a_i|^2<\infty$ 平方和序列 $\{a_i\}$ 集合称为平方可和离散序列空间。

（7）$\langle.,.\rangle$：对于 $\forall f,g\in L^2(\mathbf{R})$，空间 $L^2(\mathbf{R})$ 上的内积定义为

$$\langle f,g\rangle=\int_{-\infty}^{+\infty}f(x)\overline{g(x)}\mathrm{d}x$$

$\overline{g(x)}$ 为 $g(x)$ 的共轭。赋予这个内积后，$L^2(\mathbf{R})$ 空间变成了 Hilbert 空间。

（8）范数 $\parallel f(x)\parallel$：$\parallel f(x)\parallel_2=\langle f,f\rangle^{1/2}$。

（9）Parseval 恒等式：对于所有 $f,g\in L^2(\mathbf{R})$ 有

$$\langle f,g\rangle=\frac{1}{2\pi}\langle\hat{f},\hat{g}\rangle$$

式中，$\hat{f}$ 和 $\hat{g}$ 分别表示 f 和 g 的傅里叶变换。

9.1.2　连续小波变换

9.1.2.1　小波变换的定义及反演

定义 9.1　对 $\forall\Psi\in L^2(\mathbf{R})$，如果 $\Psi(t)$ 的傅里叶变换 $\hat{\Psi}(\omega)$ 满足如下可容许条件（或称为完全重构条件或恒等分辨条件）：

$$C_\Psi=\int_{-\infty}^{+\infty}\frac{|\hat{\Psi}(\omega)|^2}{|\omega|}\mathrm{d}\omega<\infty \tag{9.1}$$

则称 $\Psi(t)$ 是一个基本小波（"基小波"）或小波母函数（"母小波"）。

一个基本小波 $\Psi(t)$ 的选择既不是唯一的，也不是任意的，它的选择应满足以下两个条件：

（1）定义域是紧支撑的，即在一个很小的区间以外，函数为零，换句话说，函数应有速降特性，即"小波"中所谓的"小"，以便获得空间局域化。

（2）平均值为零，也就是 $\int_{-\infty}^{+\infty}\Psi(t)\mathrm{d}t=0$，甚至 $\Psi(t)$ 的高阶矩也应为零，即

$$\int_{-\infty}^{+\infty}t^k\Psi(t)\mathrm{d}t=0 \tag{9.2}$$

式中，$k=1,2,\cdots,n$。式（9.2）称为 n 阶消失矩，也是所谓的 $\Psi(t)$ 满足的"正规性条件"。平均值为零的条件即小波可容许条件。

由第二个条件可以看出，小波 $\Psi(t)$ 只有在实轴 t 上取值有正有负时才能保证条件成立，所以，$\Psi(t)$ 应具有振荡性，也就是说是一个波；而第一个条件则要求

$\Psi(t)$ 不是一个连续波,应是一个迅速衰减的短波。

由于小波选择的灵活性,满足上述条件(1)和条件(2)的都可以用做小波。

定义 9.2　由小波母函数进行伸缩和平移生成的函数系 $\{\Psi_{a,b}(t)\}$

$$\Psi_{a,b}(t) = |a|^{-\frac{1}{2}} \Psi\left(\frac{t-b}{a}\right) \tag{9.3}$$

称为由小波母函数 Ψ 生成的依赖于参数 a 和 b 的连续小波,其中,a 是尺度参数(也称为伸缩因子),b 是平移参数(也称为位移因子),且 $a,b \in \mathbf{R}, a \neq 0$,时间变量 t、伸缩因子 a 和位移因子 b 都是连续变量。

定义 9.3　设 $\Psi(t)$ 是基小波,对 $\forall f(t) \in L^2(\mathbf{R})$ 在这个基小波下进行展开,称这种展开为连续小波变换(continue wavelet transform, CWT),其表达式为

$$W_f(a,b) = \langle f, \Psi_{a,b} \rangle = |a|^{-\frac{1}{2}} \int_{-\infty}^{+\infty} f(t) \overline{\Psi\left(\frac{t-b}{a}\right)} dt \tag{9.4}$$

式中,$\overline{\Psi(\cdot)}$ 表示 $\Psi(\cdot)$ 的共轭函数。

小波变换是一种时频变换,尺度参数 a 决定了 $\Psi\left(\dfrac{t-b}{a}\right)$ 的谱的变化,即小波变换就是用具有相同形状、不同带宽和主频的滤波器对信号 $f(t)$ 进行滤波。改变尺度参数 a 值,对函数 $\Psi(t)$ 具有伸展($a>1$)或收缩($a<1$)的作用,对于 $\hat{\Psi}(\omega)$ 的作用正好相反。所以,改变尺度参数 a,将影响对信号 $f(t)$ 的时间分辨率和频率分辨率。改变平移参数 b 值,则影响函数 $f(t)$ 围绕 b 点的分析结果。$b>0$,小波函数 $\Psi(t)$ 右移;$b<0$,小波函数 $\Psi(t)$ 左移。所以,改变平移参数 b 可以选取对信号 $f(t)$ 进行分析的区域。

定义 9.4　若 $\Psi(t) \in L^2(\mathbf{R})$,且满足 $C_\Psi = \displaystyle\int_{-\infty}^{+\infty} \frac{|\hat{\Psi}(\omega)|^2}{|\omega|} d\omega < \infty$,根据 Parseval 恒等式,可以得到小波变换反演公式如下:

$$f(t) = \frac{1}{C_\Psi} \int_{-\infty}^{+\infty} \int_{-\infty}^{+\infty} a^{-2} W_f(a,b) \Psi_{a,b}(t) da db \tag{9.5}$$

反演公式说明小波变换作为转换信息的工具,在信息转换的处理过程中,不会造成信息损失,小波变换只是获得了信息的新的等价描述。

9.1.2.2　小波变换的时频分析

小波变换有两个特点:①"自适应性",可根据分析自动调整有关参数 a 与 b;②"数学显微镜性质",能根据观察对象频率的变化自动"调焦",以得到最佳效果。

1) 小波的时间窗(TW)

设 Ψ 是任一基小波,且其是窗函数,它的中心和半径分别为 t^* 和 $\Delta\Psi$,则连续小波 $\Psi_{a,b}(t)$ 是中心为 $b+at^*$、半径为 $a\Delta\Psi$ 的窗函数,且把信号 $f(t)$ 限制在如下

时间窗内：

$$[b+at^*-a\Delta\Psi,b+at^*+a\Delta\Psi]\quad(窗宽为\ 2a\Delta\Psi)\qquad(9.6)$$

当 a 下降时，窗宽下降；反之，a 上升时，窗宽上升。在信号分析中，这称为"时间局部化"(time localization，TL)。

2）小波的频率窗(FW)

设 Ψ 是任一基小波，且其傅里叶变换 $\hat{\Psi}$ 是窗函数，它的中心和半径分别为 ω^* 与 $\Delta\hat{\Psi}$，则式(9.3)定义的小波变换把信号 $f(t)$ 的频谱 $\hat{f}(\omega)$ 限制在如下频率窗内：

$$\left[\frac{\omega^*}{a}-\frac{1}{a}\Delta\hat{\Psi},\frac{\omega^*}{a}+\frac{1}{a}\Delta\hat{\Psi}\right]\quad(窗宽为\frac{2\Delta\hat{\Psi}}{a})\qquad(9.7)$$

这称为"频率局部化"(frequency localization，FL)，以后总假定 $\omega^*>0$（频率无负）。可以认为这是一个具有中心频率 $\frac{\omega^*}{a}$ 且带宽为 $\frac{2}{a}\Delta\hat{\Psi}$ 的一个频带，Ψ 是带通函数。设带通滤波器的品质因数为 Q，则由式(9.7)给出带通滤波器品质因数 Q 不变，即 Q 与 a 无关。

$$Q=\frac{中心频率}{带宽}=\frac{\omega^*/a}{2\Delta\hat{\Psi}/a}=\frac{\omega^*}{2\Delta\hat{\Psi}}\qquad(9.8)$$

综上分析可知，连续小波变换给出了信号 f 在时间-频率平面(t-ω 平面)上一个矩形的时间-频率窗

$$[b+at^*-a\Delta\Psi,b+at^*+a\Delta\Psi]\times\left[\frac{\omega^*}{a}-\frac{1}{a}\Delta\hat{\Psi},\frac{\omega^*}{a}+\frac{1}{a}\Delta\hat{\Psi}\right]\qquad(9.9)$$

上的局部信息，即小波变换具有时-频局部化特性。

规定 TW 的宽 $2a\Delta\Psi$ 为 TFW 的宽度，FW 的宽 $\frac{2\Delta\hat{\Psi}}{a}$ 为 TFW 的高度，则 TFW 的面积是不变量 $4\Delta\Psi\Delta\hat{\Psi}$，与 a、b 无关。当 a 减小时，TFW 的宽度减小，TFW 的高度增大；反之，当 a 增大时，TFW 的宽度增大，TFW 的高度减小。故当检测高频信息时（即对应小的 $a>0$），TFW 自动变窄，可做细致观测；当检测低频信息时（即对应大的 $a>0$），TFW 自动变宽，可作(全局)概貌观测，这就是"调焦"性、"显微镜"性。

9.1.3　离散小波变换

一维信号 $f(t)$ 作连续小波变换成为 $W_f(a,b)$ 后，其信息是有冗余的，因此，从压缩数据及节约计算的角度上看，希望只在一些离散的尺度和位移之下计算小波变换，而又不致丢失信息。

定义 9.5　尺度参数 a 的离散化。按幂级数对尺度参数 a 做离散化，a 取 a_0^0，$a_0^1, a_0^2, \cdots$ 此时，离散化后的小波函数 $\Psi_{a,b}(t)$ 变为

$$a_0^{-\frac{j}{2}} \Psi[a_0^{-j}(t-b)], \quad j = 0, 1, 2, \cdots, j \in \mathbf{Z}^+ \tag{9.10}$$

定义 9.6　位移参数 b 的离散化。为保证信息不丢失，对于某尺度 j 使位移参数 b 以 $a_0^j b_0$ 为采样间隔作均匀采样，其中，b_0 为 $j=0$ 时的均匀采样间隔，此时，离散化后的小波函数 $\Psi_{a,b}(t)$ 变为

$$a_0^{-\frac{j}{2}} \Psi[a_0^{-j}(t-ka_0^j b_0)], \quad j = 0, 1, 2, \cdots, j \in \mathbf{Z}^+, k \in \mathbf{Z} \tag{9.11}$$

实际应用中，常取 $a_0 = 2, b_0 = 1$，此时，$\Psi_{a,b}(t)$ 变为

$$\Psi_{j,k}(t) = 2^{-j/2} \Psi(2^{-j}t - k) \tag{9.12}$$

称 $\Psi_{j,k}(t)$ 为离散小波。对 $f(t)$ 作离散小波变换（discrete wavelet transform，DWT）$W_f(j,k)$，其表达式为

$$W_f(j,k) = \langle f(t), \Psi_{j,k}(t) \rangle = \int_{-\infty}^{+\infty} f(t) \overline{\Psi_{j,k}(t)} \mathrm{d}t \tag{9.13}$$

对于尺度参数及位移参数均离散化的小波序列，若特别的选取离散化方法，令 $a_0 = 2$，即对连续小波，只在尺度参数上进行离散，而平移参数仍连续变化，则称这类小波为二进小波，表示为

$$\Psi_{2^j, b}(t) = 2^{-j/2} \Psi(2^{-j}t - b) \tag{9.14}$$

由上述可知，二进小波是介于连续小波与离散小波之间的，它只对尺度参数 a 进行离散，在时间域上的平移参数 b 仍保持连续取值，故其除具有离散小波的特点外，还具有连续小波的时移共变性，这是其较离散小波存在的独特优势。二进小波由于具有上述特点，故在奇异性检测、图像处理方面十分有效。

9.1.4　多分辨率分析

把平方可积的函数 $f(t) \in L^2(\mathbf{R})$ 看成是某一逐级逼近的极限情况，每级逼近都是用某一低通平滑函数 $\phi(t)$ 对 $f(t)$ 作平滑的结果，只是逐级逼近时平滑函数 $\phi(t)$ 也作逐级伸缩，这也就是用不同分辨率来逐级逼近待分析函数 $f(t)$，这就是多分辨率得名由来。

定义 9.7　$L^2(\mathbf{R})$ 的闭子空间序列 $\{V_j\}, j \in \mathbf{Z}$，称为形成一个多分辨分析，如果 $\{V_j\}$ 满足下述条件且存在 $L^2(\mathbf{R})$ 的一个函数 $\phi(t)$，使 $\{\phi_{0,n}(t) \mid n \in \mathbf{Z}\}$ 是 V_0 的一个 Reisz 基，这时 $\phi(t)$ 被称做尺度函数。

(1) 一致单调性。$\{V_j\}$ 是一个嵌套序列 $V_k \subset V_{k+1}$，即 $\cdots \subset V_{-1} \subset V_0 \subset V_1 \subset \cdots$

(2) 渐进逼近性。所有 V_j 的并在 $L^2(\mathbf{R})$ 中是稠密的，即 $\bigcup_{j \in \mathbf{Z}} V_j = L^2(\mathbf{R})$，所有 V_j 的交是零函数，即 $\bigcap_{j \in \mathbf{Z}} V_j = \{0\}$。

(3) 二尺度伸缩性。$f(t) \in V_j \Longleftrightarrow f(2t) \in V_{j+1}, j \in \mathbf{Z}$。

（4）平移不变性。$f(t) \in V_j \Longleftrightarrow f\left(t+\dfrac{1}{2^j}\right) \in V_j, j \in \mathbf{Z}$。

（5）正交基存在性。$V_{j+1} = V_j \oplus W_j$，其中，W_j 是 V_j 关于 V_{j+1} 的补空间，$W_j \perp V_j$，$\perp$ 表示正交运算，$\oplus$ 表示正交和运算。

由于 $\{\phi_{0,n}(t) \mid n \in \mathbf{Z}\}$ 是 V_0 的一个 Reisz 基，由条件（4），$\{\phi_{j,n}(t) \mid n \in \mathbf{Z}\}$ 也是 V_j 的一个 Reisz 基，所以，也称函数 $\phi(t)$ 生成一个多分辨率分析 $\{V_j\}$。

9.1.5　小波变换的性质

小波变换的基本思想类似于傅里叶变换，就是用信号在一簇基函数张成的空间上的投影表征该信号。它是一种崭新的时频分析方法，具有良好的时频局部化特性和对信号的自适应变焦距和多尺度分析能力，使不同尺度和不同频率的信号能通过不同的频道分离出来，可以有效分离不同故障信号。同时，小波变换是一种转换信息的工具，在信息转换的处理过程中，不会造成信息的损失，只是获得了信息的新的等价描述。因而，小波变换具有如下性质：

（1）小波变换是一个满足能量守恒方程的线性运算，它把一个信号分解成对空间和尺度（即时间和频率）的独立贡献，同时，又不失原信号所包含的信息。

（2）小波变换相当于一个具有放大、缩小和平移等功能的数学显微镜，通过检查不同放大倍数下信号的变化来研究其动态特性。

（3）小波变换不一定要求是正交的，因为小波变换的核函数即小波基不唯一，而且小波函数系的时宽-带宽积很小，且在时间和频率轴上都很集中，即展开系数的能量很集中。

（4）小波变换巧妙地利用了非均匀的分辨率，较好地解决了时间和频率分辨率的矛盾；在低频段用高的频率分辨率和低的时间分辨率（宽的分析窗口），而在高频段则用低的频率分辨率和高的时间分辨率（窄的分析窗口），这与时变信号的特征一致。

（5）小波变换将信号分解为在对数坐标中具有相同大小频带的集合，这种以非线性的对数方式而不是以线性方式处理频率的方法对时变信号具有明显的优越性。

（6）小波变换是稳定的，是一个信号的冗余表示。由于 a、b 是连续变化的，相邻分析窗的绝大部分是相互重叠的，相关性很强（这种相关性增加了分析和解释小波变换结果的困难，因此，小波变换的冗余度应尽可能减小，这是小波分析中的主要问题之一）。

（7）小波变换同傅里叶变换一样，具有统一性和相似性，其正反变换具有完美的对称性。小波变换具有基于卷积和正交镜像滤波器（quadrature mirror filter，QMF）的塔形快速算法。

9.2　小波神经网络原理及实现

9.2.1　小波神经网络的基本思路

众所周知,大多数前向多层网络都是基函数网络,如正交函数网络、样条函数网络、RBF 神经网络和 BP 神经网络等,而基于 Sigmoid 基函数的 BP 神经网络是使用较为广泛的一类。尽管这种网络具有较强的函数逼近和容错能力,但从函数表示的角度出发,它是一类次优网络,主要原因如下:

(1) Sigmoid 函数是一个具有 k 次光滑度 C^k 的函数 ($k \rightarrow \infty$),它的能量具有无限性,使得人们不能用能量有限的带宽函数来逼近它,也不能找到它与 f 对应的局部特性;而通常的能用解析式 $f = \sum_{a,b} W_{a,b} \Psi_{a,b}$ 来逼近的函数往往是 L^R 函数,所以不知道 $W_{a,b}$ 的性质和它的物理意义。

(2) Sigmoid 函数不满足小波分析理论中定义的框架条件,所以不能保证解的唯一性。

(3) 从原则上讲,Sigmoid 网络可以以任意精度逼近给定的函数或信号,但它需要无限多权值,而且不能定量地确定何种规模的网络可以逼近所要求的分辨尺度。

正因为这些原因,各国学者都希望构造一个可以克服 Sigmoid 网络缺陷的神经网络,小波神经网络在此时应运而生。小波神经网络也叫小波网络,是基于小波分析理论所构造的一种新的前馈神经网络模型,它充分利用小波变换良好的时频局域化性质,并结合传统人工神经网络的自学习功能,因而具有较强的逼近能力。

小波网络最早由法国著名的信息科学研究机构 IRISA 的 Zhang 和 Albert[8] 于 1992 年提出,很快成为一种新兴的数学建模分析方法。它实际上是作为对前馈神经网络逼近任意函数的替换,其基本思想是利用小波元来代替神经元,通过作为一致逼近的小波分解来建立起小波变换与神经网络的连接。它结合了小波变换良好的时频局部化性质与传统人工神经网络的自学习功能而形成,通过小波分解进行平移和伸缩变化后而得到的级数,具有小波分解的一般逼近函数的性质与分类特征,并且由于它引入了两个新的参变量,即伸缩参数和平移参数,从而使其具有更灵活、更有效的函数逼近能力、更强的模式识别能力和容错能力。1994年,Kreinovich 等[9] 证明了小波神经网络是逼近单变量函数的最佳逼近器,这为小波神经网络的研究热潮拉开了序幕[10,11]。

9.2.2　小波神经网络的结构形式

小波神经网络是小波分析理论与神经网络理论相结合的产物,根据小波分析理论与神经网络结合的特点,从结构形式上把它分为两大类。

1) 小波变换与神经网络的结合

小波变换与神经网络的结合也称为松散型结合,是指整个系统由小波变换和神经网络构成,两者直接相连,但却又相对独立,如图 9.1 所示。小波分析作为神经网络的前置处理手段,通过将小波基与信号的内积进行加权和来实现信号的特征提取,为神经网络提供提取的特征向量,即信号经小波变换后,再输入给常规神经网络以完成分类、函数逼近等功能。

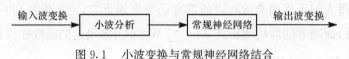
输入波变换　　　小波分析　　　常规神经网络　　　输出波变换

图 9.1　小波变换与常规神经网络结合

2) 小波变换与神经网络的融合

小波变换与神经网络的融合也称为紧致型结合,如图 9.2 所示,这是目前大量研究小波神经网络的文献中广泛采用的一种结构形式。它是将常规神经网络的隐层节点激励函数用小波函数来代替,相应的输入层到隐层的权值及隐层阈值分别由小波函数的尺度参数和平移参数所代替。

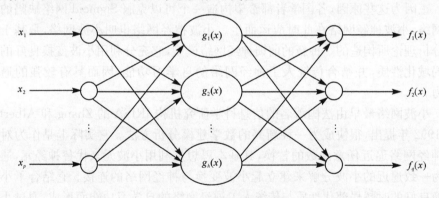

图 9.2　小波神经网络结构

按照对基函数的学习常数的不同选取,紧致型小波神经网络又可以分为以下三种形式的网络:

(1) 连续参数小波神经网络,即采用连续小波函数作为基函数。

(2) 由框架作为基函数的小波神经网络,由于不考虑基的正交性,小波函数的选取有很大的自由度。

（3）基于多分辨率分析的正交基小波网络，网络隐节点由小波函数节点和尺度函数节点构成。

紧致型小波神经网络组合模型是将小波函数构造神经网络形成小波网络，它充分继承了两者的优点，能够自适应地调整小波基的形状，实现小波变换，具有良好的函数逼近能力和模式分类能力。下面对这三种形式的紧致型小波神经网络分别加以讨论。

（1）Ⅰ型。连续参数的小波神经网络。

若图 9.2 中的激活函数为

$$g_j(x) = \prod_{i=1}^{p} \Psi\left(\frac{x_i - b_{ij}}{a_{ij}}\right), \quad 1 \leqslant j \leqslant h \tag{9.15}$$

网络输出为

$$f_i(x) = \sum_{j=1}^{h} \omega_{ij} g_j(x), \quad 1 \leqslant i \leqslant q \tag{9.16}$$

参数 a_{ij}, b_{ij} 在网络学习中与输出权值 ω_{ij} 一起通过某种算法进行修正。该小波神经网络类似于 RBF 神经网络，但可借助于小波分析理论，指导网络的初始化和参数选取，使网络具有较简单的拓扑结构和较快的收敛速度。

（2）Ⅱ型。由框架作为激活函数的小波神经网络。

若图 9.2 中的激活函数取为框架

$$g(x) = \prod_{i=1}^{p} g(x_i) = \prod_{i=1}^{p} \Psi(2^j x_i - k) \tag{9.17}$$

网络输出为

$$f_i(x) = \sum_{j,k} d_{j,k} \Psi_{j,k}, \quad 1 \leqslant i \leqslant q \tag{9.18}$$

根据函数 f 的时频特性确定 j、k 的取值范围后，网络的可调参数只有权值，且与输出呈线性关系，可通过最小二乘法或其他优化方法修正权值，使网络输出能够充分逼近函数 f。由于不考虑正交性，小波函数的选取有很大的自由度。

（3）Ⅲ型。基于多分辨分析的正交小波神经网络。

网络隐节点激活函数有两种类型：小波函数 Ψ 和尺度函数 φ，网络输出为

$$f(x) = \sum_{j=L, k \in \mathbf{Z}} c_{j,k} \varphi_{j,k}(x) + \sum_{j \geqslant L, k \in \mathbf{Z}} d_{j,k} \Psi_{j,k}(x) \tag{9.19}$$

当尺度 L 足够大时，忽略式（9.19）右端第二项表示的小波细节分量，网络输出 $f(x) = \sum_{j=L, k \in \mathbf{Z}} c_{j,k} \varphi_{j,k}(x)$ 可以以任意精度逼近函数 f。如果尺度函数 $\varphi(x)$ 的二进伸缩 $\{\varphi_{j,k} = 2^{j/2} \varphi(2^j x - k) \mid j, k \in \mathbf{Z}\}$ 构成子空间 $\mathbf{V}_j$ 的一组正交基时，这种网络又称为正交尺度小波神经网络。

以上都是以张量积形式生成多维空间的小波函数，由小波分析理论可知，上述三种小波神经网络均具有一致逼近和 L^2 逼近能力。

　　连续参数小波神经网络,由于其尺度和平移参数均可调,使其与输出为非线性关系,通常需要利用非线性优化方法进行参数修正,使网络具有较简单的拓扑结构和较快的收敛速度,易带来类似 BP 神经网络参数修正时存在的局部极小等弱点。对于框架作为基函数的小波神经网络,由于不考虑正交性,使小波函数的选取有很大的自由度,根据函数的时频特性确定 j、k 的取值范围后,网络的可调参数只有权值,且与输出呈线性关系,可通过最小二乘法或其他优化方法修正权值,使网络的输出能够充分逼近函数,该网络虽然基函数的选取较为灵活,但由于框架可以是线性相关的,使得网络节点(基函数个数)有可能存在冗余,对过于庞大的网络须考虑优化结构的算法。基于多分辨分析的正交小波神经网络尽管理论上研究较为方便,但正交基函数构造复杂,不如一般的基于框架的小波神经网络实用。

9.2.3　小波神经网络的学习算法

9.2.3.1　学习算法

　　确定了小波神经网络的结构之后,小波基函数的平移参数和尺度参数也可事先确定,因此,小波神经网络的可调参数只有权系数。小波神经网络参数的学习算法可以采用梯度下降法、正交搜索法、矩阵求逆法等。实际上,由于小波神经网络的输出与其权值是线性的,因而不存在像常规 BP 神经网络那样的局部极小缺陷,所以,可直接利用最小二乘方法或数值鲁棒性更好的正交最小二乘法、UD 分解最小二乘等方法辨识权系数。

　　下面主要给出紧致型连续参数的小波神经网络基于梯度的学习算法,网络结构如图 9.3 所示。该小波网络主要是将多层感知器神经网络中隐层的 Sigmoid 函数替换成小波函数作为激励函数,网络的学习、训练方式依然采用 BP 神经网络的思想,这样,就实现了小波分析和神经网络的有机整合,互相渗透。连续性小波网络的结构特点和训练算法如下。

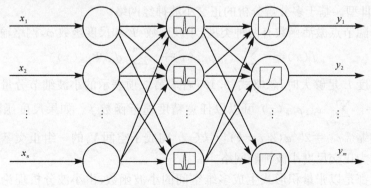

图 9.3　紧致型连续参数的小波神经网络

　　网络结构和表达式与 BP 神经网络基本一致,即由输入层、隐层、输出层构成,不同之处主要在于 BP 神经网络隐层神经元的激励函数取 Sigmoid 函数 $f(x)=1/[1+\exp(-x)]$,小波网络则采取满足可允许条件的小波函数 $\Psi(t)$ 为激励函数,$\Psi(t)$ 的具体取法可以视实际需要进行选择,输出层的激励函数取 Sigmoid 函数 $f(x)=1/[1+\exp(-x)]$。网络训练过程基于 BP 思想,按梯度下降方向调整权值及小波参数。由于隐层采取了不同的激励函数,因而在调整权值和小波参数时,所采用的算法有所变化。设输入向量为 $\boldsymbol{x}=[x_1,x_2,\cdots,x_n]^T$,输出向量为 $\boldsymbol{y}=[y_1,y_2,\cdots,y_m]^T$,输出向量的期望值为 $\boldsymbol{d}=[d_1,d_2,\cdots,d_m]^T$,输出层到隐层的权值 ω_{ij},隐层到输入层的权值为 ω_{jk},中间隐层的伸缩参数和平移参数分别为 a_j 和 b_j,假设隐层神经元数为 N,故 $i=1,2,\cdots,m$,$j=1,2,\cdots,N$,$k=1,2,\cdots,n$。于是,在 t 时刻有

$$y_i(t)=f\Big[\sum_{j=1}^{N}\omega_{ij}\Psi_{a,b}\Big(\sum_{k=1}^{n}\omega_{jk}x_k(t)\Big)\Big] \tag{9.20}$$

　　误差函数仍然采用均方误差 $E=\dfrac{1}{2}\sum_{p=1}^{P}\sum_{i=1}^{m}(d_i^{(p)}-y_i^{(p)})^2$ 形式,P 为训练样本集合。令 $\mathrm{net}_j=\sum_{k=1}^{n}\omega_{jk}x_k(t)$,则有

$$\Psi_{a,b}(\mathrm{net}_j)=\Psi\Big(\frac{\mathrm{net}_j-b_j}{a_j}\Big) \tag{9.21}$$

于是

$$y_i(t)=f\Big(\sum_{j=1}^{N}\omega_{ij}\Psi_{a,b}(\mathrm{net}_j)\Big) \tag{9.22}$$

　　在梯度下降法的思想下,相应的各个参数调整过程如下:

$$\omega_{jk}(t+1)=\omega_{jk}(t)+\eta_{jk}\Delta\omega_{jk}(t) \tag{9.23}$$
$$\omega_{ij}(t+1)=\omega_{ij}(t)+\eta_{ij}\Delta\omega_{ij}(t) \tag{9.24}$$
$$a_j(t+1)=a_j(t)+\eta_a\Delta a_j(t) \tag{9.25}$$
$$b_j(t+1)=b_j(t)+\eta_b\Delta b_j(t) \tag{9.26}$$

式中,η_{jk}、η_{ij}、η_a、η_b 分别为 ω_{jk}、ω_{ij}、a_j、b_j 的学习效率,也可以取同一常数。

$$\Delta\omega_{ij}(t)=-\frac{\partial E}{\partial\omega_{ij}(t)}=\sum_{p=1}^{P}(d_i^{(p)}-y_i^{(p)})y_i^{(p)}(1-y_i^{(p)})\Psi_{a_j,b_j}^{(p)}(\mathrm{net}_j)$$

$$\tag{9.27}$$

$$\Delta\omega_{jk}(t)=-\frac{\partial E}{\partial\omega_{jk}(t)}=\sum_{p=1}^{P}\sum_{i=1}^{m}(d_i^{(p)}-y_i^{(p)})y_i^{(p)}(1-y_i^{(p)})\omega_{ij}^{(p)}\Psi_{a_j,b_j}^{\prime(p)}(\mathrm{net}_j)\frac{x_k^{(p)}}{a_j^{(p)}}$$

$$\tag{9.28}$$

$$\Delta a_j(t)=-\frac{\partial E}{\partial a_j(t)}=-\sum_{p=1}^{P}\sum_{i=1}^{m}(d_i^{(p)}-y_i^{(p)})y_i^{(p)}$$

$$\times (1 - y_i^{(p)}) \omega_{ij}^{(p)} \Psi'^{(p)}_{a_j, b_j} (\text{net}_j) \frac{\text{net}_j^{(p)} - b_j^{(p)}}{(a_j^{(p)})^2} \tag{9.29}$$

$$\Delta b_j(t) = -\frac{\partial E}{\partial b_j(t)} = -\sum_{p=1}^{P} \sum_{i=1}^{m} (d_i^{(p)} - y_i^{(p)}) y_i^{(p)} (1 - y_i^{(p)}) \omega_{ij}^{(p)} \Psi'^{(p)}_{a_j, b_j} (\text{net}_j) \frac{1}{a_j^{(p)}}$$
$$\tag{9.30}$$

9.2.3.2　隐层节点数的选择

对多层网络,其输入节点数和输出节点数由问题本身决定,选择网络规模主要是确定隐层节点数的大小。隐层节点数的选择对于小波神经网络的训练学习是很重要的,如果隐节点数过少,网络不能具有必要的学习能力和必要的信息处理能力;反之,隐节点数过多,不仅会大大增加网络结构的复杂性,网络在学习过程中更易陷入局部最小,而且会使网络的学习速度变得很慢。比较常用的方法有试凑法,一般是根据经验来选取隐层的节点数,有很大的随机性。可以借鉴文献[12]确定神经网络隐层节点个数的经验公式。

$$N = \sqrt{nm + cn + d} \tag{9.31}$$

式中,N 为隐层节点数;n 为输入节点数;m 为输出节点数;c,d 为待定参数。通常,用以下经验公式:

$$N = \sqrt{nm + 1.6799n + 0.9298} \tag{9.32}$$

9.2.3.3　小波函数的选择

对于小波神经网络中小波函数的选择,目前还没有统一的理论或方法来确定选用哪种类型的小波函数或尺度函数适合作为实际不同网络中神经元的激励函数,通常是根据经验和实际的不同情况,当然也可以借鉴小波分析中的一些经验。例如,在图像压缩的应用中,要求小波函数具有紧支撑、对称性、正交性和消失矩,Daubechies[13]已证明正交小波函数不能同时具有这些性质;在信号的近似和估计应用中,小波函数选择应与信号的特征相匹配,应考虑小波的波形、支撑大小和消失矩的数目;在信号检测的应用中,若检测边缘则采用某光滑函数一阶导数型的反对称小波,若检测脉冲则采用某光滑函数二阶导数型的对称小波。比较特别的是采用三个 Sigmoid 函数的线性组合 $\Psi(x) = s(x-2) - 2s(x) + s(x+2)$ 作为激励函数用于函数的逼近[14,15]。另外,文献[16]采用 Marr 小波用于系统辨识,文献[17]采用样条小波用于材料探伤,文献[18]采用 Shannon 正交基用于差分方程的求解。自从 Szu 等[19]在构造的小波神经网络采用 Morlet 小波(该小波为有限支撑、对称、余弦调制的高斯波)$\exp(-t^2/2)\cos(rt)$(Szu 取 $r=1.75$)以来,它已经被用于各种领域。文献[20]对函数的逼近过程中采用高斯函数的一阶导数 $-x\exp(-1/(2x^2))$ 作为小波神经网络中的激励函数。

9.2.3.4　权值初始化

小波神经网络输出层到隐层的权值 ω_{ij} 及隐层到输入层的权值为 ω_{jk} 的初始化很简单,同 BP 神经网络。中间隐层的伸缩参数和平移参数分别为 a_j 和 b_j($j=1$,$2,\cdots,N$,N 为小波神经网络隐层节点数)的初始化比起前面的两种参数的初始化就要稍微复杂一些。

为了初始化 a_1 和 b_1,先要在输入域 $[c,d]$ 当中找到一个点 p,即 $c<p<d$。为了选择点 p,首先引进一个密度函数

$$\rho(x)=\frac{\eta(x)}{\int_c^d \eta(x)\mathrm{d}x},\qquad \eta(x)=\left|\frac{\mathrm{d}f(x)}{\mathrm{d}x}\right| \tag{9.33}$$

这个密度函数也要从输入-输出中观察。在计算密度函数当中,可以粗略估计 $\eta(x)$ 的大小,这样,就可以把区间 $[c,d]$ 的重心赋予 p,即

$$p=\int_c^d x\rho(x)\mathrm{d}x \tag{9.34}$$

把点 p 选择好以后,可以令

$$a_1=p,\quad b_1=\xi(d-c) \tag{9.35}$$

式(9.35)中,ξ 取一个合适的正数常量(典型的可以取为 0.5)。这样,区间 $[c,d]$ 就被点 p 分为两个区间了。然后又可以在这两个区间重复以上步骤,就可以初始化参数 a_2、a_3 和 b_2、b_3 了。这种过程可以应用在小波神经元的个数是 2 的整数次幂的情况。如果不是这种情况,上面这种过程就进行到尽可能长为止,剩下的未初始化的参数就在余下的区间中随机的取一些值就可以。在多维输入的情况下,a_j 和 b_j 这两个参数也是多维的向量,可以用上面处理一维的方法独立处理它们的每一维,然后将每一维按所有可能性组合在一起,形成初始化后的向量。

小波神经网络的初始化是网络算法当中比较重要的一个步骤,如果小波神经网络的初始化没做好,网络有可能不会收敛。

9.2.4　小波神经网络的特点和应用前景

9.2.4.1　小波神经网络的特点

由于结合了小波变换良好的时频局域化性质和传统神经网络自学习功能,因而小波神经网络具有较强的逼近和容错能力。小波神经网络具有以下特点:

(1) 小波基函数及整个网络结构的确定有可靠的理论依据,避免了网络结构设计上的盲目性。

(2) 网络权值和基函数之间为线性关系,使网络训练从根本上避免了局部最优且加快了收敛速度。

（3）具有很强的学习和泛化能力。

小波神经网络最初应用于函数逼近和语音识别,随后应用领域逐渐推广到非参数估计、天气预报、系统辨识、图像压缩和故障诊断等各个方面。小波神经网络是一种基于知识的故障诊断方法,它不需要精确的数学模型,具有自学习和知识表达能力强等优点,并有良好的收敛性和鲁棒性,是建立在小波理论基础上的一种新型神经网络模型。它兼容了小波与神经网络的优越性,一方面充分利用小波变换的时-频局部化特性,另一方面发挥神经网络的自学习功能,从而具有较强的逼近与容错能力。

9.2.4.2　决定小波神经网络性能的要素

小波神经网络的性能特点来自于小波神经网络结构组成和运行机制。

（1）第一要素。小波神经网络隐层激活函数小波元(即信息处理单元)的特性。

（2）第二要素。小波神经网络神经元之间相互连接的架构形式,也即小波神经网络的拓扑结构。

（3）第三要素。为适应运行环境而改善性能的学习规则。

目前讨论的小波神经网络的拓扑结构基本上都是单隐层形式,因此,小波神经网络的结构确定也就是确定其隐层的节点数,即小波基函数的个数。文献[21]讨论了小波神经网络的时频域逼近原理,提出网络结构设计的"分解-综合"方法。首先对输入样本作频谱估计,确定其时频域支撑;再根据小波的时频特性确定小波函数的时频域支撑;然后确定下标集合。对于稀疏样本集,可先分解成多个区域,再针对每个小区域重复上述过程。但文中并未指出此方法设计的网络结构是否是最佳的,因所选小波基函数是非正交的,因而仍有可能存在冗余。用上述方法确定网络结构,在参数学习中不再有任何变化,因而是一种静态的结构确定方法。另外,还可以在此基础上进行结构的动态调整,如文献[22]首先根据网络训练数据,确定一基函数集合,为了进一步动态地优化网络结构,提出了两种方法:一种方法是利用正交化方法前向挑选能最佳匹配训练数据的小波函数,直至匹配误差满足精度要求;另一种方法是后向删除法,首先由所有小波基函数构成小波神经网络,然后根据隐节点对输出的贡献,在每一步迭代中,消去一个对应最小权系数的隐节点,当建模误差满足精度要求时终止。

9.2.4.3　小波神经网络的应用前景

小波神经网络是小波理论与神经网络理论相结合的产物,由于其本身所具有的特点,它已经为系统辨识、数学建模、系统控制、优化计算等提供了一定的理论依据,因而在自适应控制、逆系统方法、信号滤波、预测控制、模式识别、故障检测与诊断等方面得到了广泛的应用[14]。

（1）基于小波神经网络的系统辨识就是将小波神经网络作为被辨识系统的模型：①可在已知常规模型结构的情况下估计模型的参数；②利用小波神经网络的非线性特性，可建立非线性系统的静态、动态及预测模型，重点在于非线性系统的建模与辨识。

（2）小波神经网络控制器。小波神经网络作为实时控制系统的控制器，对于不确定、不确知系统及扰动进行有效的控制，使控制系统达到所要求的动态、静态特性。

（3）小波神经网络与其他知识系统的结合。小波神经网络与专家系统、模糊逻辑、粗糙集理论、分形理论等相结合，可为控制系统提供非参数模型、控制器模型。

（4）小波神经网络用于图像处理和数字信号分析。在图像处理和数字信号传输过程中，随着问题要求愈发精细和快速准确，小波神经网络为这类问题提供了有效可行的途径。

（5）小波神经网络用于控制系统的故障诊断。随着对控制系统安全性、可靠性、维护性要求的提高，对系统的故障检测与诊断问题的研究不断深入，近年来小波神经网络在这方面的应用研究取得了相应的进展。

9.2.5　小波神经网络与常用网络比较

小波神经网络是一种前馈型网络，下面将之与前馈型网络中最常用的 RBF 神经网络和单隐层 BP 神经网络作一比较。

RBF 神经网络是一种特殊的三层前馈神经网络，它用一组具有紧支集但往往是非正交的基函数来逼近函数；而小波神经网络是 RBF 神经网络的推广，它用小波斜交或正交基来逼近函数，网络节点具有更小的冗余度。单隐层 BP 神经网络基函数一般为 Sigmoid 函数，因为 Sigmoid 函数难以找到函数 $f \in L^2$ 所对应的反演公式，也难以保证非线性系统的唯一解。单隐层 BP 神经网络的基函数相互不正交，权重的学习往往出现峡谷型误差曲面，学习收敛速度慢。小波神经网络的基函数是正交或近正交小波基，权重之间相关冗余度很小，对某一权重训练不会影响其他权重，因而收敛速度快。

小波神经网络、RBF 神经网络和单隐层 BP 神经网络均具有一致逼近和 L^2 逼近能力。由于小波函数具有快速衰减性，小波神经网络和 RBF 神经网络同属于局部逼近网络，而 BP 神经网络则是一种全局逼近网络。局部网络与全局网络相比，具有收敛速度快、易适应新数据、可以避免较大的外推误差等优点。此外，BP 神经网络的 Sigmoid 函数不满足框架条件，但三个 Sigmoid 函数的线性组合得到的带限小波函数却可以满足，因此，小波神经网络可以近似等效为三个单隐层 BP 神经网络的组合，其估值能力近似是单隐层 BP 神经网络的三倍。

　　从结构形式上看,小波神经网络(第二类小波神经网络)与单隐层 BP 神经网络没有本质的区别,不同的是,小波神经网络的隐节点函数是小波函数,而输入层到隐层的权值和阈值分别对应小波的伸缩和平移参数。从可调参数的数目来说,对于同样的具有 p 个输入、h 个隐节点、q 个输出的网络结构,小波神经网络的可调参数,当利用先验知识确定了 j、k 的范围之后,只有 $h \times q$ 个权系数;RBF 神经网络除 $h \times q$ 个权系数以外,还分别有 h 个中心和 h 个宽度可调;而 BP 神经网络则有 $p \times h + h \times q$ 个输入、输出权值及 $h \times q$ 个阈值。可见,小波神经网络的可调参数最少,有利于缩短网络的训练时间。

　　从参数学习算法来看,由于小波神经网络的权系数与网络输出呈线性关系,权系数可采用线性优化方法获得,即小波神经网络权值学习算法较 BP 神经网络简单,并且误差函数关于权值是一个凸函数,不存在局部极小点,收敛速度较快。特别对于正交小波神经网络,其求解权值的方程有唯一解。RBF 神经网络需要首先用无监督方法确定中心和宽度,再用线性优化方法确定权参数;而对于 BP 神经网络,由于其可调参数与网络输出是非线性关系,参数估计必须基于非线性优化技术,导致学习时间长,收敛速度慢,在运用梯度下降法学习时易陷入局部极小。

　　总之,由于小波神经网络是将小波分析理论引入到神经网络中而形成的一种前馈网络,理论分析和实验均表明小波神经网络具有逼近能力强、收敛速度快、网络参数(隐层节点数和权重)的选取有理论依据、有效避免局部最小值等优点。

9.3　小波神经网络应用

9.3.1　飞机图像识别

　　下面主要用小波神经网络和 BP 神经网络对 4 种不同型号的飞机图像进行识别[23]。图 9.4(a)～(d)的图像是实验选用的 4 种不同类型标准二值飞机图像,大小为 200×200 像素,格式为 bmp。实验用于特征提取的样本由图 9.4 所示的 4 种类型标准飞机样本经过一系列变化得到,包括以下 4 种变化:

　　(a) f15. bmp　　　　　(b) f16. bmp　　　　(c) phantom. bmp　　　(d) tomcatopen. bmp

图 9.4　飞机样本图

　　（1）原始图像目标的平移。通过将标准目标飞机图像在原始坐标下沿 x 轴或者 y 轴平移若干任意个像素，得到每种类型飞机的平移图片样本。

　　（2）原始图像目标的尺度变化。通过将标准目标飞机图像在原始尺寸的基础上分别作 0.5、0.6、0.7、0.8、0.9、1.1、1.2、1.3、1.4、1.5 的尺度变换，得到每种类型飞机的尺度变换图片样本。

　　（3）原始图像目标的旋转变化。通过将标准目标飞机图像在 0～180° 每间隔 10° 采样一次进行旋转，得到每种类型飞机的旋转图片样本。

　　（4）原始图像目标的加噪变化。通过在标准目标飞机图像中加入噪声方差为 0.01、0.05、0.07、0.1 的高斯噪声，得到每种类型飞机的含高斯噪声图片样本。

　　统计得到实验中使用的所有图片样本，包括 4 种类型飞机的平移、尺度、旋转和噪声样本，样本图 f15 举例如图 9.5 所示。对于得到的图像，再进行平移和比例归一化处理，以及极坐标化后，就可以对图像特征进行提取和选择，这里以小波矩（将小波变换和统计不变量的矩结合起来构成的一种不变矩）作为图像的特征。

　　　（a）f15 平移图　　　　　（b）f15 旋转图　　　　　（c）f15 尺度放大图　　　（d）f15 含噪声图片

图 9.5　飞机平移、旋转、尺度和噪声图

　　实验用小波神经网络和 BP 神经网络的结构分别如图 9.6 和图 9.7 所示，两种神经网络均为 4 个输入节点，2 个输出节点，其中，输入来自对目标图像提取的特征值，输出表示分类结果，用二进制表示，即两个输出节点 y_1，y_2 的值为 0 或者 1，分别表示飞机的 4 个类别，即若输出结果两位为 00，则神经网络的识别结果为第一类，即目标飞机 f15；若输出为 01，则神经网络的识别结果为第二类，即目标飞机 f16；若输出为 10，则神经网络的识别结果为第三类，即目标飞机 phantom；若输出为 11，则神经网络的识别结果为第四类，即目标飞机 tomcatopen。

　　由图 9.6 可见，小波神经网络可分为三层，即小波函数层、Sigmoid 函数层和输出层，其中，输出层含两个 Sigmoid 神经元。假设小波函数层和 Sigmoid 函数层的神经元数分别为 M 和 N，经过实验发现，当 $N=2M$ 时，整个小波神经网具有最佳的识别效果，因此，小波神经网络的隐层神经元个数为 8。这样，小波神经网一共有 M 个小波神经元和（2M+2）个 Sigmoid 神经元。小波神经元的个数与输入特征值一致，这里选取比较典型的 4 小波矩特征值作为输入，即含有 4 个小波神经

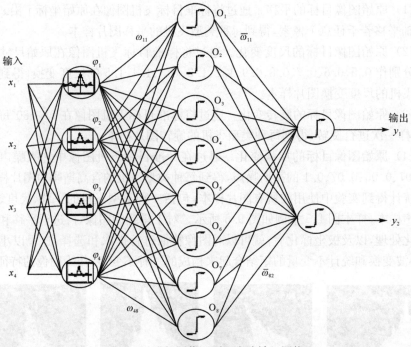

图 9.6　飞机图像识别用小波神经网络

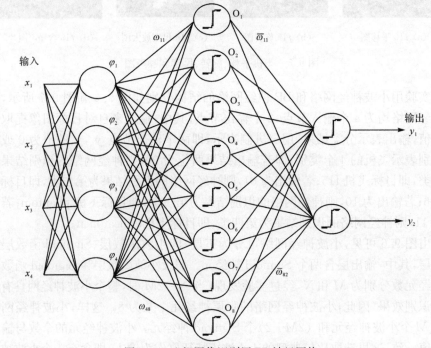

图 9.7　飞机图像识别用 BP 神经网络

元。小波神经网络的可调参数包括小波神经元的尺度因子、位移因子、小波神经层至隐层的连接权值、隐层至输出层的连接权值。经过实验比较,针对本书,Harr小波具有最好的识别效果,因此,选用的小波函数是 Harr 小波。由图 9.7 可见,BP 神经网络同样是三层结构,4 个输入节点,2 个输出节点,隐层节点数为 8。BP神经网络的可调参数是输入层至隐层的连接权值、隐层至输出层的连接权值。两种神经网络精准误差都为 0.001,输入层-隐层权值学习率为 0.05,隐层-输出层权值学习率为 0.047。按照对 4 类飞机进行平移变换、尺度变换、旋转变换及加噪变换,共得到 600 个样本作为小波神经网络和 BP 神经网络的测试样本,并从其中随机选取 200 个样本作为训练样本。通过统计,得出 BP 神经网络和小波神经网络对 4 类飞机的识别率如表 9.1 和表 9.2 所示,BP 神经网络对于目标的识别率为86.6%,小波神经网络对于目标的识别率为 95.8%。

表 9.1　BP 神经网络识别率　　　　　　　　　　(单位:%)

型号	平移	尺度	旋转	含噪声			
				0.01	0.05	0.07	0.1
f15	100	96	100	100	94	100	92
f16	100	80	100	92	93	78	54
phantom	100	80	100	92	83	61	36
tomcatopen	100	100	100	100	96	92	90

表 9.2　小波神经网络识别率　　　　　　　　　　(单位:%)

型号	平移	尺度	旋转	含噪声			
				0.01	0.05	0.07	0.1
f15	100	100	100	100	94	93	90
f16	100	95	100	98	94	90	88
phantom	100	95	100	98	95	92	90
tomcatopen	100	100	100	100	100	96	96

结合表 9.1 和表 9.2,可以得出以下结论:

(1) 小波神经网络的识别率比 BP 神经网络的识别率高。

(2) 对于平移目标,小波神经网络和 BP 神经网络均能准确识别 4 类。

(3) 4 类飞机目标中,f15 和 tomcatopen 的识别率较高,BP 神经网络和小波神经网络都是如此。

(4) 对于含有噪声的目标物,小波神经网络的识别效果明显比 BP 神经网络要好,并且随着噪声的增大,BP 神经网络和小波神经网络的识别率均降低,BP 神经网络的这一趋势更为明显。

　　总之,小波神经网络与传统的 BP 神经网络相比,识别率更高,识别效果更好。

9.3.2　微带不连续问题

　　微带线在实际的微波工程中经常使用,文献[24]提出了一种精确的径向小波神经网络(radial wavelet neural network，RWNN),并用于建模微带电路的散射参数,该网络采用 BFGS(Broyden Fletcher Goldfarb Shanno)和 LBFGS(limited memory BFGS)算法进行训练,网络模型具有快速而精确的优点,效果良好。

9.3.2.1　径向小波神经网络的构造及学习算法

　　径向小波神经网络是连续逆小波变化的一种自适应离散化,它也可以看做是含有径向小波(如墨西哥草帽)的单隐层前馈神经网络,或者是一种多输入单输出前馈小波神经网络,输出层是一个线性神经元,径向小波神经网络的结构如图 9.8 所示。

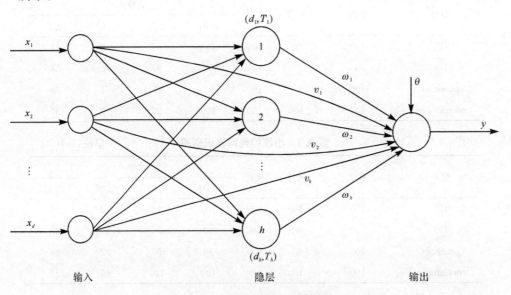

图 9.8　径向小波神经网络结构

　　因为大维数的小波变换将会产生大量的系数,所以,找到简单的方法实现从一维小波构建多维小波是非常必要的,其中最自然的就是径向形式。给定一个径向小波函数 $\Psi:\mathbf{R}^d \to \mathbf{R}$,径向小波神经网络的非线性输入输出映射可以表示如下:

$$\mathrm{WNN}(\boldsymbol{X}) = \sum_{i=1}^{h} \omega_i \Psi_i(\boldsymbol{X}) = \sum_{i=1}^{h} \omega_i \Psi(d_i(\boldsymbol{X} - T_i)) \tag{9.36}$$

式(9.36)可以改写如下:

$$\text{WNN}(\boldsymbol{X}) = \sum_{i=1}^{h} \omega_i \boldsymbol{\Psi}_i(\boldsymbol{X}) = \sum_{i=1}^{h} \omega_i \boldsymbol{\Psi}(d_i(\boldsymbol{X} - T_i) + \boldsymbol{V}^{\mathrm{T}}\boldsymbol{X} + \theta) \tag{9.37}$$

式中，$\boldsymbol{\Psi}(\cdot)$ 为径向小波母函数；$\omega_i \in \boldsymbol{R}$ 为线性权值，$\theta \in \boldsymbol{R}$ 为偏置参数，$\boldsymbol{V} \in \boldsymbol{R}^d$ 为直接线性连接(v_i)；$\boldsymbol{X} \in \boldsymbol{R}^d$ 为网络的输入(x_i)向量；$d_i \in \boldsymbol{R}$ 为尺度参数；$T_i \in \boldsymbol{R}$ 为第 i 个隐层小波的平移参数；h 为网络中的小波个数，网络中的所有参数 ω_i，v_i，θ，d_i，T_i 都会根据训练数据而调整。为了更容易得到回归模型的线性特征，$\text{WNN}(\boldsymbol{X})$ 中采用线性部分 $\boldsymbol{V}^{\mathrm{T}}\boldsymbol{X} + \theta$。

径向小波神经网络的参数数量如下：

$$n_{\mathrm{p}} = h(d+2) + d + 1 \tag{9.38}$$

径向小波母函数的选取如下：

$$\boldsymbol{\Psi}(\boldsymbol{X}) = (\|\boldsymbol{X}\|^2 - d)\mathrm{e}^{\frac{\|\boldsymbol{X}\|^2}{2}} \tag{9.39}$$

这就是所谓的"逆墨西哥草帽"，$\|\boldsymbol{X}\|$ 代表 $\boldsymbol{X}$ 与 $d = \dim(\boldsymbol{X})$ 的欧几里得范数。

径向小波神经网络是用正交逐步选择法（如回归元选择技术）进行初始化，下面给出这种方法的步骤[25]。

Step 1　就给定的径向小波母函数 $\boldsymbol{\Psi}: \boldsymbol{R}^d \to \boldsymbol{R}$ 建立离散的尺度参数和平移参数库，这个参数库按照训练数据集 $\Theta_N = \{(X^i, y^i) \in \boldsymbol{R}^d \times \boldsymbol{R}, i = 1, 2, \cdots, N; N < \infty\}$ 来建立，其中，N 是训练集 Θ_N 的模式数，(X^i, y^i) 是第 i 个输入样本和网络的预期输出。

Step 2　以迭代的方式从参数库中选取最适合训练数据 Θ_N 的回归元。在选取的过程中，每一阶段都会自动选取一个小波来使期望输出值 y^i 和径向小波神经网络输出 $\text{WNN}(X^i)$ 之间的均方误差最小。

$$\text{MSE} = \frac{1}{N} \sum_{i=1}^{N} \frac{1}{2} \left[y^i - \text{WNN}(X^i) \right]^2 \tag{9.40}$$

式中，X^i 为网络的第 i 个输入。当回归元确定后，线性系数 ω_i、v_i 和 θ 由式 (9.40) 的最小均方误差决定。

径向小波神经网络隐层神经元数目的选择由所处理问题的非线性复杂程度和要求的精度决定，这里可以简单地采用 Akaike 的预期误差准则。

$$J_{\text{FPE}} = F_{\mathrm{P}} \times \text{MSE} \tag{9.41}$$

$$F_{\mathrm{p}} = \frac{1 + n_{\mathrm{p}}/N}{1 - n_{\mathrm{p}}/N} \tag{9.42}$$

式中，F_{p} 为惩罚因子。为了评价网络的效果，定义如下参数：

$$F_{\mathrm{m}} = \sqrt{\frac{\sum_{i=1}^{N} (\text{WNN}(X^i) - y^i)^2}{\sum_{i=1}^{N} (y^i - \bar{y})^2}} \tag{9.43}$$

式中，$\bar{y}=\dfrac{1}{N}\displaystyle\sum_{i=1}^{N}y^{i}$。可以对测试数据集或者训练数据集计算这一参数，并基于该参数比较几个不同网络的性能。

下面讨论该小波神经网络的学习算法。在采用不同网络结构（如多层感知器和径向小波神经网络）搭配不同训练算法（如 BP 算法、共轭梯度算法、牛顿算法等）进行实验后，选择了径向小波神经网络和拟牛顿优化算法，这一选择可以更好的处理需要建模的问题，达到预期要求。

径向小波神经网络的初始化完成之后，采用诸如 BFGS 和 LBFGS 等拟牛顿最优方法进行训练[26]，使均方误差最小，改善网络的性能。径向小波神经网络的初始化越好，训练过程就越快。在实际应用中，BFGS 算法明显比 BP 算法优越，因此，更适合径向小波神经网络的训练。对比实验表明，BFGS 算法一般比 BP 算法快 30～100 倍，而当网络参数较多时，LBFGS 算法比 BFGS 算法更好，因为它迭代速度更快，所以更有竞争力[27,28]。在大多情况下，BFGS 算法可以在最短的时间内达到最小均方误差。但是，对于大规模的应用，LBFGS 算法替代 BFGS 可以取得更好的效果。在训练过程中，径向小波神经网络可以自动调整网络参数而使均方误差最小。

9.3.2.2　微带不连续性的径向小波神经网络建模

将上面讨论的径向小波神经网络用来对无源低通滤波器的散射参数进行精确建模，低通滤波器如图 9.9 所示。因为电路中的无源器件是互易的或者对称的，或者即对称又互易，因此，建模的散射参数的数量可以减少，如表 9.3 所示。在电路模拟中，每个无源器件的响应都可由特定频率的 S_{ij} 来表征。

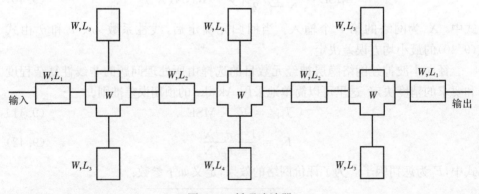

图 9.9　低通滤波器

表 9.3　建模的散射参数

设备	S 参数
接头部分	S_{11}；S_{12}；S_{13}；S_{23}
微带线	$S_{11}=S_{22}$；$S_{12}=S_{21}$
开路枝节	S_{11}

　　组成图 9.9 所示的低通滤波器的无源元件可用"黑箱"建模,对于开路枝节需要用两个径向小波神经网络计算其 S_{ij} 参数(每个 S_{ij} 都是复值),对于微带线需要 4 个网络计算其 S_{ij} 参数,而对于接头部分则需要 8 个网络来计算其 S_{ij} 参数,每个 S_{ij} 径向小波神经网络的输入向量由三个参数组成(两个几何尺度参数和一个频率参数)。对于微带线来说,输入向量包括导带宽度 W、导带长度 L 和频率 Freq,此时,黑箱的输出矢量包含 4 个小波神经网络,如图 9.10 所示,它们是 Re(S_{11})、Im(S_{11})、Re(S_{12}) 和 Im(S_{12}),如表 9.3 所示。对于微带线部分,文献[24]选用 3250 个训练样本$(5\times13\times50)$来训练小波神经网络,其输入向量是 $\boldsymbol{X}=(W,L,\mathrm{Freq})^{\mathrm{T}}$,选用 2600 个样本$(4\times13\times50)$作为测试数据集,表 9.4 列出了训练数据集和测试数据集输入参数的取值范围。

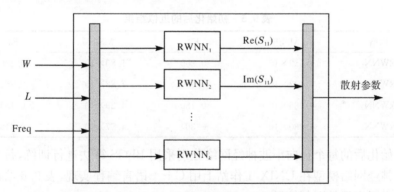

图 9.10　小波神经网络微带线模型

表 9.4　微带设计参数的训练测试范围

输入参数	符号	范围
导线宽度	W	$10\sim100\mu m$
导线长度	L	$100\sim1000\mu m$
频率	Freq	$1\sim50\mathrm{GHz}$

　　在训练数据集准备好之后,采用 Akaike 的预期误差准则来决定径向小波神经网络模型隐层神经元数目。对于微带线 Re(S_{11}) 的小波神经网络,图 9.11 给出 Akaike 算法的 J_{FPE} 和均方误差 MSE 关于小波神经元个数之间的关系曲线,可

见 30 个小波元比较合适,对于微带线的其他的神经网络模型,具有同样的结论。表 9.5 给出初始化后获得的微带的近似结果,其中,MSE^{tr} 代表训练集初始化后的 MSE,MSE^{te} 代表测试集初始化后的 MSE,F_m^{tr} 代表训练集初始化后的网络评价参数 F_m,F_m^{te} 代表测试集初始化后的网络评价参数 F_m。

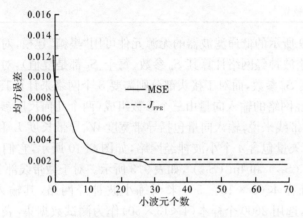

图 9.11　$Re(S_{11})$小波神经网络中 J_{FPE} 和 MSE 关于小波元个数的曲线

表 9.5　初始化后的近似结果

网络	MSE^{tr}	F_m^{tr}	MSE^{te}	F_m^{te}
RWNN$_1$	1.550×10^{-3}	0.205	1.80×10^{-3}	0.209
RWNN$_2$	6.132×10^{-3}	0.330	7.82×10^{-3}	0.350
RWNN$_3$	4.086×10^{-3}	0.180	4.29×10^{-3}	0.185
RWNN$_4$	4.280×10^{-3}	0.304	4.57×10^{-3}	0.318

初始化后的每个径向小波神经网络分别采用 BFGS 算法进行训练,每个无源器件的神经网络模型在 UNIX 工作站上用 C++语言编程实现,表 9.6 给出微带线模型学习之后的近似结果。

表 9.6　学习后的近似结果

网络	MSE^{tr}	F_m^{tr}	MSE^{te}	F_m^{te}
RWNN$_1$	1.00×10^{-7}	1.683×10^{-3}	2.25×10^{-5}	0.023
RWNN$_2$	2.90×10^{-7}	1.760×10^{-3}	7.82×10^{-5}	0.035
RWNN$_3$	1.00×10^{-7}	8.800×10^{-3}	6.47×10^{-5}	0.023
RWNN$_4$	1.08×10^{-7}	1.520×10^{-3}	4.50×10^{-5}	0.010

图 9.12～图 9.15 给出微带线散射参数 S_{11} 和 S_{12} 关于测试集的电磁仿真结果和径向小波神经网络计算结果的散点图,图 9.16～图 9.19 给出训练集的相应结果,其中,横坐标代表频率(GHz),"。"代表电磁仿真软件 HP-MDS 计算结果,实

线代表小波神经网络计算结果。

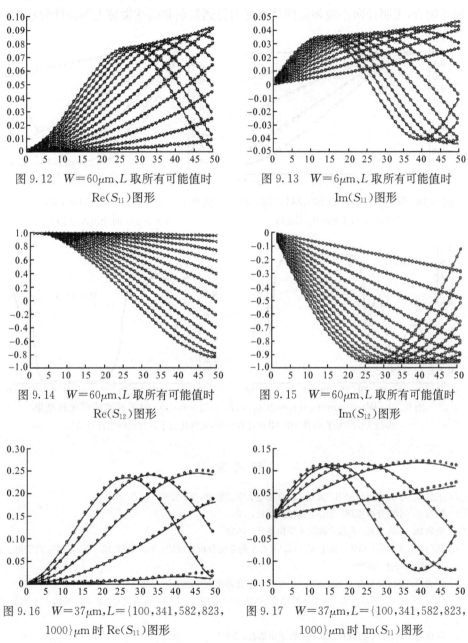

图 9.12　$W=60\mu m$、L 取所有可能值时 $Re(S_{11})$ 图形

图 9.13　$W=6\mu m$、L 取所有可能值时 $Im(S_{11})$ 图形

图 9.14　$W=60\mu m$、L 取所有可能值时 $Re(S_{12})$ 图形

图 9.15　$W=60\mu m$、L 取所有可能值时 $Im(S_{12})$ 图形

图 9.16　$W=37\mu m$,$L=\{100,341,582,823,1000\}\mu m$ 时 $Re(S_{11})$ 图形

图 9.17　$W=37\mu m$,$L=\{100,341,582,823,1000\}\mu m$ 时 $Im(S_{11})$ 图形

　　通过小波神经网络建立了图 9.9 所示的低通滤波器的模型,得到结论为 $W=60\mu m$, $L_1=L_2=850\mu m$, $L_3=L_4=800\mu m$,其散射参数如图 9.20 所示。由于需要 S 参数与 Y 参数及 Y 参数与 S 参数之间的相互转换,所以,结果会有一些

小的误差。总体来讲,径向小波神经网络模型获得的结果与电磁仿真得到的结果相互吻合,表明径向小波神经网络有能力得到复杂非线性微带无源器件的响应。

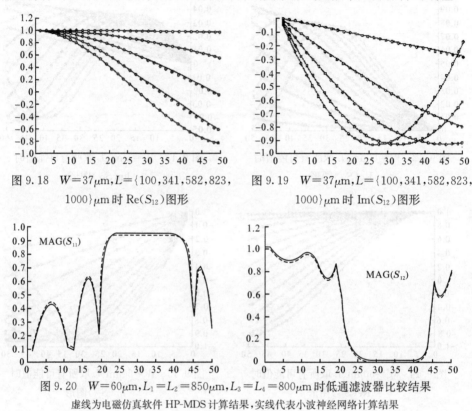

图 9.18　$W=37\mu m, L=\{100,341,582,823,$　　　　　图 9.19　$W=37\mu m, L=\{100,341,582,823,$

　　　　　$1000\}\mu m$ 时 $Re(S_{12})$ 图形　　　　　　　　　　　　$1000\}\mu m$ 时 $Im(S_{12})$ 图形

图 9.20　$W=60\mu m, L_1=L_2=850\mu m, L_3=L_4=800\mu m$ 时低通滤波器比较结果

虚线为电磁仿真软件 HP-MDS 计算结果,实线代表小波神经网络计算结果

参 考 文 献

[1] 王慧琴. 小波分析与应用. 北京:北京邮电大学出版社,2011.

[2] 郦继征. 小波分析原理. 北京:科学出版社,2010.

[3] 樊启斌. 小波分析. 武汉:武汉大学出版社,2008.

[4] 胡昌华,李国华,周涛. 基于 MATLAB 7.X 的系统分析与设计:小波分析. 第 3 版. 西安:西安电子科技大学出版社,2008.

[5] 谢成俊. 小波分析理论及工程应用. 长春:东北师范大学出版社,2008.

[6] Goswami J C,Chan A K. 小波分析理论、算法及其应用. 许天周,黄春光译. 北京:国防工业出版社,2007.

[7] 陈仲英,巫斌. 小波分析. 北京:科学出版社,2007.

[8] Zhang Q H, Albert B. Wavelet networks. IEEE Trans. on Neural Networks,1992,3(5):889-898.

[9] Kreinovich V, Sirisaengtaksin O, Cabrera S. Wavelet neural networks are asymptotically optimal approximators for functions of one variable. Proceeding of IEEE ICNN,1994,1:299-304.

[10] 肖胜中. 小波神经网络理论与应用. 沈阳:东北大学出版社,2006.

[11] Iyengar S S, Cho E C, Phoha V V. Foundations of Wavelet Networks and Applications. New York: Chapman & Hall/CRC, 2002.

[12] 高大启. 有教师的线性基本函数前向三层神经网络结构研究. 电路与系统学报, 1997, 2(3): 31-37.

[13] Daubechies I. 小波十讲. 李建平, 等译. 北京: 国防工业出版社, 2004.

[14] 侯霞. 小波神经网络若干关键问题研究[博士学位论文]. 南京: 南京航空航天大学, 2006.

[15] Pati Y C, Krishnaprasad P S. Analysis and synthesis of feedforward neural network using discrete affine wavelet transformations. IEEE Trans. on Neural Network, 1993, 4(1): 73-85.

[16] 李向武, 韦岗. 小波神经网络的动态系统辨识方法及应用. 控制理论与应用, 1998, 15(4): 494-500.

[17] 吴耀军, 陶宝祺, 袁慎芳. B样条小波神经网络. 模式识别与人工智能, 1996, 9(3): 228-233.

[18] 水鹏朗, 保铮, 焦李成. 一种基于小波神经网络的多尺度差分方程求解新方法. 电子科学学刊, 1997, 19(6): 733-737.

[19] Szu H H, Telfer B A, Kadambe S L. Neural network adaptive wavelets for signal representation and classification. Optical Engineering, 1992, 31(9): 1907-1916.

[20] Kugarajah T, Zhang Q H. Multidimentional wavelet frames. IEEE Trans. on Neural Networks, 1995, 6(6): 1552-1556.

[21] 李银国, 张帮礼. 小波神经网络及其结构设计方法. 模式识别与人工智能, 1997, 10(3): 197-205.

[22] Zhang Q H. Using wavelet network in nonparametric estimation. IEEE Trans. on Neural Network, 1997, 8(2): 227-236.

[23] 孙晓丽. 基于小波矩特征的小波神经网络目标识别研究[硕士学位论文]. 南京: 东南大学, 2006.

[24] Harkouss Y, Ngoya E, Rousset J, et al. Accurate radial wavelet neural-network model for efficient CAD modelling of microstrip discontinuities. IEE Proc. Microw. Antennas Propag. , 2000, 147(4): 277-283.

[25] Zhang Q. Using wavelet network in non parametric estimation. IEEE Trans. Neural Network, 1997, 8(2): 227-236.

[26] Lui D C, Nocedal J. On the limited memory BFGS method for large scale optimization. Math. Program. , 1989, 45: 503-528.

[27] Mcloone S, Irwin G W. Fast parallel off-line training of multilayer perceptrons. IEEE Trans. on Neural Network, 1997, 8(3): 646-653.

[28] Lightbody G. Irwin G W. Nonlinear control structures based on embedded neural system models. IEEE Trans. Neurul Network, 1997, 8(3): 553-567.

第 10 章 知识神经网络

知识神经网络是专家知识和神经网络相互混合的一种神经网络模型,本章首先讲述知识神经网络的基本概念,继而给出基于局部保持投影的知识神经网络的实现方法,最后讨论采用这种知识神经网络解决多信号源 DOA 估计问题。

10.1 知识神经网络基本概念

10.1.1 知识神经网络的引入

传统神经网络建模是某种黑箱模型,没有嵌入任何与问题相关的信息,这种情况下,确保模型的精度需要提供大量的训练数据。随着对神经网络的不断研究和改进,越来越多的研究者提出把专家知识和神经网络相结合,设计出混合系统。其中,Towell 等[1]于 1989 年提出的知识神经网络(knowledge-based neural network,KBNN)是最具有代表性的系统。KBNN 的初始结构是从领域理论的体系结构得来,通过在这个规则系统内推理可以得到一个"固定"的输出,前提是初始条件足够充分。因此,初始条件正确与否、足够与否,对推理起着至关重要的作用,可见 KBNN 的学习对领域理论有较大的依赖性[2]。KBNN 中的专家知识或先验知识大多是已有的经验公式或者神经网络模型,它们包含有被建模问题的基本信息,但一般无法达到所要求的精度。由于 KBNN 模型中先验知识的嵌入,所以增加了模型的预测能力,能够取得更好的预测效果。KBNN 已经被多次证明在保证模型精度的同时,能够有效降低训练样本的数量[3,4]。由于 KBNN 在保留传统人工神经网络模型优点的同时,大大简化了传统神经网络的结构,并且不受训练数据采样范围的限制,因而其推广性大大优于传统人工神经网络,现已经被用于微带径向短截线[5]、运载火箭弹道选择[6]、出行方式选择[7]、微波器件建模[8,9]、开槽天线辐射特性估计[10]、圆环天线谐振频率计算[11]等。

10.1.2 知识神经网络分类

目前,国内外学者正在广泛研究 KBNN 模型。在电磁/微波建模领域,KBNN 模型可以区分为差值模型、先验知识注入模型、知识神经元模型、模块化模型及空间映射模型等[3,12,13]。

10.1.2.1 差值模型

差值模型又称为源差分法,该方法利用先验知识构成的粗糙模型和精确模型两者输出的差值来训练相应的神经网络。其中,粗糙模型的响应一般通过经验公式或者等效电路获得,这种响应的求解一般都很快,但在设计参数和操作条件范围内准确程度不是特别高。图 10.1 为差值模型结构图,x 是输入样本;ψ 是电路的工作条件,如工作频率和激励水平等;$R_c(x_i,\psi_j)$ 是粗糙模型的响应,指的是用快速方法获得的近似解;$R_f(x_i,\psi_j)$ 是精确模型的响应,主要指采用电磁仿真软件或数理分析等方法获得的精确解。从图 10.1 可以看出,KBNN 包括两部分:传统神经网络和粗糙模型。对于每个输入样本 x_i,计算其精确模型对应的输出 $R_f(x_i,\psi_j)$ 和粗糙模型对应输出 $R_c(x_i,\psi_j)$ 的差值 $R_f(x_i,\psi_j)-R_c(x_i,\psi_j)$,将 $(x_i,(R_f(x_i,\psi_j)-R_c(x_i,\psi_j)))$ 作为训练数据样本对神经网络进行训练。粗糙模型中含有的基本信息最终使神经网络所模拟的输入/输出关系变得简单化,可以达到减少训练样本数据和提高精度的双重目的。文献[12]提出了此方法,并将其应用于电磁建模,实验结果证明这种模型具有较好的效果,能够使神经网络训练时所需求的精确解的样本数目大幅度地减少,有更高的利用价值。

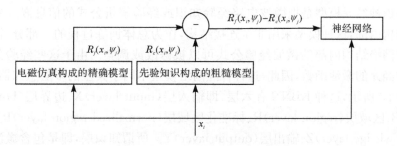

图 10.1 KBNN 差值模型结构图

10.1.2.2 先验知识注入模型

若将原始问题的输入作为神经网络的输入,另外,将已经存在的粗糙模型的输出也作为神经网络的输入,这样对每个输入样本 x_i,计算粗糙模型的相应输出 $R_c(x_i,\psi_j)$,将 $((x_i,R_c(x_i,\psi_j)),R_f(x_i,\psi_j))$ 作为训练数据样本对神经网络进行训练,建立起来的即为先验知识注入模型,如图 10.2 所示,它在结构上和差值模型有所不同,不是利用粗糙模型的输出与实际样本目标值之间的差值作为神经网络的期望值,而是将 $R_c(x_i,\psi_j)$ 连同其他样本数据一起作为神经网络的输入,训练完毕后,其响应点应尽可能地接近精确模型的响应。这种训练好的模型能够代替近似模型实现高效优化。虽然先验知识注入模型需要更加复杂的神经网络结构,但精确度比差值模型高。实现先验知识注入模型的关键是：首先计算先验知识构成的粗糙模型的输出，然后和原始问题输入一起组成整个模型的输入，模型的输出值就是期望得到的电磁问题的输出值。该方法包含了粗糙模型获得的先验知识，在减少所需的训练数据样本的同时又可以提高神经网络模型的精度。

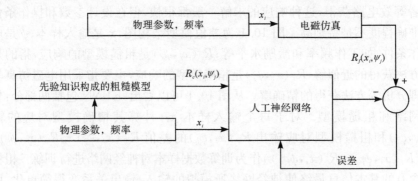

图 10.2　KBNN 先验知识注入模型结构图

10.1.2.3　知识神经元模型

知识神经元模型是把微波电路经验知识或经验解析公式的信息嵌入到神经网络结构内部，这种模型采用非全连接结构，作为总体训练过程的一部分，被嵌入到神经网络结构内部的微波经验公式可以被修改或调整。由于这些经验公式被用作神经元的激活函数，因此，这种神经网络模型不同于典型的多层感知器结构。如图 10.3 所示，这种 KBNN 有六层，即输入层（input layer）X、边界层（boundary layer）B、区域层（region layer）R、标准化区域层（normalized region layer）R′、知识层（knowledge layer）Z、输出层（output layer）Y。所谓知识层，即是包含微波领域的先验知识，并且微波知识嵌入在神经网络内部结构中。对于知识层的神经元 j，有

$$z_j = \psi_j(\boldsymbol{x}, \boldsymbol{w}_j), \quad j=1,2,\cdots,N_z \tag{10.1}$$

式中，z_j 为知识层 Z 中的第 j 个神经元的输出；$\boldsymbol{x}$ 为神经网络的输入向量；$\boldsymbol{w}_j$ 为经验公式中的参数向量；ψ_j 为知识函数。对于神经网络中那些没有出现在经验公式中的输入，可以按照加权和的形式加到它们当中去。

由图 10.3 可以看出，该网络结构被分成两部分：知识结构层和非知识结构层。知识结构层的每个激活函数通常是 ψ_j；非知识结构层依然是传统的人工神经网络，作用是对神经网络输入参数空间进行判断。边界层 B 包含待解决问题的边界函数知识 $B(\cdot)$，若边界知识不存在，则 $B(\cdot)$ 是线性函数。边界层 B 中第 i 个神经元的输出 b_k 为

$$b_k = B_k(\boldsymbol{x}, \boldsymbol{v}_k), \quad k=1,2,\cdots,N_b \tag{10.2}$$

式中，v_k 为参数向量；N_b 为边界层神经元的数目。如果区域层 R 的激活函数表示为 $\sigma(\cdot)$，则对于其神经元 l，有

$$r_l = \prod_{k=1}^{N_b} \sigma(a_{lk} b_k + \theta_{lk}), \quad l = 1, 2, \cdots, N_r \tag{10.3}$$

式中，a_{lk} 和 θ_{lk} 分别为比例和偏置系数；N_r 为区域层神经元数目。标准化区域层 R′ 中第 m 个神经元的输出 r'_m 为

$$r'_m = \frac{r_m}{\sum\limits_{l=1}^{N_r} r_l}, \quad m = 1, 2, \cdots, N_{r'}; N_{r'} = N_r \tag{10.4}$$

式中，$N_{r'}$ 为标准化区域层的神经元数目，该层神经元含有基于比例的函数，作用是对区域层输出进行归一化。输出层 Y 含有结合知识神经元和归一化区域神经元的二阶神经元：

$$y_n = \sum_{j=1}^{N_z} \beta_{nj} z_j \left(\sum_{m=1}^{N_{r'}} \rho_{njm} r'_m \right) + \beta_{n0}, \quad n = 1, 2, \cdots, N_y \tag{10.5}$$

式中，β_{nj} 表示知识层中第 j 个神经元对输出层第 n 个神经元的影响；β_{n0} 为偏置参数；ρ_{njm} 为 1 时表明区域 r' 是对应 n 输出的 j 个知识神经元的有效区域。

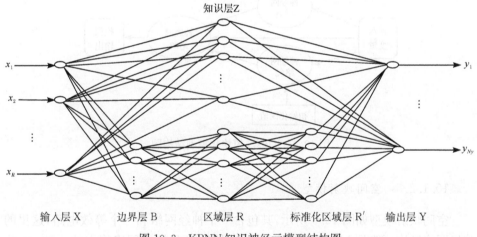

图 10.3　KBNN 知识神经元模型结构图

图 10.3 所示的知识神经元模型既包含训练数据的基本信息，尤其是含有与待解决问题相关的先验知识，可以提供更多的有用信息。这个模型中，边界的位置、知识层中激励函数的数值范围及其位置一开始都是随机初始化的，但最终值都是通过神经网络的不断训练获得的，所以，知识神经元模型是一种特殊的神经网络形式。

10.1.2.4　模块化模型

先验知识的选择决定了知识神经网络的框架。这些先验知识可以被当做神经元的激励函数,作为神经网络结构内部的一部分,如知识神经元模型;也可以将先验知识构成的粗糙模型采用外挂的方式和传统神经网络相结合,如差值模型、先验知识注入模型等。粗糙模型也可以放弃经验公式或者等效电路的方法,而采用神经网络训练的结果作为先验知识,称之为模块化模型,如图 10.4 所示。这个知识神经网络模型用到三个神经网络:神经网络♯1、神经网络♯2 和神经网络♯3。使用时,神经网络♯3 除了输入向量之外,还有 2 个额外的输入,即神经网络♯1 和神经网络♯2,其目的是接收这两个已经训练好的神经网络输出提供的先验知识。模块化模型呈现出两个特点:①训练起来更方便,减少了神经网络单独训练时的复杂度;②提高了神经网络模型的泛化能力,在复杂问题建模中有更大的应用空间。

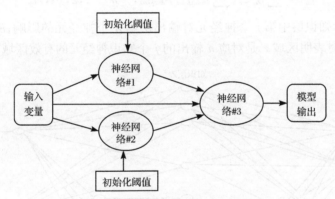

图 10.4　KBNN 模块化模型结构图

10.1.2.5　空间映射模型

空间映射模型如图 10.5 所示,其包含一个神经网络和一个等效电路,这里的神经网络结构可能是 MLP 网络、BP 神经网络、RBF 神经网络等中的一种。x 代表器件的外部几何参数,作为神经网络的输入;y_n 作为神经网络的输出,其代表器件等效电路中的各项元素,如有效介电常数、阻抗等。训练神经网络的目的就是很好地学习 x 和 y_n 之间的多维映射关系。图 10.5 中,d 代表 HFSS 等全波电磁仿真软件的输出,如 S 参数的各种形式;y 代表等效电路的输出。空间映射模型总的目标就是不断调整神经网络的内部权值,使得到的训练数据 d 和空间映射模型的输出 y 之间的均方误差达到最小,即

$$E(\boldsymbol{w}) = \frac{1}{2n} \sum_{k=1}^{n} \sum_{j=1}^{F_p} \| y(p(\boldsymbol{w}, \boldsymbol{x}_k), \mathrm{freq}_j) - d(\boldsymbol{x}_k, \mathrm{freq}_j) \|^2 \qquad (10.6)$$

式中，w 代表神经网络的内部权重；n 代表训练样本的总数；F_p 代表频率点的个数；p 代表 $\boldsymbol{x}_k$ 与 $\boldsymbol{y}_n$ 之间通过神经网络的映射：

$$\boldsymbol{y}_n = p(\boldsymbol{w}, \boldsymbol{x}_k) \qquad (10.7)$$

一旦使用电磁数据训练完毕，基于空间映射模型的各种射频和微波无源器件模型就建立成功了。

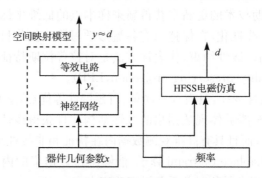

图 10.5　KBNN 空间映射模型结构图

10.2　基于局部保持投影的知识神经网络原理及实现

10.2.1　流行学习

复杂的微波器件大多存在着非线性关系，可以将这些非线性数据集看做是存在于欧氏空间中具有低维结构的流形问题，由此可以基于流形学习方法进行数据处理。流形学习（manifold learning）是一种非线性的降维技术[14,15]，能够恢复出数据的内在非线性几何结构，自 2000 年被提出后就受到越来越多的研究学者的关注。简单地说，流形学习的目的就是由高维观测数据采样之后的高维空间来恢复出低维流形，认为复杂的数据在高维空间中会形成容易被人"感知"的低维流形。

流形是欧式空间的推广，在每个微小的局部邻域内，流形本质上和欧式空间一样都具有局部平滑和线性结构的特点，在局部可以赋予坐标。现有机器学习都是建立在欧式空间的基础之上，而流形学习则是建立在一个更加广阔的框架上探讨学习问题。流形学习的目的就是从观测数据 $\{x_i\}$ 中重构映射 F 及相应的低维数据点 $\{y_i\}$。流形学习的定义如下：假设 Y 是包含在 $\mathbf{R}^d$ 欧式空间的 d 维域，该空间对应的是低维空间，数据点 $\{y_i\} \subset Y$ 是由某个随机过程生成。令 $F : Y \rightarrow \mathbf{R}^D$ 是一个光滑嵌入,其中,$D>d$。低维空间中的点经过映射 F 形成观测高维空间的数据集 $\{x_i=F(y_i)\}\subset\mathbf{R}^D$,其中一般称 Y 为隐空间,$\{y_i\}$ 是隐数据。

10.2.2　局部保持投影

流形学习是非线性降维方法,但目前已不仅仅局限于经典的流形学习方法,如局部线性嵌入、等距映射等,这是因为经典的流形学习算法缺乏泛化能力。针对这一缺陷,目前的主要改进有两类:一是增量学习的方法,主要通过对原有算法的扩展和改进,借助技术的更新来获得新来样本点的低维坐标;另一种方法称之为流形学习算法的线性化,在保持原有各流形学习算法优化目标不变的基础上,对嵌入映射方法加以线性约束,代表性方法是对拉普拉斯特征映射的线性化,即局部保持投影(locality preserving projection,LPP)。

LPP 是一种线性变换,具有计算简单、可延展性等优点,这是其他非线性映射所不具备的,它完全能够体现数据集的线性结构并且获得线性的降维映射,但优于一般的线性降维,而且具有高维观测数据内在特征和非线性结构的自动发现功能[16]。LPP 作为 Laplace-Beltrami 算子,能够维持数据集的内在几何结构,并且经 LPP 处理后,样本点的相对关系并没有改变太多。

LPP 是一种基于局部思想的特征提取算法,它提取非线性流形的低维特征是通过求解低维投影和其相邻点距离的加权平方和的最小值,其优化思想同拉普拉斯特征映射的方法一样,均是在一定的约束条件下对目标函数进行优化:

$$\min\sum_{ij}(y_i-y_j)^2 S_{ij} \tag{10.8}$$

式中,S_{ij} 的作用是为了保持样本点的相对关系,即若原始高维空间中的 x_i 和 x_j 是近邻点,则在低维投影空间中对应的点 y_i 和 y_j 也是相邻的点。矩阵 S 是相似度量矩阵,其定义如下:

$$S_{ij}=\begin{cases}\exp\left(\dfrac{-\parallel x_i-x_j\parallel^2}{t}\right), & \parallel x_i-x_j\parallel^2<\varepsilon\\ 0, & \text{其他}\end{cases} \tag{10.9}$$

约束条件为 $y^\mathrm{T}Dy=I$,对角矩阵 D 中的元素是矩阵 S 的行或者列的向量元素之和。

LPP 算法目标函数最小值问题转化为优化问题:

$$\arg\min W^\mathrm{T}XLX^\mathrm{T}W$$
$$W^\mathrm{T}XDX^\mathrm{T}W=1 \tag{10.10}$$

设 λ 为 Lagrange 乘子,则定义 Lagrange 函数如下:

$$g(W,\lambda)=W^\mathrm{T}XLX^\mathrm{T}W+\lambda(1-W^\mathrm{T}XDX^\mathrm{T}W) \tag{10.11}$$

如果令式(10.11)的偏导数 $\dfrac{\partial g}{\partial W}=0$,则 LPP 算法可以转换为对如下广义矩阵特征值的求解问题:

$$XLX^TW = \lambda XDX^TW \tag{10.12}$$

式中,$X = [x_1, x_2, \cdots, x_n]$;$D$ 为 $l \times l$ 的对角矩阵,$D_{ii} = \sum_j S_{ij}$;$L = D - S$ 是拉普拉斯矩阵,求出的 d 个最小非零特征值所对应的特征向量构成的投影矩阵为 $W = [w_1, w_2, \cdots, w_d]$。

10.2.3　基于 LPP 的知识神经网络

　　下面讨论的 KBNN 采用模块化模型,结构大致可以分为三部分:预处理模块、先验知识构成的粗糙模型和主网络结构部分,结构框架如图 10.6 所示。预处理模块是在主网络结构前面加入一个基于 LPP 的流形学习方法,其作用是对输入数据进行降维,消除数据之间的相关性,保证网络训练的可靠性。粗糙模型采用已经存在的 RBF 神经网络,其输出作为主网络输入矢量的一部分。模型建立过程中,首先由先验知识构成的粗糙模型计算原始输入的响应值,然后将其和原始问题新增的样本点作为主网络的输入,由最终神经网络的输出作为整个模型的输出。这种方法含有粗糙模型所包含的先验知识,既可以减少所需的训练数据,又可以提高神经网络模型的精度。

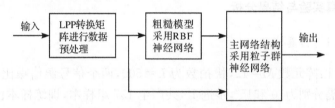

图 10.6　基于 LPP 的知识神经网络结构图

10.3　基于局部保持投影的知识神经网络应用

　　下面采用基于 LPP 的 KBNN 用于建模 DOA 估计问题[17],输入特征信息主要选择的是阵列输出信号的协方差矩阵上三角阵。假设有 M 个阵元,则协方差矩阵就有 $M \times M$ 个元素。由于协方差矩阵变小之后,计算速度会变快,可以更好地进行实时计算。采用 LPP 对协方差矩阵的上三角阵进行降维,消除众多信息中的冗余部分。

10.3.1　基于 LPP 和知识神经网络的 DOA 估计步骤

　　(1) 根据数学模型计算入射角的协方差矩阵,提取协方差矩阵的上三角部分。提取顺序是先列后行,即从上到下、从左到右,进行实部和虚部分离,分别排

成一个列向量 $\boldsymbol{R'}$，这个列向量是 $l\times 1$ 的向量，其中，$l=M\times(M-1)$，求其自相关矩阵 $\boldsymbol{C}_{R'}(l\times l)$。

（2）构建连接图。如果 r_i 是 r_j 的 k 近邻或 r_j 是 r_i 的 k 近邻，则连接节点 i 和 j；如果 i 和 j 是连接的，则 $S_{ij}=\dfrac{x_ix_j}{\parallel x_i\parallel\parallel x_j\parallel}$；否则 $S_{ij}=0$。

（3）特征映射。由公式 $\boldsymbol{XLX}^{\mathrm{T}}\boldsymbol{W}=\lambda\boldsymbol{XDX}^{\mathrm{T}}\boldsymbol{W}$ 计算特征矢量和对应的特征值，$\boldsymbol{D}$ 是对角矩阵，$\boldsymbol{L}=\boldsymbol{D}-\boldsymbol{S}$ 是拉普拉斯矩阵，$\boldsymbol{S}$ 是相似度量矩阵。$w_0,w_1,\cdots,w_{k-1}$ 是特征方程的最优解，可以得到 $0\leqslant\lambda_0\leqslant\lambda_1\leqslant\cdots\leqslant\lambda_{k-1}$，投影矩阵 $\boldsymbol{W}=[w_0,w_1,\cdots,w_{k-1}]$。利用 k 个特征值对应的特征向量对协方差矩阵的上三角阵得到的列向量 $\boldsymbol{R'}$ 进行转换，最后投影到 LPP 子空间，得到降维后的新样本矩阵 $\boldsymbol{R''}=\boldsymbol{W}^{\mathrm{T}}\boldsymbol{R'}$，其中，$\boldsymbol{R''}$ 是 $k\times 1$ 维矢量。在线性意义上，这种变换很好地保持流形的本质几何特性。

（4）对每一个 DOA 角度进行 LPP 投影之后得到的矩阵进行归一化处理。

（5）对 KBNN 中的阈值、权值等参数进行训练，达到期望的误差性能指标后训练停止。

（6）选择测试样本进行 LPP 预处理，测试 KBNN。

10.3.2　仿真实验与结果分析

10.3.2.1　仿真实验一

训练条件：阵元数 $M=12$，快拍数为 $L=500$，两个信号源信噪比均为 15dB。两个信号间隔分别为 10° 和 15°，步进 1°，共产生 157 组样本，训练样本由 132×157 进行 LPP 降维之后得到的矩阵为 36×157。KBNN 中主网络结构采用粒子群神经网络中额外增加的样本点的间隔分别为 11° 和 16°，其他参数的设置和以上相同。为方便对照，也给出基于 RBF 神经网络的 DOA 估计。测试样本：不论是 RBFNN 还是 KBNN，测试样本中两个信号源的间隔均为 12°，则在 $[0°,90°]$ 范围内测试样本数目为 79 个。仿真结果如图 10.7 和图 10.8 所示，由两图比较可以发现，基于 KBNN 的 DOA 估计精度更高，集中度更好；并且对于神经网络来说，输入空间（即输入的数组及输入的变化范围）越大，所需的隐含层神经元数目就越多，相应的神经网络结构就越复杂。经过 LPP 预处理之后，有效信息更直接，同时消除了无关的幅度信息和冗余特征的影响，神经网络的特征维数降低，模型的训练耗时较短，更利于无线电测向技术等中的实时处理应用。

10.3.2.2　仿真实验二

训练条件：阵元数 $M=10$，快拍数为 $L=500$，两个信号源均是信噪比为 10dB。

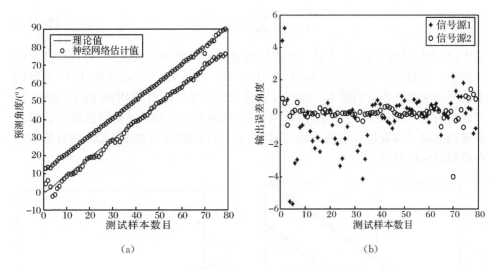

图 10.7　RBF 神经网络 DOA 估计的预测效果

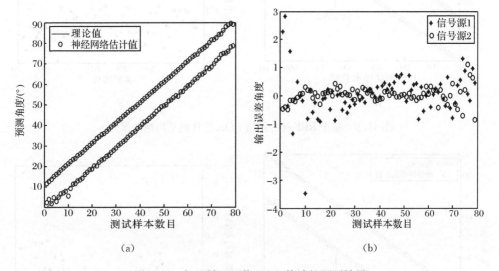

图 10.8　知识神经网络 DOA 估计的预测结果

两个信号间隔分别为20°和25°,步进 1°,共产生 137 组样本。应用 LPP 将训练样本由 90×137 预处理后降为 24×137。KBNN 中主网络结构采用粒子群神经网络中额外增加的样本点的间隔分别为21°和26°。其他参数的设置和以上相同。为方便对照,也给出基于 RBF 神经网络的 DOA 估计。测试样本:不论是 RBFNN 还是 KBNN,测试样本中两个信号源的间隔均为22°,则在[0°,90°]范围内得到的测试样本数目为 69 个。定义平均绝对误差为

$$\Delta = \frac{1}{P}\sum_{i=1}^{P}(|\theta_i - \hat{\theta}_i|) \tag{10.13}$$

式中,P 为信号源个数;θ_i 为第 i 个信号源来波方向角的真实值;$\hat{\theta}_i$ 为神经网络的预测值。仿真结果如图 10.9 和图 10.10 所示。从图 10.9 可以算出,RBF 神经网络的平均绝对误差的均值为 0.3263°;从图 10.10 可以算出,KBNN 的平均绝对误差的均值为 0.3018°。文献[18]中的平均绝对误差为 0.41°,说明局部保持投影预处理的方法可以取得一定的效果,并且基于上面 KBNN 方法的 DOA 估计模型具有更好的估计精度。

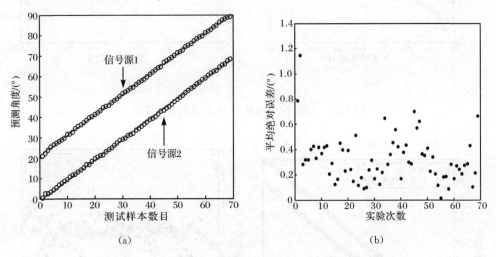

图 10.9　基于 RBF 神经网络 DOA 估计的平均绝对误差

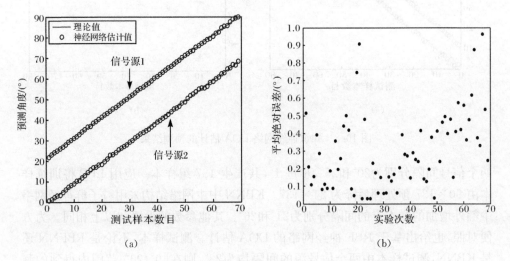

图 10.10　基于知识神经网络 DOA 估计的平均绝对误差

参 考 文 献

[1] Shavlik J W, Towell G G. Combining explanation-based and neural learning: An algorithm and empirical results. University of Wisconsin Computer Sciences Technical Report 859, 1989.

[2] Towell G G, Shavlik J W. Knowledge-based artificial neural networks. Artificial Intelligence, 1994, 70(1/2): 119-165.

[3] Wang F, Zhang Q J. Knowledge-based neural models for microwave design. IEEE Transactions on Microwave Theory and Technology, 1997, 45(12): 2333-2343.

[4] 洪劲松. 新型传输线方程及知识人工神经网络模型的研究[博士学位论文]. 成都: 电子科技大学, 2005.

[5] 李超, 薛金良, 徐军. 微带径向短截线基于知识的人工神经网络模型. 电子学报, 2000, 29(12): 1696-1698.

[6] 魏洪波, 黄席樾, 乔宇, 等. 基于知识神经网络的运载火箭弹道选择. 重庆大学学报(自然科学版), 2005, 28(11): 27-30.

[7] 鲜于建川, 隽志才. 基于知识的神经网络在出行方式选择中的应用研究. 计算机应用研究, 2008, 25(9): 2651-2654.

[8] 田毅贞, 张齐军. 知识型神经网络的射频/微波器件建模方法. 电子科技大学学报, 2011, 40(6): 816-822.

[9] Na W C, Zhang Q J. Automated knowledge-based neural network modeling for microwave applications. IEEE Microwave and Wireless Components Letters, 2014, 24(7): 499-501.

[10] Taimoor K, Asok D. Estimation of radiation characteristics of different slotted microstrip antennas using a knowledge-based neural networks model. International Journal of RF and Microwave Computer-Aided Engineering, 2014, 24(6): 673-680.

[11] Divakar T V S, Panda D C. Resonant frequency calculation of circular ring microstrip patch antenna using knowledge based neural network. 2014 International Conference on Electronics and Communication Systems (ICECS), 2014: 1-3.

[12] Watson P M, Gupta K C, Mahajan R L. Applications of knowledge-based artificial neural network modeling to microwave components. International Journal of RF and Microwave Computer-Aided Engineering, 1999, 9(3): 254-260.

[13] Taimoor K, Asok D. Estimation of radiation characteristics of different slotted microstrip antennas using a knowledge-based neural networks model. International Journal of RF and Microwave Computer-Aided Engineering, 2014, 24(6): 673-680.

[14] 徐蓉, 姜峰, 姚鸿勋. 流形学习概述. 智能系统学报, 2006, 3(1): 45-51.

[15] 闫志敏, 刘希玉. 流形学习及其算法研究. 计算机技术与发展, 2011, 21(5): 99-100.

[16] 喻军, 李志勇, 孟金涛. 基于自适应最近邻的局部保持投影算法. 计算机工程与应用, 2011, 47(28): 209-211.

[17] 王荣秀. 知识神经网络在电磁快速建模中的应用研究[硕士学位论文]. 镇江: 江苏科技大学, 2014.

[18] 翁晓君, 张旻, 李鹏飞. 基于特征矢量相角的 RBF 神经网络 DOA 估计. 计算机应用研究, 2011, 28(7): 2655-2657.

第 11 章　神经网络集成

神经网络集成(neural network ensemble,NNE)是用有限个神经网络对同一个问题进行学习,集成在某输入示例下的输出由构成集成的各神经网络在该示例下的输出共同决定。本章首先讲述神经网络集成的基本知识,然后基于神经网络集成解决了股市预测、肺癌诊断和微带天线谐振频率建模问题。

11.1　神经网络集成基本概念

神经网络已经在很多领域得到了成功的应用,但由于缺乏严密理论体系的指导,其应用效果完全取决于使用者的经验。虽然 Hornik 等[1]证明,仅有一个非线性隐层的前馈网络就能以任意精度逼近任意复杂度的函数,但一些研究者指出[2,3],对网络的配置和训练是 NP 问题。在实际应用中,由于缺乏问题的先验知识,往往需要经过大量费力耗时的实验摸索才能确定合适的神经网络模型、算法及参数设置,其应用效果完全取决于使用者的经验。即使采用同样的方法解决同样的问题,由于操作者不同,其结果也很可能大相径庭。在实际应用中,操作者往往是缺乏神经计算经验的普通工程技术人员,如果没有易于使用的工程化神经计算方法,神经网络技术的应用效果将很难得到保证。

1990 年,Hansen 和 Salamon[4]开创性地提出了神经网络集成方法。他们证明,可以简单地通过训练多个神经网络并将其结果进行合成,显著地提高神经网络系统的泛化能力。由于该方法易于使用且效果明显,即使是缺乏神经计算经验的普通工程技术人员也可以从中受益。因此,它被视为一种非常有效的工程化神经计算方法。

1996 年,Sollich 和 Krogh[5]为神经网络集成下了一个定义,即"神经网络集成是用有限个神经网络对同一个问题进行学习,集成在某输入示例下的输出由构成集成的各神经网络在该示例下的输出共同决定"。目前,这个定义已被广泛接受,但是也有一些研究者认为,神经网络集成指的是多个独立训练的神经网络进行学习并共同决定最终输出结果,并不要求集成中的网络对同一个问题进行学习。符合后一定义的研究至少可以上溯到 1972 年诺贝尔物理奖获得者 Cooper 及其同事和学生于 20 世纪 80 年代中后期在 Nestor 系统中的工作,但目前一般认为神经网络集成的研究始于 Hansen 和 Salamon 在 1990 年的工作。

神经网络集成能改进泛化能力的原因,也可以从算法复杂性角度加以解释:

使用集成系统,可以消除权值初始化对学习系统复杂性的影响,降低整个学习系统的复杂性,从而提高系统的泛化能力。

由于认识到神经网络集成所蕴涵的巨大潜力和应用前景,在 Hansen 和 Salamon 之后,很多研究者都进行了这方面的研究,但当时的研究工作主要集中在如何将神经网络集成技术用于具体的应用领域。从 20 世纪 90 年代中期开始,有关神经网络集成的理论研究受到了极大的重视,大量研究者涌入该领域,理论和应用成果不断涌现,使得神经网络集成成为目前国际机器学习的一个相当活跃的研究热点。

11.2　神经网络集成实现方法

在实现方法的设计上,典型的神经网络集成构造方法分如下两步实现。第一步:利用训练集训练一批个体神经网络;第二步:对上一步训练出的个体神经网络的结论以某种方式进行结合。

11.2.1　个体网络生成方法

神经网络集成中个体网络生成方法,最重要的技术是 Boosting[6] 和 Bagging[7]。

11.2.1.1　Boosting 算法

Boosting 最早由 Schapire[6] 提出,Freund[8] 对其进行了改进。通过这种方法可以产生一系列神经网络,各网络的训练集决定于在其之前产生的网络表现,被已有网络错误判断的示例将以较大的概率出现在新网络的训练集中。这样,新网络将能够很好地处理对已有网络来说很困难的示例。另一方面,虽然 Boosting 方法能够增强神经网络集成的泛化能力,但同时也有可能使集成过分偏向于某几个特别困难的示例。因此,该方法不太稳定,有时能起到很好的作用,有时却没有效果。值得注意的是,Schapire 和 Freund 的算法在解决实际问题时有一个重大缺陷,即它们都要求事先知道弱学习算法学习正确率的下限,这在实际问题中很难做到。之后,Freund 和 Schapire[9] 提出了 AdaBoost(adaptive Boost)算法,该算法的效率与 Freund 算法很接近,却可以非常容易地应用到实际问题中。因此,该算法已成为目前最流行的 Boosting 算法。

1997 年,Freund 和 Schapire[9] 以 AdaBoost 为代表,对 Boosting 类方法进行了分析,并证明该类方法产生的最终预测函数 H 的训练误差满足式(11.1),其中,ε_t 为预测函数 h_t 的训练误差,$\gamma_t = 1/2 - \varepsilon_t$。

$$H = \prod_t \left[2 \sqrt{\varepsilon_t (1 - \varepsilon_t)} \right] = \prod_t \sqrt{1 - 4\gamma_t^2} \leqslant \exp\left(-2 \sum_t \gamma_t^2 \right) \qquad (11.1)$$

从式(11.1)可以看出,只要学习算法略好于随机猜测,训练误差将随 t 以指数级下降。在此基础上,Freund 和 Schapire[9]用 VC(Vapnik-Chervo nenkis)维对 Boosting 的泛化误差进行了分析。设训练例为 m 个,学习算法的 VC 维为 d,训练轮数为 T,则其泛化误差上限如式(11.2)所示,其中,$\hat{P}_r(\cdot)$ 表示对训练集的经验概率。

$$\hat{P}_r(H(x) \neq y) + \hat{O}\left[\sqrt{\frac{Td}{m}} \right] \qquad (11.2)$$

式(11.2)表明,若训练轮数过多,Boosting 将发生过拟合。但大量试验表明,Boosting 即使训练几千轮后仍不会发生过拟合现象,而且其泛化误差在训练误差已降到零后仍会继续降低。为解释这一现象,1998 年,Schapire 等[10]从边际的角度对泛化误差进行了分析。边际 $\mathrm{margin}(x, y)$ 定义为

$$\mathrm{margin}(x, y) = y \sum_{i=1}^{m} \alpha_i h_i(x) \qquad (11.3)$$

正边际表示正确预测,负边际表示错误预测,较大的边际可信度较高,较小的边际可信度较低。文献[10]认为,在训练误差降为零后,Boosting 仍会改善边际,即继续寻找边际更大的划分超平面,这就使得分类可靠性得到提高,从而使泛化误差得以继续降低,其泛化误差的上限为

$$\hat{P}_r[\mathrm{margin}(x, y) \leqslant \theta] + \hat{O}\left[\sqrt{\frac{d}{m\theta^2}} \right] \qquad (11.4)$$

从式(11.4)可以看出,Boosting 的泛化误差上限与训练轮数无关,Schapire 的一些实验也证实了这一点。

基于 Boosting 算法的神经网络集成结构如图 11.1 所示[11],典型的 Boosting 算法如下[8]:

(1) 初始化。给定原始训练样本集 $D = \{(x_1, y_1), (x_2, y_2), \cdots, (x_n, y_n)\}$,其中,$n$ 为原始训练集的容量,假设初始神经网络集成 A 为空集,神经网络集成的容量为 T,对原始训练集中的所有样本都给予相同的权重 $w_i^0 = 1/n, i = 1, 2, \cdots, n$。

(2) 训练阶段。For $t = 1, 2, \cdots, T$, Do

① 从训练集 D 中抽取 n 个样本生成训练集,每个训练样本被抽取的概率为

$$p_i^t = w_i^t / \sum_{j=1}^{n} w_j^t \qquad (11.5)$$

② 由训练集训练得到新的个体神经网络 g_t。

③ 当平均损失函数值小于 0.5 时,计算每个训练样本的相对误差 $r_i = \dfrac{|y_i - h_i(x_i)|}{\max|y_i - h_i(x_i)|}, i = 1, 2, \cdots, n$,平均损失函数定义为

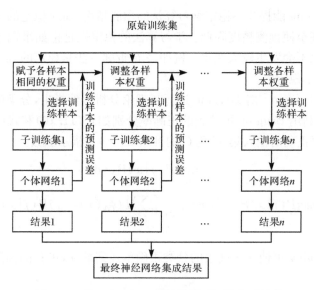

图 11.1　基于 Boosting 算法的神经网络集成结构

$$\overline{L^t} = \sum_{i=1}^{n} p_i^t r_i^t \tag{11.6}$$

④ 计算该个体网络参加集成时的权重系数：

$$\beta_t = \overline{L^t}/(1 - \overline{L^t}) \tag{11.7}$$

⑤ 调整训练集中各样本的权值：

$$w_i^{t+1} = w_i^t \beta_i^{1-L_i^t} \tag{11.8}$$

⑥ 返回神经网络集成集合 $E = \{h_1, h_2, \cdots, h_T\}$。

(3) 预测集成网络输出结果 $H(x_i)$。

$$H(x_i) = \arg\max_{y \in Y} \sum_{t : h_i(x_i) = y_i}^{T} \left[\log\left(\frac{1}{\beta_t}\right) \right] \tag{11.9}$$

Boosting 算法中,各个神经网络个体的训练子集决定于在此之前生成的网络性能,被已有网络判断误差较大的样本在训练集中仍有可能出现,这也导致基于 Boosting 算法的集成网络性能不够稳定。

11.2.1.2　Bagging 算法

Bagging 方法中,各神经网络的训练集由从原始训练集中随机选取的若干示例组成,训练集的规模通常与原始训练集相当,训练集允许重复选取。这样,原始训练集中某些示例可能在新的训练集中出现多次,而另外一些示例则可能一次也不出现。Bagging 方法通过重新选取训练集增加了神经网络集成的差异度,从而提高了泛化能力。Breiman 在文献[7]中指出,稳定性是 Bagging 能否发挥作用的关键因素,Bagging 能提高不稳定学习算法的预测精度,而对稳定的学习算法效果不明显,有时甚至使预测精度降低。学习算法的稳定性是指如果训练集有较小的变化,学习结果不会发生较大变化。例如,k 最近邻方法是稳定的,而判定树、神经网络等方法是不稳定的。

1996 年,Breiman[7]对 Bagging 进行了理论分析。他指出,分类问题可达到的最高正确率及利用 Bagging 可达到的正确率分别如式(11.10)和式(11.11)所示,其中,C 表示序正确的输入集,C' 为 C 的补集,$I(\cdot)$ 为指示函数。

$$r^* = \int \max_j P(j|x)P_X(\mathrm{d}x) \tag{11.10}$$

$$r_A = \int_{x \in C} \max P(j|x)P_X(\mathrm{d}x) + \int_{x \in C'} \left[\sum_j I(\phi_A(x)=j)P(j|x) \right]P_X(\mathrm{d}x)$$

$$\tag{11.11}$$

显然,Bagging 可使序正确集的分类正确率达到最优,单独的预测函数则无法做到这一点。

对回归问题,Breiman 推出式(11.12),不等号左边为 Bagging 的误差平方,右边为各预测函数误差平方的期望:

$$|E_L \varphi(x,L)|^2 \leqslant E_L \varphi^2(x,L) \tag{11.12}$$

显然,预测函数越不稳定,即式(11.12)右边和左边的差越大,Bagging 的效果越明显。

除此之外,Breiman[12]还从偏向和差异的角度对泛化误差进行了分析,他指出,不稳定预测函数的偏向较小、差异较大,Bagging 正是通过减小差异来减小泛化误差的。在此之后,Wolpert 和 Macready[13]具体给出了泛化误差、偏向和差异之间的关系:

$$E(C|f,m,q) = \sum_d P(d|f,m)(h_d(q) - f^*(q))^2$$

$$= (h^*(q) - f^*(q))^2 + \sum_d P(d|f,m)(h_d(q) - h^*(q))^2$$

$$\tag{11.13}$$

式(11.13)左边为泛化误差,右边第一项为偏向的平方,第二项为差异。Bagging 就是对 $h^*(q)$ 进行模拟,使得在偏差相同的情况下差异尽量趋向于零。

Bagging 由 bootstrap 和 aggregating 合成,其基础是可以重复取样。在该方法中,通过自助采样技术从训练集中随机选择若干样本生成不同的训练子集,训练样本可以重复选择,训练子集的规模与原始数据集相当。因此,原训练集中的有些样本在新训练集中可能会出现好几次,而另一些样本可能不会出现。

基于 Bagging 算法的神经网络集成结构如图 11.2 所示[14],典型的 Bagging 算法如下[7]:

（1）初始化。给定原始训练样本集 $D=\{(x_1,y_1),(x_2,y_2),\cdots,(x_n,y_n)\}$，其中，$n$ 为原始训练集的容量，假设初始神经网络集成 A 为空集，神经网络集成的容量为 T。

（2）训练阶段。For $t=1,2,\cdots,T,\mathrm{Do}$

① 随机从训练集 D 中自助采样 n 个样本生成训练集。

② 由训练集训练神经网络 g_t。

③ 把神经网络 g_t 加入神经网络集成，返回神经网络集成集合 $E=\{h_1,h_2,\cdots,h_T\}$；

（3）预测阶段：

$$H(x_i) = \frac{1}{T}\sum_{t=1}^{T}h_t(x_i) \quad 回归问题（简单平均） \tag{11.14}$$

$$H(x_i) = \arg\max_{y\in Y}\sum_{t=1}^{T}h_t(x_i) \quad 分类问题（相对多数投票） \tag{11.15}$$

式中，$H(x_i)$ 为最终的预测结果。

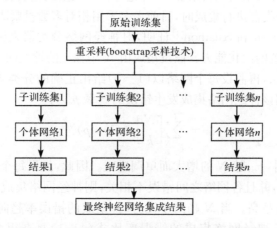

图 11.2　基于 Bagging 算法的神经网络集成结构

Bagging 算法可以极大提高那些不稳定的弱学习算法的预测和分类精度，因此，基于 Bagging 算法的神经网络集成比单神经网络具有更高的预测能力和分类精度。

11.2.1.3　Bagging 和 Boosting 算法的主要区别

Bagging 与 Boosting 的区别在于：Bagging 训练集的选择是随机的，各轮训练集之间相互独立，而 Boosting 训练集的选择不是独立的，各轮训练集的选择与前面各轮的学习结果有关；Bagging 的各个预测函数没有权重，而 Boosting 是有权重的；Bagging 的各个预测函数可以并行生成，而 Boosting 的各个预测函数只能顺序生成。对于像神经网络这样极为耗时的学习方法，Bagging 可通过并行训练节省大量时间开销。

此外，还存在多种个体生成方法。例如，有些研究者利用遗传算法来产生神经网络集成中的个体[15]；有些研究者使用不同的目标函数[16]、隐层神经元数[17]、权空间初始点[18]等来训练不同的网络，从而获得神经网络集成的个体。

11.2.2 结论生成方法

典型的结论生成方法主要包括投票法和加权平均法两种。

11.2.2.1 投票法

当神经网络集成用于分类器时，集成的输出通常由各网络的输出投票产生。通常，采用绝对多数投票法（某分类成为最终结果当且仅当有超过半数的神经网络输出结果为该分类）或相对多数投票法（某分类成为最终结果当且仅当输出结果为该分类的神经网络的数目最多）。理论分析和大量试验表明[4,19]，后者优于前者。因此，在对分类器进行集成时，目前大多采用相对多数投票法。

1990 年，Hansen 和 Salamon[4]证明，对神经网络分类器来说，采用集成方法能够有效提高系统的泛化能力。假设集成由 N 个独立的神经网络分类器构成，采用绝对多数投票法，再假设每个网络以 $(1-p)$ 给出正确的分类结果，并且网络之间错误不相关，则该神经网络集成发生错误的概率 p_{err} 为

$$p_{err} = \sum_{k>\frac{N}{2}}^{N} \begin{bmatrix} N \\ k \end{bmatrix} p^k (1-p)^{N-k} \tag{11.16}$$

在 $p<1/2$ 时，p_{err} 随 N 的增大而单调递减。因此，如果每个神经网络的预测精度都高于 50%，并且各网络之间错误不相关，则神经网络集成中的网络数目越多，集成的精度就越高。当 N 趋向于无穷时，集成的错误率趋向于 0。在采用相对多数投票法时，神经网络集成的错误率比式(11.1)复杂得多，但 Hansen 和 Salamon 的分析表明，采用相对多数投票法在多数情况下能够得到比绝对多数投票法更好的结果。

在实际应用中，由于各个独立的神经网络并不能保证错误不相关，因此，神经网络集成的效果与理想值相比有一定的差距，但其提高泛化能力的作用仍相当明显。

11.2.2.2 加权平均法

当神经网络集成用于回归估计时，集成的输出通常由各网络的输出通过简单平均或加权平均产生。Perrone 等[20]认为，采用加权平均可以得到比简单平均更好的泛化能力，在将神经网络集成用于回归估计时，如果采用简单平均且各网络

的误差是期望为 0 且互相独立的随机变量,则集成的泛化误差为各网络泛化误差平均值 $1/N$,其中,N 为集成中网络的数目;如果采用加权平均,通过适当选取各网络的权值,能够得到比采用简单平均法更好的泛化能力。常用的一些神经网络模型在学习过程中容易陷入局部极小,这通常被认为是神经网络的主要缺点之一。然而,Perrone 和 Coopler[20] 却认为,这一特性对神经网络集成泛化能力的提高起到了重要作用。这是因为,如果各神经网络互不相关,则它们在学习中很可能会陷入不同的局部极小,这样,神经网络集成的差异度(variance)就会很大,从而减小了泛化误差。换句话说,各局部极小的副作用相互抵消了。

1995 年,Krogh 和 Vedelsby[21] 给出了神经网络集成泛化误差计算公式。假设学习任务是利用 N 个神经网络组成的集成对 $f:R^N \rightarrow R$ 进行近似,集成采用加权平均,各网络分别被赋予权值 ω_α,并满足式(11.17)和式(11.18):

$$\omega_\alpha > 0 \tag{11.17}$$

$$\sum_\alpha \omega_\alpha = 1 \tag{11.18}$$

再假设训练集按分布 $p(x)$ 随机抽取,网络 α 对输入 X 的输出为 $V^\alpha(X)$,则神经网络集成的输出为

$$\bar{V} = \sum_\alpha \omega_\alpha V^\alpha(X) \tag{11.19}$$

神经网络 α 的泛化误差 E^α 和神经网络集成的泛化误差 E 分别为

$$E^\alpha = \int dx p(x)(f(x) - V^\alpha(x))^2 \tag{11.20}$$

$$E = \int dx p(x)(f(x) - \bar{V}(x))^2 \tag{11.21}$$

各网络泛化误差的加权平均为

$$\bar{E} = \sum_\alpha \omega_\alpha E^\alpha \tag{11.22}$$

神经网络 α 的差异度 A^α 和神经网络集成的差异度 $\bar{A}$ 分别为

$$A^\alpha = \int dx p(x)(V(x) - \bar{V}(x))^2 \tag{11.23}$$

$$\bar{A} = \sum_\alpha \omega_\alpha A^\alpha \tag{11.24}$$

则神经网络集成的泛化误差为

$$E = \bar{E} - \bar{A} \tag{11.25}$$

式(11.25)中的 $\bar{A}$ 度量了神经网络集成中各网络的相关程度。若集成是高度偏向的,即对于相同的输入,集成中所有网络都给出相同或相近的输出,此时集成的差异度接近于 0,其泛化误差接近于各网络泛化误差的加权平均。反之,若集成中各网络是相互独立的,则集成的差异度较大,其泛化误差将远小于各网络泛化误差

的加权平均。因此,要增强神经网络集成的泛化能力,就应该尽可能地使集成中各网络的误差互不相关。

11.2.3 选择性集成方法

在传统的对所有个体网络进行集成的基础上,周志华首创性地提出了"Many Could Be Better Than All"的想法[22],即一组网络中的部分可能比整组网络的集成效果要好,并分别从分类和回归两个角度做了理论分析,证明其合理性。基于这种思路,Zhou 等[23]提出了一种选择性神经网络集成算法(genetic algorithm based selective ensemble,GASEN)。很多研究者通过理论分析和实验结果证实了选择性集成方法的性能优于 Bagging 和 Boosting 方法[14]。

11.2.3.1 理论分析

目前,大部分神经网络集成学习算法的思路是对所有训练出的个体网络构建集成模型,然而,这样做是否具有很好的预测性能却没有正式的理论进行证明。本节将以分类为例,对集成性能和个体网络之间的相关关系进行分析,并证明从这些已训练出的个体网络中选择一部分个体网络构建集成模型,可望比使用所有的个体网络构建集成模型更好[14]。

假设学习任务是利用 N 个个体网络构建的集成模型,对 $f:\mathbf{R}^m \rightarrow L$ 进行并行学习,这里的 L 是类别标记的集合,个体网络的结论结合方式采用多数投票方法。为简化讨论,假设 L 只包含两个类别标记,即所需逼近的函数为 $f:\mathbf{R}^m \rightarrow R$。下面的证明过程也可以推广到多分类任务。假定有 m 个样本,其对应的期望输出为 $\boldsymbol{D}=[d_1,d_2,\cdots,d_m]^\mathrm{T}$,其中,$d_j$ 表示第 j 个样本的期望输出。令 f_i 表示第 i 个个体网络的实际输出,$\boldsymbol{f}_i=[f_{i1},f_i,\cdots,f_i]^\mathrm{T}$,其中,$f_{ij}$ 表示第 i 个个体网络在第 j 个样本上的实际输出。$\boldsymbol{D}$ 和 $\boldsymbol{f}_i$ 分别满足 $d_j \in \{-1,+1\}(j=1,2,\cdots,m)$ 及 $f_{ij} \in \{-1,+1\}(i=1,2,\cdots,N;j=1,2,\cdots,m)$。显然,当第 i 个个体网络在第 j 个样本上的实际输出正确时,$f_{ij}d_j=+1$,否则,$f_{ij}d_j=-1$,这样,第 i 个个体网络在这 m 个样本上的泛化误差为

$$E_j = \frac{1}{m}\sum_{j=1}^{m}\mathrm{Error}(f_{ij}d_j) \tag{11.26}$$

式中,函数 $\mathrm{Error}(x)$ 定义为

$$\mathrm{Error}(x)=\begin{cases} 1, & x=-1 \\ 0.5, & x=0 \\ 0, & x=1 \end{cases} \tag{11.27}$$

定义和向量 $\mathbf{Sum}=[\mathrm{Sum}_1,\mathrm{Sum}_2,\cdots,\mathrm{Sum}_m]^\mathrm{T}$,$\mathrm{Sum}_j$ 代表所有个体网络在第 j 个样本上的实际输出的和,即

$$\text{Sum}_j = \sum_{i=1}^{N} f_{ij} \tag{11.28}$$

则集成在第 j 个样本上的输出为

$$\hat{f}_j = \text{Sgn}(\text{Sum}_j) \tag{11.29}$$

式中,函数 $\text{Sgn}(x)$ 定义为

$$\text{Sgn}(x) = \begin{cases} 1, & x>0 \\ 0, & x=0 \\ -1, & x<0 \end{cases} \tag{11.30}$$

显然,$\hat{f}_j \in \{-1,0,+1\}(j=1,2,\cdots,m)$。

如果集成在第 j 个样本上的实际输出是正确的,则 $\hat{f}_j d_j = +1$;如果是错误的,则 $\hat{f}_j d_j = -1$;否则,$\hat{f}_j d_j = 0$。因此,集成的泛化误差为

$$\hat{E} = \frac{1}{m} \sum_{j=1}^{m} \text{Error}(\hat{f}_j d_j) \tag{11.31}$$

假设第 K 个个体网络被剔除出集成,则新集成在第 j 个样本上的输出为

$$\hat{f}_j' = \text{Sgn}(\text{Sum}_j - f_{kj}) \tag{11.32}$$

新集成的泛化误差为

$$\hat{E}' = \frac{1}{m} \sum_{j=1}^{m} \text{Error}(\hat{f}_j' d_j) \tag{11.33}$$

如果下式满足,则 $\hat{E}'$ 不小于 $\hat{E}$,这就意味着剔除掉第 K 个个体网络之后的集成比原来的集成性能更好:

$$\sum_{j=1}^{m} \{\text{Error}(\text{Sgn}(\text{Sum}_j)d_j) - \text{Error}(\text{Sgn}(\text{Sum}_j - f_{kj})d_j)\} \geqslant 0 \tag{11.34}$$

考虑到当 $|\text{Sum}_j| > 1$ 时,剔除掉第 k 个个体网络不会影响到集成模型在第 j 个样本上的输出,再考虑到函数 $\text{Error}(x)$ 和 $\text{Sgn}(x)$ 在 $x \in \{-1,0,+1\}$ 且 $y \in \{-1,+1\}$ 上的性质:

$$\text{Error}(\text{Sgn}(x)) - \text{Error}(\text{Sgn}(x-y)) = -\frac{1}{2}\text{Sgn}(x+y) \tag{11.35}$$

由上可得出应被剔除的个体网络 f_k 所需要满足的约束条件为

$$\sum_{j=1}^{m} \text{Sgn}((\text{Sum}_j + f_{kj})d_j) \leqslant 0 \tag{11.36}$$

式中,$j \in \{j | \text{Sum}_j \leqslant 1\}$,显然此要求是可满足的。举一个极端的例子,当所有构造集成模型的个体网络都相同时,可以大幅缩小集成的规模却不损失泛化能力。

由上述分析可以得出这样的结论:在执行分类任务时,当训练出多个神经网络之后,从中选择一部分个体网络构建集成模型,可望比使用所有个体网络构建

集成模型更好,这从理论上证明了选择性神经网络集成的可行性。

11.2.3.2 网络选择方法

在获得一批候选神经网络个体的基础上,选择性神经网络集成的目标是寻找候选神经网络集的一个最优子集,使得该最优子集参与构建的集成模型泛化误差最小。如何选择出这样的最优子集,很多研究者在这方面进行了研究[24~27],简单归纳总结如下:

(1) 穷举法。该方法的思路是:列举出候选个体网络所有可能的子集,再利用验证集评价每个子集构成的神经网络集成模型的性能,选择出使误差最小的子集来构造神经网络集成模型。显然,该方法能够得到最优子集,即子集在验证集上的预测效果达到最好。假设候选个体网络的个数是 N,则需要对所有可能的子集(其数量为 2^N-1)进行评估,所以,当候选个体网络 N 较小时,该方法是可行的,而且是最好的方法。然而,当 N 较大时(如 $N>30$),该方法是不现实的。

(2) 直接法。该方法有两种思路:一种是自底向上策略,即先从候选个体网络中选择出预测性能最好的个体网络参加集成,然后按照某个评价标准(如泛化误差)迭代地从剩下个体网络中选择最优的个体参加集成,一直到集成中的个体网络数目达到预设的个体网络数量阈值;另一种是自顶向下策略,先将所有的候选个体网络加入集成,然后再按照某个评价标准(如泛化误差)逐个剔除到性能差的个体网络,一直到集成中的个体网络数目达到预设的个体数量阈值。该方法的计算量要比穷举法小很多,且集成中的个体网络都是性能好的个体,然而由于没有考虑个体网络之间的差异度,所以,由这些个体构成的神经网络集成模型的性能不可靠。

(3) 启发式搜索选择法。为尽可能保证神经网络集成整体的性能,可以采用启发式搜索方法[24],即每一步搜索时都直接以集成性能最优为目标,如前向搜索、后向搜索和禁忌搜索等。以前向搜索为例,先随机选择一个个体网络加入集成,然后依次将每个剩余候选网络个体加入集成中并评估其在验证集上的性能,选择评估性能最优的候选个体加入集成,重复该选择过程直到性能不再提高为止。显然,启发式搜索是一种局部的搜索方法,没有回溯,往往陷入局部最优点,无法搜索到全局最优。

(4) 全局搜索选择法。从 N 个候选个体网络中选择若干个体网络参与集成,并使得集成的泛化性能最好的问题,实质上可以看成是一个在 N 维 0−1 空间的全局最优化的问题。因此,合适的全局优化算法将是解决这一问题的一个强有力的工具。Zhou 等[23]提出的 GASEN 算法就是利用遗传算法寻找最优组合的个体网络集成并取得了较好的效果;Optiz 和 Shavlik[25]使用遗传算法来动态选择集成的个体,他们对 4 个不同类型的问题做了实验并与 Boosting 和 Bagging 两种方法进行了比较,结论是在部分问题中用遗传算法选择参与集成个体网络能取得较优的效果。采用全局搜索算法选择个体网络构建集成模型可以采用较少个体而获得令人满意的预测结果,然而作为全局搜索算法,其工作量较大,特别是从很多实验结果可以看出这样一个趋势,在训练样本充足的情况,采用这种算法可以使集成性能大幅度提高,而在训练样本相对不足的情况下,采用这种算法而使集成性能提高的幅度相对较小;而训练样本的增大必然使得计算工作量的增大。换言之,基于全局搜索算法的选择性神经网络集成的优越性能相当程度上依赖于训练样本的充足及由此带来的增大计算量的代价。

(5) 基于聚类算法的选择法。选择性算法可以理解为去除候选个体网络中"类似"的冗余个体,因此应该可以设计一种寻找相似个体并去除冗余的算法以替代各类搜索算法,显然,聚类选择算法[26,27]可以基于这一思想。聚类选择算法的关键在于如何寻找神经网络个体之间的差异度及其个体之间"距离"的表达和聚类算法性能的好坏。尽管很多研究者对集成模型中神经网络个体之间的差异度进行研究,但目前为止,对差异度还没有一个确切的标准定义。有些研究者认为个体网络之间的差异意味着个体网络之间的预测错误不相关,也就是说,对相同或相似的输入数据集在个体网络上的输出越不同,则个体网络之间的差异性越大。所以,目前大部分研究者提出的基于聚类选择算法的思路是:根据在相同或相似的输入模式上产生的错误寻找一组个体网络的簇,然后从这些簇中去除冗余的个体网络。换句话说,即用输出之间的距离来度量个体网络之间的差异度,距离越大,说明个体网络之间的差异度越大,反之,则越小。该思路是通过个体网络在输入数据集上的输出来定义个体网络之间的不同。

11.2.4　存在的问题

目前,在神经网络集成的研究中仍然存在着很多有待解决的问题。在将来的研究中,以下几方面的问题可望成为该领域的主要研究内容[28]:

(1) 关于神经网络集成的研究,目前基本上是针对分类和回归估计这两种情况分别进行的,这就导致了多种理论分析及随之而来的多种不同解释的产生。如果能为神经网络集成建立一个统一的理论框架,不仅可以为集成技术的理论研究提供方便,还有利于促进其应用层面的发展。

(2) 关于 Boosting 为什么有效,虽然已有很多研究者进行了研究,但目前仍然没有一个可以被广泛接受的理论解释。如果能够成功地解释这种方法背后隐藏的东西,不仅会促进统计学习方法的发展,还会对整个机器学习技术的进步发挥积极作用。

(3) 现有研究成果表明,当神经网络集成中的个体网络差异较大时,集成的效果较好,但如何获得差异较大的个体网络及如何评价多个网络之间的差异度,目前仍没有较好的方法。如果能找到这样的方法,将极大地促进神经网络集成技术在应用领域的发展。

(4) 在使用神经网络集成,尤其是 Boosting 类方法时,训练样本的有限性是一个很大的问题,Bagging 等算法正是通过缓解该问题而获得了成功。如何尽可能地充分利用训练数据,也是一个很值得研究的重要课题。

(5) 神经网络的一大缺陷是其"黑箱性",即网络学到的知识难以被人理解,而神经网络集成则加深了这一缺陷。目前,从神经网络中抽取规则的研究已成为研究热点,如果能从神经网络集成中抽取规则,则可以在一定程度上缓解集成的不可理解性。

11.3 神经网络集成的应用

11.3.1 股票市场预测

股票市场预测是一个非线性函数值估计和外推问题[29]。应用传统的分析方法(如指数平滑方法、ARMA 模型、MTV 模型)可以预测一段时间内股指变化的大致走势,但传统方法需要事先知道各种参数,以及这些参数在什么情况下应做怎样的修正。相比之下,神经网络依据数据本身的内在联系建模,具有良好的自组织、自适应性,有很强的学习能力、抗干扰能力。它能自动从历史数据中提取有关经济活动的知识,可以克服传统定量预测方法的许多局限及面临的困难,同时,也能避免许多人为因素的影响,因而为股票市场的建模与预测提供了新的方法。在实际应用中,网络的泛化能力是最主要的,而网络的泛化能力往往又决定于问题本身的复杂度、网络结构和样本量大小。由于缺乏问题的先验知识,往往很难找到理想的网络结构,这就影响了网络泛化能力的提高,而神经网络集成方法不仅易于使用,还能够以很小的运算代价显著地提高网络的泛化能力。文献[26]建立了"基本数据模型"、"技术指标模型"和"宏观分析模型",构成股市预测神经网络集成系统,进一步提高股市预测模型的泛化能力,强化神经网络应用于股市预测的实效性。

11.3.1.1 基本数据模型

选取 2000 年 8 月 23 日至 2001 年 6 月 28 日的沪市上证综合指数为原始数据(时间序列),采用滑动窗技术,实现通过序列的前 3 个时刻的值预测后 1 个时刻的值。为了满足网络输入输出对数据的要求,在学习之前首先对数据按下式进行归一化处理:

$$x_i = \frac{x_i - \min(x)}{\max(x) - \min(x)}, \quad i = 1, 2, \cdots, m \tag{11.37}$$

取网络输入节点个数为 3,输出节点个数为 1,即用沪市上证综合指数的前天、昨天和今天的收盘价,预测明天的收盘价。建立三层带有附加动量项和自适应学习速率的 BP 神经网络,经过 10 次实验对比分析,设定隐层为 5 个节点。共 200 个数据,训练样本为 100 个,测试样本为 100 个,误差精度设为 0.01(误差平方和),初始学习速率为 0.01,最大迭代次数设为 5000。

结论:学习训练至 5000 次后的平均最小误差为 0.00210,预测误差为 0.00308,对上证指数的数据拟合效果较好。带有附加动量项和自适应学习速率的 BP 神经网络具有较快的运算速度和最佳的逼近性能,同时,可以克服陷入局部极小值。可见,人工神经网络在处理诸如股票数据这种非线性时间序列的预测方面具有很好的学习、映射和泛化能力和应用价值,模型的输出对于股市的短期趋势的研判具有参考价值。

11.3.1.2　技术指标模型

技术指标是按照事先定好的固定方法对证券市场的原始数据(开盘价、最高价、最低价、收盘价、成交量和成交金额,简称 4 价 2 量)进行处理,处理后的结果是某个具体的数字,即技术指标值。每一个技术指标都是从某个特定的方面对市场进行观察,通过一定的数学公式产生技术指标,这个指标反映了市场某一方面深层的内涵,这些内涵仅仅通过原始数据是很难看出来的。技术指标可以进行定量分析,使得具体操作的精度大大提高。文献[29]所建立的技术指标模型中,考虑到指标对股市预测的重要性和指标间的独立性及中国证券市场的广泛使用程度,分别引用移动平均线 MA(5)、随机指标 KDJ、相对强弱指标 RSI、乖离率 BIAS、人气指标 AR、能量潮 OBV、心理线 PSY 及前日收盘价、昨日收盘价和今日收盘价。仍然建立三层带有附加动量项和自适应学习速率的 BP 神经网络,输入节点为 10 个(分别是 MA(5)、随机指标 KDJ、相对强弱指标 RSI、乖离率 BIAS、人气指标 AR、能量潮 OBV、心理线 PSY 及前日收盘价、昨日收盘价和今日收盘价),输出为 1 个节点(明日收盘价)。经过实验比较,隐层取为 8 个节点是较为合适。样本区间同样为 2000 年 8 月 23 日至 2001 年 6 月 28 日的沪市上证综合指数,共 200 个数据,训练样本为 100 个,测试样本为 100 个。

结论:学习经过 5000 次迭代后的平均最小误差为 0.00214,预测误差为 0.00300。通过一些股市重要技术指标的引入,使得"技术指标模型"增加了反映市场各方面深层内涵的信息,这些内涵信息通过原始数据是很难反映出来的。因此可以说,"技术指标模型"有更多的"含金量",同时使股市神经网络模型更有说服力和应用价值。在与"基本数据模型"同样的实验条件下,模型的复杂度也并没有太多的增加,只是由于问题的限定增加了 7 个输入节点,隐层只增加了 3 个节点,由于原始数据量的增加,训练时间增加到 1686s。网络的泛化能力有所提高,预测误差由"基本数据模型"的 0.00315 下降到 0.00300。

11.3.1.3 宏观分析模型

众所周知,影响股市行情变化的主要因素有经济因素、政治因素、上市公司自身因素、行业因素、市场因素和投资者的心理因素。下面所建立的"宏观分析模型",在分析股市基本数据的同时,考虑到模型的完备性,从理论上应该引入影响股市行情变化的经济因素、政治因素、上市公司自身因素、行业因素、市场因素和投资者的心理因素。但这些因素中的很多指标无从获得,或者无法量化,故只引入汇率和香港恒生指数两项指标,借以分析国际金融环境对我国股市的影响;引入 GDP、通货膨胀率和利率,借以分析国家宏观经济景气对我国股市的影响,此三项数据均以每一个月(或每一季度)中每天相同的数值代替日值。同样建立三层带有附加动量项和自适应学习速率的 BP 神经网络,输入节点为 8 个,分别为今日收盘价、昨日收盘价、前日收盘价、汇率、香港恒生指数、GDP、通货膨胀率和利率,输出为 1 个节点,隐层为 6 个节点。样本区间同样为 2000 年 8 月 23 日至 2001 年 6 月 28 日的沪市上证综合指数,共 200 个数据,训练样本为 100 个,测试样本为 100 个。

结论:学习经过 5000 次迭代后的平均最小误差为 0.00220,预测误差为 0.00316。此模型对上证指数的数据拟合效果较好,汇率、香港恒生指数、GDP、通货膨胀率、利率 5 项指标的引入,使得"宏观分析模型"包含了宏观经济基本面的更多信息,强化了股市神经网络模型的应用价值。更值得一提的是,在此模型中,季度值指标、月值指标和日值指标同时使用,进一步突破了传统统计分析方法对指标时点的限定(经济指标往往有日值、月值、季度值和年值等,在使用传统统计分析方法建立经济模型时,这种指标间时点的差异,或者限制了指标被引入到经济模型中,或者很大程度上降低了所建立模型的精度),充分显示了人工神经网络模型对传统统计分析方法的可替代性和应用价值。

11.3.1.4 集成系统

将"基本数据模型"、"技术指标模型"和"宏观分析模型"构成股市预测神经网络集成系统,集成系统的输出采用简单平均法,如下式:

$$y = \sum_{i=1}^{3} \omega_i y_i, \quad i = 1, 2, 3 \tag{11.38}$$

式中,y 为集成系统的输出;y_i 为第 i 个模型的输出;ω_i 为第 i 个模型的加权值,这里取 $\omega_1 = \omega_2 = \omega_3 = \frac{1}{3}$。

　　结论:集成系统学习训练 5000 的平均最小误差为 0.00215,预测误差为
0.00308。集成系统的泛化能力高于单个独立的模型,这种模型间的融合使得股
市集成系统包含更广泛的输入信息,既有基本数据信息、技术指标信息,又包含较
多的宏观经济信息,这必然使模型具有更好的稳健性和更好的应用价值。同时,
人工神经网络模型突破指标时点的限制,更为实际经济建模另辟蹊径。

11.3.2　肺癌诊断

　　文献[30]、[31]将病理性诊断与计算机技术相结合,首先利用数字图像技术
对肺癌穿刺样本进行处理,报取出形态和色度特征,然后通过一种独特的二级集
成结构和一种特殊的投票方式,用神经网络集成对细胞图像进行分析,从而实现
肺癌的早期诊断。实验和原型系统试用表明,该方法的总误识率和肺癌细胞漏诊
率均大大低于单一神经网络方法和简单投票神经网络集成方法。

11.3.2.1　计算机辅助肺癌诊断

　　肺癌是世界上患者最多的致命性疾病,特别是在我国,肺癌发病率和死亡率
逐年上升,严重地危害了人民的生命健康。日期诊断、早期治疗是提高肺癌患者
生存率、降低死亡率的关键。目前,我国基层医院的临床门诊中肺癌误诊、漏诊率
高达 52.9%,40 岁以下年轻患者的误诊率高达 63.3%[32]。因此,利用先进的科
学技术进行肺癌早期诊断,已是当前急需解决的课题。

　　目前,肺癌早期诊断的主要手段有 X 射线胸片、CT、核磁共振图像技术、同位
素、纤维支气管镜、经皮穿刺活检、病理性诊断等。临床最可靠的是病理性诊断,
即直接对来自患者的细胞病理切片进行分析。但在现阶段,由于缺乏先进的分析
手段,往往只能依靠病理专家通过肉眼对细胞病理切片的图像进行观察和估计。
一方面,经验丰富的病理专家人数非常少,另一方面,由于疲劳等原因,病理专家
的诊断会受一些主观因素的干扰,这将对诊断的效果产生不利影响。

　　20 世纪 90 年代以来,随着数字图像处理、模式识别、人工智能技术的发展,计
算机辅助肺癌诊断已受到了越来越多的关注,并已取得了不少成果。但是,到目
前为止,绝大多数计算机辅助肺癌诊断方面的工作都是对 X 射线胸片图像、CT 图
像进行处理,对临床最可靠的病理性诊断还涉及较少。文献[30]通过获国家发明
奖和日内瓦国际博览会金奖的"肺癌早期诊断双向立体定位仪"直接从患者身上
获取肺癌穿刺样本,利用数字图像处理、神经计算技术对样本中的细胞图像进行
分析,有效地将病理性诊断与计算机技术进行了结合,研制出的肺癌早期诊断系
统(lung cancer diagnosis system,LCDS)在使用中取得了较好的效果。

13.3.2.2 前端处理

LCDS 的主要硬件配置包括电子显微镜、彩色摄像头、图像采集卡等,如图 11.3 所示。彩色摄像头与电子显微镜相连,它实时地获取经 HE(苏木素-伊红)染色法进行染色处理的肺癌穿刺标本切片的视频信号,该信号经图像采集卡处理后转化为 RGB 真彩图像,供诊断系统进行处理。

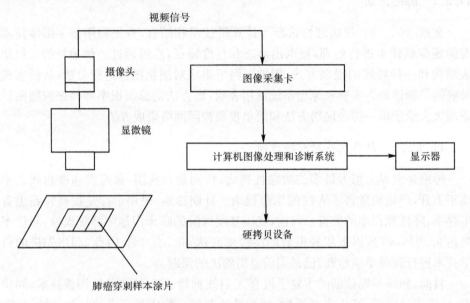

图 11.3　LCDS 硬件配置

LCDS 首先对原始图像进行去噪、平滑、锐化、分割和形态滤波等一系列处理,再运用形态学和色度学对细胞图像进行形态特征和色度特征的提取。在此基础上,利用神经网络集成分析提取出的特征,以判断是否存在癌细胞,并且辨别出癌细胞的种类,其处理流程如图 11.4 所示。

对采集到的原始 RGB 彩色图像,首先将其从三维色彩空间投影到一维线性灰度空间,然后再对灰度图像进行分割。由于纤维细胞图像目标比例小,背景较复杂,存在部分干扰和噪声,可采用基于图像灰度梯度的直方图和双阈值快速分割方法。该方法根据显微细胞图像的特点,给出约束,抑制噪声并减弱杂散物的影响,改善灰度直方图的谷点和峰值,在类内离散距离最小的意义下,通过迭代自动选取阈值,并对灰度作阈值分割,从而得到效果较好的二值图像。在此基础上,对二值化图像进行形态滤波以改善图像内目标的几何形状。由于形态滤波可以在一定程度上消除图像采集及转换过程中可能产生的毛刺及小孔状噪声,因此,分割细胞区域的准确性得到了提高。

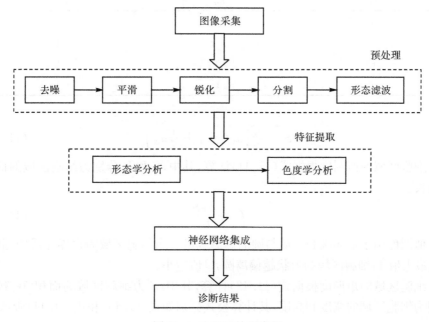

图 11.4　LCDS 处理流程

在图像预处理完成之后,系统开始提取目标区域的形态特征。为了提高处理速度,采用了基于区域边界的八链码表示法,用八链码对二值图像进行了边缘跟踪可以得到一系列细胞区域的几何形状特征。LCDS 使用了 4 种特征作为神经网络集成的输入,包括细胞区域的周长、面积、似圆度和矩形度。细胞区域的周长即链的长度根据式(11.39)计算,其中,n_e 表示链码中偶数码的数目,n_o 表示链码中奇数码的数目。

$$L = n_e + n_o \sqrt{2} \tag{11.39}$$

细胞区域的面积根据式(11.40)计算,其中,$y_i = y_{i-1} + a_{iy}$,(x_0, y_0) 为起始点坐标,a_{ix}、a_{iy} 分别为方向码 a_i 在 x、y 轴上的分量,其取值如表 11.1 所示。

表 11.1　a_{ix} 和 a_{iy} 的取值

a_i	a_{ix}	a_{iy}
0	1	0
1	1	1
2	0	1
3	-1	1

a_i	a_{ix}	a_{iy}
4	-1	0
5	-1	-1
6	0	-1
7	1	-1

$$S = \sum_{i=1}^{n} a_{ix}\left(y_{i-1} + \frac{1}{2}a_{iy}\right) \tag{11.40}$$

细胞区域的似圆度根据式(11.41)计算,其中,S 和 L 分别为细胞区域的面积和周长。

$$C = \frac{4\pi S}{L^2} \tag{11.41}$$

似圆度用于描述细胞区域与圆的偏离程度。当细胞区域为边界光滑的圆时,C 取最大值 1;细胞区域的形状越偏离圆,C 值越小。

细胞区域的矩形度根据式(11.42)计算,其中,S 为细胞区域的面积,W 和 H 分别为细胞区域的宽度和高度,其计算公式分别如式(11.43)和式(11.44)所示。

$$R = \frac{S}{W \times H} \tag{11.42}$$

$$W = \max_i\left(\sum_{k=1}^{i} a_{kx} + x_0\right) - \min_i\left(\sum_{k=1}^{i} a_{kx} + x_0\right) \tag{11.43}$$

$$H = \max_i\left(\sum_{k=1}^{i} a_{ky} + y_0\right) - \min_i\left(\sum_{k=1}^{i} a_{ky} + y_0\right) \tag{11.44}$$

式(11.43)和式(11.44)中,x_0、y_0、a_{ix}、a_{iy} 的含义与式(11.40)相同。矩形度用于描述细胞区域与矩形的偏离程度。当细胞区域为矩形时,R 取最大值 1;细胞区域的形状越偏离矩形,R 值越小。

从病理专家的经验知识来看,染色细胞的颜色特征在辨别癌细胞时起着非常重要的作用。因此,利用二值图像处理的结果,结合原始彩色图像,获得了较多的色度特征作为神经网集成的输入,包括细胞区域的红色分量值、绿色分量值、蓝色分量值、照明度、饱和度、蓝色分量与红色分量差值、蓝色分量比例、整幅图像的红色分量值、绿色分量值、蓝色分量值。考虑多个可能的颜色空间,其原因是不同颜色空间中的颜色分量所描述的色度特性与病理专家辨别癌细胞的经验知识吻合程度不同,希望利用最有效的颜色特征。经过反复的实验和分析发现,尽管 $\{R, G, B\}$ 空间存在着各分量之间相关性强的缺点,但由于它是直接根据摄像镜头成像的特点定义的,因此很适合作为色度识别的依据,在文献[30]中选用的 10 个色度特征中,前 3 个特征对应于细胞区域在 $\{R, G, B\}$ 空间中的 R、G、B 分量值。$\{H, I,$

S}空间可以较好地反映出肺癌细胞核比正常细胞核颜色更暗、更深的特性,在所选用的特征中,照明度和饱和度就分别对应于细胞区域在{H,I,S}空间中的 I、S 分量值。没有直接选用 H 分量的原因是由于其值是非连续的,考虑到偏蓝紫色是肺癌细胞核的一般特性,利用 R、G、B 分量定义了一个新的彩色分量 C′,即蓝色分量比例,其计算公式为

$$C' = \frac{B}{R+G+B} \tag{11.45}$$

{I,I′,I″}空间中 I′和 I″分量相关性太强,且有可能出现负值,但 I′分量有助于突出肺癌细胞核偏蓝紫色的特性,选用的蓝色分量与红色分量差值这一特征就对应了该分量值。{G/R,G/B,R/B}空间中三分量均为比值,由于这种两两比较的值不能很好地描述癌细胞核的特征,且其取值范围太分散,因此,没有选用该空间中的特征。此外,考虑到整幅图像的色度信息对识别有一定影响,将整幅图像 R、G、B 分量值作为对经网络集成的输入特征,这些特征与细胞区域面积等形态特征结合起来可以表达丰富的信息。这里选用的形态和色度特征在用于对经网络集成处理之前都进行了适当的规范化处理,使其值范围大致相当,以便于神经网络的处理。

11.3.2.3 集成方法

在医疗诊断,尤其是对肺癌这种致命疾病的诊断中,如果诊断系统将患者误诊为健康人,其后果将极为严重。因为这会耽误患者获得及时救治的机会,对患者的生命产生极大的危害。而如果将健康人误均为患者,虽然会给医护人员和被诊对象及其亲属带来不必要的麻烦,但随着进一步诊治的进行,误诊将会得到纠正,其代价远远小于将患者误诊为健康人的情况。因此,对肺癌细胞识别处理来说,将癌细胞识别为非癌细胞的误识率是一个非常关键的因素,其重要性远远超过总误识率。遗憾的是,现有的各种对经网络集成方法,乃至很多模式识别技术,都主要考虑了总误识率,很少对误识率进行区分。LCDS 采用了一种特殊的二级神经网络集成结构,较好地解决了该问题。

在 LCDS 系统中,神经网络集成的输入是通过特征提取模块获得的 14 个特征,即 14 维输入向量。输出是肺癌穿刺样本中的细胞类型,包括非癌细胞、腺癌细胞、鳞癌细胞、小细胞癌细胞、核异型细胞。神经网络集成的识别处理流程如图 11.5 所示。集成中的个体网络采用文献[30]中提出的快速神经分类器(fast adaptive neural network classifier, FANNC)实现。由于肺癌穿刺样本直接来自于被诊对象,其数量比较有限,因此,LCDS 使用了对训练样本利用得比较充分的 Bagging 技术来产生个体神经网络,即通过 Bagging 从初始训练集中派生出多个规模相同的训练集,然后为每一个训练集训练出一个 FANNC 网络。

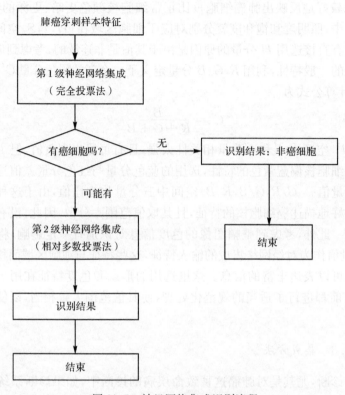

图 11.5 神经网络集成识别流程

在两级神经网络集成中,所有个体神经网络的输入向量均为 14 维,但输出向量维数不同。第 1 级集成中,个体网络的输出为 2,即非癌细胞和可能的癌细胞,结论合成方法采用"完全投票法",即仅当所有个体网络的判别结果都为非癌细胞时,集成才认为是非癌细胞,否则,就认为是可能的癌细胞。第 2 级集成中,个体网络的输出为 5 类,即非癌细胞、腺癌细胞、鳞癌细胞、小细胞癌细胞、核异型细胞,其结论合成方法采用相对多数投票法。在按图 12.3 的流程用神经网络集成进行识别时,第 1 级集成将以很高的可靠性"筛"掉一部分非癌细胞,它们将不需要第 2 级集成进行处理。第 2 级集成仅对被第 1 级集成判别为可能的癌细胞进行处理。值得注意的是,即使被第 2 级集成诊断为"非癌细胞",医生也需要加以注意,因为该"非癌细胞"的可靠性低于第 1 级集成诊断出的"非癌细胞"。实验表明,通过采用上述二级集成结构,LCDS 中神经网络集成将癌细胞识别为非癌细胞的误识率非常低。

11.3.2.4 实验测试

采用以实际肺癌穿刺样本获得的 552 个细胞图像对上述方法进行实验测试。

实验中事先预留 100 个样本作为测试集,用于对训练好的系统进行测试,只使用剩余的 452 个样本进行训练,测试集中共有 75 个样本为癌细胞。定义误识率 Err_{sum} 代表总误识率,即被系统误识的样本数在测试集样本总数中所占的比例;误识率 Err_c 代表将癌细胞识别为非癌细胞的误识率,即被系统误识为非癌细胞的癌细胞样本数占测试集中癌细胞样本总数的比例。

首先对单一神经网络进行实验。用 Bagging 技术由初始训练集产生 5 个不同的训练集,每个训练集中都包含 452 个样本。用这些训练集训练出 5 个 FANNC 网络,每个网络都有 5 个输出神经元,分别表示非癌细胞、腺癌细胞、鳞癌细胞、小细胞癌细胞和核异型细胞等 5 个输出分类,这些网络的测试集误识率如表 11.2 所示。

表 11.2　单一神经网络测试结果　　　　　　　　　（单位:%）

误识率	网络 1	网络 2	网络 3	网络 4	网络 5	平均值
Err_{sum}	40	44	49	42	49	44.8
Err_c	13.3	18.7	20	12	18.7	16.5

从表 11.2 可以看出,单一神经网络对肺癌细胞的识别效果并不好,平均总误识率高达 44.8%,而将癌细胞判别为非癌细胞的平均误识率也达到 16.5%,基本上不具有应用价值。尤其值得注意的是,Err_{sum} 最低的网络(网络 1)与 Err_c 最低的网络(网络 4)并不相同,这说明降低总误识率未必能降低将癌细胞判别为非癌细胞的误识率,由于大多数模式识别技术主要考虑总误识率,因此,它们在这一领域中很难有成功的表现。

然后对常用的简单投票神经网络集成方法进行实验。以表 11.2 中的 5 个 FANNC 网络为个体网络,采用相对多数投票法合成集成结论,测试集误识率如表 11.3 中左边一栏所示。显然,与单一神经网络相比,简单投票集成方法在 Err_{sum} 上有较大的改善,但在 Err_c 上改善很有限。

表 11.3　神经网络集成测试结果　　　　　　　　　（单位:%）

误识率	简单投票	文献[30]方法
Err_{sum}	22	20
Err_c	10.7	5.3

值得注意的是,在用相对多数投票法进行结论合成时,由于个体网络不是用于解决二类划分问题,票数最高的分类可能有多个(例如,腺癌细胞和鳞癌细胞这两个类各得 2 票)。测试时,将这种情况作为错误识别处理。如果在系统使用时出现这种情况,则表明该病例相当复杂,本着对病人负责的出发点,诊断系统不提供意见,医生需要自行诊断。

最后对文献[30]提出的方法进行实验。以表 11.2 中的 5 个 FANNC 网络作为第 2 级神经网络集成的个体网络,采用相对多数投票法合成结论。另外,使用 Bagging 技术训练出 5 个 FANNC 网络作为第 1 级神经网络集成的个体网络,采用完全投票法合成结论。第 1 级集成中的网络仅有 2 个输出神经元,分别表示非癌细胞和可能的癌细胞,后者为腺癌细胞、鳞癌细胞、小细胞癌细胞、核异型细胞的并集。这些网络的测试集误识率如表 11.4 所示。

表 11.4　第 1 级神经网络集成中个体网络测试结果　　　　　　(单位:%)

误识率	网络 1	网络 2	网络 3	网络 4	网络 5	平均值
Err_{sum}	26	24	22.7	29.3	22.7	24.9
Err_c	24	21	22	28	20	23

文献[30]所给出的方法的测试集误识率如表 11.3 右栏所示。显然,其 Err_{sum} 和 Err_c 这两个指标都远优于表 11.2 中任何一个单一神经网络,也优于表 11.3 左栏的简单投票集成方法。尤其值得注意的是,该方法的 Err_c 比简单投票集成方法低一半以上。另外,第 1 级神经网络集成在实验中所判定的非癌细胞无一错误。由于系统要求医生对第 2 级集成判定的非癌细胞加以注意,使肺癌患者漏诊的概率极小。

11.3.3　谐振频率计算

上面已经提到,关于神经网络集成构成方法的研究,目前主要集中在两个方面:一是如何生成(选定)集成误差中的个体网络,二是个体网络的输出如何合成为网络集成的输出。以回归问题为例,一些加权平均方法求取组合权值时存在矩阵求逆,容易受个体网络之间的"多维共线性"及数据中噪声的影响,会降低神经网络集成的泛化能力[33,34]。为解决"多维共线性"问题,可以采用避免矩阵求逆、限制组合权值的方法[33]、选择性集成方法[22]及提取主成分[33]等方法。为减小噪声的影响,可以采用限制组合权值的方法及调整优化组合权值所用的目标函数[35]等方法。

下面讨论基于十进制粒子群优化(decimal particle swarm optimization, DePSO)算法和二进制粒子群优化(binary particle swarm optimization, BiPSO)算法的选择性神经网络集成方法,通过粒子群优化算法合理选择组成神经网络集成的各个神经网络,使个体间保持较大的差异度,减小"多维共线性"和样本噪声的影响。为有效保证粒子群优化算法的粒子多样性,在迭代过程中加入混沌变异策略。基于混沌粒子群优化算法的神经网络集成对第 7 章的微带天线谐振频率建模问题进行处理,这里主要考虑矩形微带天线谐振频率进行建模,得到的结果优于该问题已有文献的结果[36]。

11.3.3.1　基于粒子群优化算法的神经网络集成方法

关于粒子群优化算法的相关知识,在本书第 6 章已经作过介绍,这里略去,但为了讨论方便,将粒子更新自己的速度和位置的公式重写如下:

$$v_{i,d}^{k+1} = \omega \cdot v_{i,d}^k + c_1 \mathrm{rand}(\ )(\mathrm{pbest}_{i,d}^k - x_{i,d}^k) + c_2 \cdot \mathrm{rand}(\ )(\mathrm{gbest}_d^k - x_{i,d}^k)$$

$$\tag{11.46}$$

$$x_{i,d}^{k+1} = x_{i,d}^k + v_{i,d}^{k+1} \tag{11.47}$$

式中,ω 为惯性权重;c_1 和 c_2 被称为学习因子;rand( )为介于(0, 1)的随机数,这几个参数决定了粒子群优化的开发能力和探测能力;$v_{i,d}^k$ 和 $x_{i,d}^k$ 分别为粒子 i 在第 k 次迭代中第 d 维的速度和位置,两者均被限制在一定的范围内;$\mathrm{pbest}_{i,d}^k$ 为粒子 i 在第 d 维的个体极值的位置;gbest_d^k 为群体在第 d 维的全局极值的位置。

假定已经分别训练出 n 个神经网络 $f_1, f_2, \cdots, f_n$,利用这 n 个神经网络组成的集成对 $f: \mathbf{R}^m \to \mathbf{R}^n$ 进行近似。为讨论简单起见,这里假设各个网络均只有一个输出变量,即所需近似的函数为 $f: \mathbf{R}^m \to \mathbf{R}$,但本书的结论可以很容易推广到多个输出分量的情况。这种集成的过程可采用上述粒子群优化算法实现。令粒子群优化算法中的每一个粒子代表 $\{f_1, f_2, \cdots, f_n\}$ 的一种集成,且粒子长度(粒子空间的维数)等于神经网络的数量 n。可以分别采用 DePSO 算法和 BiPSO 算法来实现上述选择。

在采用 DePSO 算法实现选择性神经网络集成过程中,神经网络集成对输入 $\boldsymbol{x}$ 的实际输出为

$$\overline{f}(\boldsymbol{x}) = \sum_{i=1}^n \overline{\omega}_i f_i(\boldsymbol{x}), \quad \overline{\omega}_i = \frac{\omega_i}{\sum_{i=1}^n \omega_i}, \quad 0 < \omega_i < 1 \tag{11.48}$$

式(11.48)中的 $\overline{\omega}$ 反映了每个网络在集成中的重要性,对应于粒子群优化算法中式(11.47)的位置矢量,采用上面介绍的 DePSO 进行进化。

在采用 BiPSO 算法实现选择性神经网络集成过程中,每个粒子在每一维的取值为离散的 0 或 1,若在某一维取值为 1,表示对应的网络个体参与集成;若为 0,则不参与,由此选择网络个体构建神经网络集成的问题可以转化为在 n 维 0-1 空间选择最优粒子的粒子群优化问题。上节介绍的粒子群优化算法只能用于连续空间,为解决离散空间的优化问题,Kennedy 和 Eberhart[37] 提出了离散二进制粒子群优化算法。离散粒子群优化算法中,粒子的位置每一维只有 0 或 1 两种状态,速度更新的方法可以与连续粒子群优化算法相同,位置的更新则取决于由粒子速度决定的状态转移概率,速度大于一定的数值,粒子取 1 的可能性越大,反之越小,迭代算法如下式所示:

$$x_{i,d}^{k+1} = \begin{cases} 1, & \rho_{i,d}^{k+1} \leqslant \text{sig}(v_{i,d}^{k+1}) \\ 0, & \rho_{i,d}^{k+1} > \text{sig}(v_{i,d}^{k+1}) \end{cases} \tag{11.49}$$

式中，$\rho_{i,d}^{k+1} \in [0,1]$为一随机数，sig（·）为 Sigmoid 函数，是速度转换函数。采用 BiPSO 算法实现选择性神经网络集成时，神经网络集成对输入 $\boldsymbol{x}$ 的实际输出为

$$\overline{f}(\boldsymbol{x}) = \frac{\sum\limits_{i=1}^{n} \omega_i f_i(\boldsymbol{x})}{\text{Number}} \tag{11.50}$$

同样，式(11.50)中的 $\boldsymbol{\omega}$ 即对应于式(11.49)中的位置矢量，Number 为 $\boldsymbol{\omega}$ 中取值为 1 的个数。

为保证粒子在进化后期的多样性，对速度矢量采用混沌原理进行变异。混沌是现代科学的重要概念，是非线性科学的一个非常重要的内容。它虽看似混沌，却有着精致的内在结构，对初始条件依赖敏感，具有随机性、遍历性、规律性等特点。相对于一般的随机搜索方法，混沌搜索在小空间具有较强的局部搜索能力，细致搜索的有效性较好。本书取一个典型的混沌系统——Logistic 映射作为混沌信号发生器，迭代公式重写如下：

$$c^{k+1} = \mu c^k (1 - c^k) \tag{11.51}$$

式中，μ 为控制参量，当 $\mu = 4, 0 \leqslant c^0 \leqslant 1$ 时，Logistic 完全处于混沌状态。混沌信号产生后利用载波的方式将混沌引入到优化变量使其呈现混沌状态，同时把混沌运动的遍历范围放大到优化变量的取值范围，然后直接利用混沌变量搜索。混沌信号产生后，式(11.49)中的 $v_{i,d}^{k+1}$ 按照下式变异：

$$v_{i,d}^{k+1} = v_{i,d}^{k+1} + 2\alpha c^{k+1} - \alpha \tag{11.52}$$

式中，参数 α 控制混沌变异的幅度。

11.3.3.2　数值试验

实验数据选用两个具有代表性的、被广泛研究的回归分析型问题 Friedman ♯ 1 函数和 Friedman ♯ 3 函数[22,33,34]，函数表达式如表 11.5 所示，基于该函数方程产生 2200 个数据，其中，200 个用作训练数据，其余 2000 个用作测试数据。本节比较了 7 种神经网络集成方法：简单平均方法（BEM）[33]、广义集成方法（GEM）[33,34]、线性回归（LR）方法[33,34]、主成分回归方法 PCR[33]、基于遗传算法的选择性集成方法（GASEN）[22]及基于混沌 DePSO 算法和基于混沌 BiPSO 算法。采用 Matlab 中的神经网络工具箱，用基于 SCG 的变梯度 BP 算法训练 20 个网络，通过混沌理论随机产生初始权值，确保形成具有一定差异性的个体网络，然后根据训练集上的均方误差来优化输出组合权值。考察神经网络集成性能时，用集成输出与不带误差项的真值比较。在训练集上的均方误差用 MSE$_{\text{train}}$ 表示，测试集上的均方误差 MSE$_{\text{test}}$ 表示，它反映了集成的泛化能力。表 11.6 给出已有的计

算结果,表 11.7 给出本节基于混沌 DePSO 算法和基于混沌 BiPSO 算法的实验结果,其中,粒子群优化的粒子个数为 30,学习因了按照文献[38]选取,即 $c_1=2.8$,$c_2=1.3$,惯性权重 ω 按照从 1 线性变化到 $0.4^{[39]}$,每次进化 1000 代。为消除随机性造成的影响,对每种集成方法分别进行 20 次重复试验。表 11.7 括号中的数据代表基于 BiPSO 算法时参与集成的神经网络的个数,表 11.8 给出基于 BiPSO 算法时在 20 次重复计算中参与集成的神经网络个数的统计。

表 11.5　试验用数据集

数据集	函数表达式	变量范围
Friedman #1	$y=10\sin(\pi x_1 x_2)+20(x_3-0.5)^2$ $+10x_4+5x_5+\varepsilon$	$x_i\in U[0,1],\varepsilon:N(0,1)$
Friedman #3	$y=\arctan\left(\dfrac{x_2 x_3-\dfrac{1}{x_2 x_4}}{x_1}\right)+\varepsilon$	$x_1\in U[0,100],x_2\in U[40\pi,560\pi]$ $x_3\in U[0,1],x_4\in U[0,11]$ $\varepsilon:N(0,0.01)$

表 11.6　已有集成方法的试验结果

集成方法	Friedman #1		Friedman #3 $(\times 10^{-2})$	
	MSE_{train}	MSE_{test}	MSE_{train}	MSE_{test}
BEM	0.207	0.341	0.258	0.820
GEM	0.270	0.467	0.368	1.624
LR	0.270	0.469	0.370	1.638
PCR	0.184	0.280	0.288	0.960
GASEN	0.183	0.281	0.252	0.806

表 11.7　本书所用集成方法的试验结果

函数 Friedman #1						
集成方法	$MSE_{train}(\times 10^{-2})$			$MSE_{test}(\times 10^{-2})$		
	最好值	最差值	平均值	最好值	最差值	平均值
BiPSO	0.5195(9)	1.1867(7)	0.7699	1.1189(8)	4.6976(13)	2.1402
DePSO	0.5516	1.0008	0.7334	1.3102	4.1716	2.3651

函数 Friedman #3						
集成方法	$MSE_{train}(\times 10^{-2})$			$MSE_{test}(\times 10^{-2})$		
	最好值	最差值	平均值	最好值	最差值	平均值
BiPSO	0.0815(11)	0.9503(7)	0.2584	0.1889(11)	1.3688(10)	0.8287
DePSO	0.0884	0.9799	0.2617	0.1895	1.5768	0.8346

表 11.8　BiPSO 集成方法参与集成的神经网络个数统计(共 20 次计算)

测试函数　　　集成个数	Friedman ♯1							Friedman ♯3						
参与集成网络数	5	7	8	9	10	11	13	5	6	7	8	9	10	11	12
出现次数统计	1	1	6	5	4	2	1	1	2	2	3	4	4	3	1

　　由实验结果可知:①对于 Friedman ♯ 1 和 Friedman ♯ 3 函数,同时存在"多维共线性"和噪声问题。GEM 和 LR 方法对权值限制低,又存在矩阵求逆,对噪声比较敏感,它们所建立集成的性能明显劣于其他方法;BEM 对权值限制较高,对噪声不敏感;PCR 通过提取主成分能消除一定的噪声;GASEN 的输出采用简单平均,也能抑制噪声;BiPSO 算法和 DePSO 算法对权值的限制较高,抑制噪声的效果较好。因为这 5 种方法都限制权值,故它们建立的神经网络集成性能较好。②BiPSO 算法和 DePSO 算法受"多维共线性"和噪声的影响最小,所建立集成的性能明显优于 GEM 和 LR 方法,也优于 PCR 方法;与 GASEN 及 BEM 方法相比,对于 Friedman ♯ 1 函数 BiPSO 算法和 DePSO 算法明显好于 GASEN 和 BEM 方法,对于 Friedman ♯ 3 函数 BiPSO 算法和 DePSO 算法同 GASEN 和 BEM 方法所得结果基本相当。如果考虑增大粒子群优化算法的迭代次数,有望取得更好的计算结果。另外,在相同迭代次数的情况下,粒子群优化算法由于其简洁性,计算时间会比 GASEN 的计算时间短。③从表 11.7 可以看出,基于 BiPSO 算法的计算结果要稍好于基于 DePSO 算法得到的结果。④从表 11.8 可以看出,对于 BiPSO 算法参与集成的神经网络的个数一般为 8~11 左右。

11.3.3.3　基于 BiPSO 算法的选择性神经网络集成用于矩形微带天线谐振频率建模

　　应用上面设计的基于 BiPSO 算法的选择性神经网络集成对第 7 章讨论过的矩形微带天线的谐振频率进行建模,关于输入矢量、输出矢量、训练样本、测试样本等的确定同第 7 章。考虑到随机性造成的影响,所编制的程序共执行 20 次,所得的结果为这 20 次的平均值。表 11.9 中第 3 列给出文献[36]得到的结果,第 4~7 列给出 Guney 等[40]提出的神经网络模型及 Sagiroglu 和 Kalinli[41]提出的神经网络模型得到的结果,其中的 f_{EDBD}、f_{DBD}、f_{BP} 和 f_{PTS} 分别代表使用 EDBD(extended delta-bar-delta)、DBD(delta-bar-delta)和 BP(back propagation)算法以及 PTS(parallel tabu search)算法的神经网络模型得到的频率。同时,表 11.9 也列出了每种方法理论值与实验值之间的绝对误差的总和。从表 11.9 可以看出,基于混沌 BiPSO 算法的选择性神经网络集成的计算结果比上述文献得到的结果更接近于实测数据,说明文献[36]建立的模型的性能优于文献[40]和文献[41]建立的模型。

表 11.9　矩形微带天线 TM$_{10}$ 模式下的谐振频率

No	测得 f_{ME}	$f_{BiPSO-NNE}$	f_{EDBD}[40]	f_{DBD}[40]	f_{BP}[40]	f_{PTS}[41]
1	7740	7764	7935.5	7890.1	7858.6	7847.4
2*	8450	8169	8328.2	8226.0	8233.1	8148.6
3	3970	3980	4046.4	4023.0	4075.4	3971.5
4	7730	7698	7590.1	7567.3	7616.8	7881.6
5	4600	4601	4604.8	4573.9	4592.4	4603.4
6	5060	5036	4934.2	4914.0	4930.3	4969.4
7*	4805	4796	4699.2	4684.8	4703.3	4879.0
8	6560	6559	6528.6	6502.8	6516.5	6635.8
9	5600	5605	5503.2	5473.3	5449.0	5516.3
10*	6200	6196	6176.6	6142.6	6147.2	6205.7
11	7050	7064	7099.6	7064.3	7132.9	7113.8
12	5800	5803	5805.6	5768.8	5765.7	5794.3
13	5270	5279	5287.7	5260.3	5254.0	5313.0
14	7990	7983	7975.5	7881.8	8002.2	7776.6
15	6570	6577	6674.8	6632.8	6682.7	6481.9
16*	5100	5182	5311.8	5293.2	5291.4	5191.4
17	8000	7948	7911.1	7841.6	7942.5	7893.0
18	7134	7176	7183.2	7162.1	7215.9	7267.0
19	6070	6092	6173.0	6155.1	6170.2	6030.4
20*	5820	5853	5931.0	5918.0	5924.5	5780.3
21	6380	6425	6424.0	6417.5	6430.7	6500.0
22	5990	5925	5866.1	5873.9	5870.5	6004.0
23	4660	4641	4699.0	4728.0	4718.9	4562.8
24	4600	4603	4459.1	4517.1	4519.2	4591.2
25*	3580	3614	3659.8	3655.7	3644.6	3685.2
26	3980	3977	3952.9	3982.6	3975.9	3948.5
27	3900	3912	3905.4	3930.0	3922.2	3891.4
28	3980	3986	3938.4	3970.7	3965.3	3969.4
29	3900	3895	3825.5	3851.1	3845.9	3893.0
30	3470	3472	3481.4	3466.2	3458.4	3456.9
31*	3200	3196	3230.3	3184.7	3178.0	3167.0
32	2980	2982	3036.1	2965.6	2961.2	3035.5
33	3150	3149	3191.2	3140.4	3134.0	3135.3
误差和		863	2392	2427	2372	2239

* 为测试数据集。表格中频率的单位为 MHz。

参 考 文 献

[1] Hornik K M, Stinchcombe M, White H. Multilayer feedforward networks are universal approxinators. Theory Probability Application, 1989, 2(2): 359-366.

[2] Judd J S. Learning in network is hard. Proc. the 1st IEEE International Conference on Neural Networks, San Diego, CA, 1987, 2(5): 685-692.

[3] Baum E B, Haussler D. What size net gives valid generalization?. Neural Computation, 1989, 1(1): 151-160.

[4] Hansen L K, Salamon P. Neural network ensembles. IEEE Transactions on Pattern Analysis and Machine Intelligence, 1990, 12(10): 993-1001.

[5] Sollich P, Krogh A. Learning with ensemble: How over-fitting can be useful. Cambridge, MA: MIT Press, 1996: 190-196.

[6] Schapire R E. The Strength of weak learnability. Machine Learning, 1990, 5(2): 197-227.

[7] Breiman L. Bagging predictors. Machine Learning, 1996, 24(2): 123-140.

[8] Freund Y. Boosting a weak algorithm by majority. Information and Computation, 1995, 121(2): 256-285.

[9] Freund Y, Schapire R E. A decision-theoretic generalization of on-line learning and an application to boosting. Journal of Computer and System Sciences, 1997, 55(1): 119-139.

[10] Schapire R E, Freund Y, Bartlett Y, et al. Boosting the margin: a new explanation for the effectiveness of voting methods. The Annals of Statistics, 1998, 26(5): 1651-1686.

[11] 丁玲. 神经网络集成及其 P2P 流量识别的应用研究[硕士学位论文]. 重庆: 重庆大学, 2011.

[12] Breiman L. Bias, variance, and arcing classifiers. Technical Report, Department of Statistics, University of California at Berkeley, 1996.

[13] Wolpert D H, Macready W G. An efficient method to estimate bagging's generalization error. Machine Learning, 1999, 35: 41-55.

[14] 刘何秀. 神经网络集成算法的研究[硕士学位论文]. 青岛: 中国海洋大学, 2009.

[15] Yao X, Liu Y. Making use of population information in evolutionary artificial neural networks. IEEE Transactions on Systems, Man and Cybernetics – Part B: Cybernetics, 1998, 28(3): 417-425.

[16] Hampshire J, Waibel A. A novel objective function for improved phoneme recognition using time-delay neural networks. IEEE Transactions on Neural Networks, 1990, 1(2): 216-228.

[17] Cherkauer K J. Human expert level performance on a scientific image analysis task by a system using combined artificial neural networks. In: Proceedings of the 13th AAAI Workshop on Integrating Multiple Learned Models for Improving and Scaling Machine Learning Algorithms, Menlo Part, CA: AAAI Press, 1996, 15-21.

[18] Maclin R, Shavlik J W. Combining the predictions of multiple classifiers: using competitive learning to initialize neural networks. In: Proceedings of the 14th International Joint Conference on Artificial Intelligence, San Mateo, CA: Morgan Kaufmann, 1995, 524-530.

[19] Krogh A, Vedelsby J. Neural Network Ensembles, Cross Validation, and Active Learning. Advances in Neural Information Processing Systems, MIT Press: Cambridge MA, 1995.

[20] Perrone M P, Coopler L N. When networks disagree: ensemble method for neural networks. In:

Mammone R J ed. Artificial Neural Networks for Speech and Vision, London: Chapman-Hall, 1993, 126-142.

[21] Krogh A, Vedelsby J. Neural network ensembles, cross validation, and active learning. Advances in Neural Information Processing Systems, 1995: 231-238.

[22] Zhou Z H, Wu J, Tang W. Ensembling neural networks: Many could be better than all. Artificial Intelligence, 2002, 137: 239-263.

[23] Zhou Z H, Wu J X, Jiang Y. Genetic algorithm based selective neural network ensemble. Proceedings of the 17th International Joint Conference on Artificial Intelligence (IJCAI'01), 2001, 2:797-802.

[24] Partridge D, Yates W B. Engineering multiversion neural-net systems. Neural Computation, 1996, 8(4): 869-893.

[25] Opitz D W, Shavlik J W. Generating accurate and diverse members of a neural network ensemble. Advances in Neural Information Processing Systems, Denver, 1996:535-541.

[26] Bakker B, Hesks T. Clustering ensemble of neural network model. Neural Networks, 2003, 16(2): 261-270

[27] Giacinto G, Roli F. An approach to the automatic design of multiple classifier. Pattern Recognition, 2001, 22(1):25-33.

[28] 陈兆乾, 周志华, 陈世福. 神经计算研究现状及发展趋势. http://cs.nju.edu.cn/~gchen/teaching/phd-course/chenzq-paper.doc

[29] 张秀艳, 徐立本. 基于神经网络集成系统的股市预测模型. 系统工程理论与实践, 2003, 9: 67-70.

[30] 周志华. 神经计算中若干问题研究. 南京: 南京大学博士学位论文, 2000.

[31] Zhou Z H, Jiang Y, Yang Y B, et al. Lung cancer cell identification based on artificial neural network ensembles. Artificial Intelligence in Medicine, 2002, 24(1): 25-36.

[32] 周宝森, 何安光, 刘可立, 等. 肺癌微机诊断专家系统的研究. 中国医科大学学报, 1997, 25(5): 421-475.

[33] Merz C J, Pazzani M J. A principal components approach to combining regression estimates. Machine Learning, 1999, 36 (1-2): 9-32.

[34] Hashem S. Treating harmful collinearity in neural network ensembles. In: Sharkey A J C, ed. Combining artificial neural nets: Ensemble and modular multi-net systems. Great Britain: Springer-Verlag London Limited, 1999. 101-123.

[35] Zhou Z H, Wu J X, Tang W. Ensembling neural networks: Many could be better than all. Artificial Intelligence, 2002, 137 (1-2): 239-263.

[36] Dietterich T G. An experimental comparison of three methods for constructing ensembles of decision trees: Bagging, boosting, and randomization. Machine Learning, 2000, 40(2): 139-157.

[37] Kennedy J, Eberhart R. A discrete binary version of the particle swarm optimization. Proceedings IEEE International Conference on Computational Cybernetics and Simulation, Piscataway, NJ:IEEE, 1997: 4104-4108.

[38] 张丽平. 微粒群算法的理论与实践. 杭州: 浙江大学博士学位论文, 2005.

[39] Shi Y, Eberhart R. Empirical study of particle swarm optimization. Proceedings of the 1999 Congress on Evolutionary Computation, 1999: 1945-1950.

[40] Guney K, Sagiroglu S, Erler M. Generalized neural method to determine resonant frequencies of various microstrip antennas. International Journal of RF and Microwave Computer-Aided Engineering,

2002, 12(1): 131-139.

[41] Sagiroglu S, Kalinli A. Determining resonant frequencies of various microstrip antennas within a single neural model trained using parallel tabu search algorithm. Electromagnetics, 2005, 25(6): 551-565.